中 等 职 业 学 校 教 材

化工仪表及自动化

（工艺类专业适用）

第四版

乐建波　主编
王黎明　主审

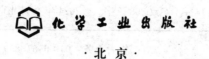

化学工业出版社

·北京·

本书针对工艺操作专业人员在实际中的操作问题，精选了有关内容，避免了过多的理论阐述，注重实际应用。书中主要介绍了化工自动化装置及化工自动化的基础知识。具体内容包括：化工生产过程中的压力、流量、物位、温度、成分的测量及相应的常见仪表的结构、特点和使用，并以工艺操作为出发点，重点介绍了简单、复杂、集散型控制系统在化工生产过程中的应用。书中配有习题，根据内容的要求安排有技能训练。

本书适用于二、三年制化工技工学校和中等职业学校工艺类专业的学生选作教材，也可作为化工、炼油、冶金、轻工等行业工艺专业职工的培训教材。

图书在版编目（CIP）数据

化工仪表及自动化/乐建波主编．—4 版．—北京：化学工业出版社，2016.3（2024.9重印）
中等职业学校教材．工艺类专业适用
ISBN 978-7-122-26151-9

Ⅰ.①化… Ⅱ.①乐… Ⅲ.①化工仪表-中等专业学校-教材
②化工过程-自动控制系统-中等专业学校-教材 Ⅳ.①TQ056

中国版本图书馆 CIP 数据核字（2016）第 015069 号

责任编辑：潘新文 张建茹 装帧设计：孙远博
责任校对：王素芹

出版发行：化学工业出版社（北京市东城区青年湖南街 13 号 邮政编码 100011）
印 装：河北延风印务有限公司
787mm×1092mm 1/16 印张 14¾ 字数 368 千字 2024 年 9 月北京第 4 版第 13 次印刷

购书咨询：010-64518888 售后服务：010-64518899
网 址：http://www.cip.com.cn
凡购买本书，如有缺损质量问题，本社销售中心负责调换。

定 价：36.00 元

前　言

化工仪表及自动化是化工、石油、医药、冶金等专业的必修课程之一，本书自 1997 年出版以来，一直受到老师和学生的好评，并广泛应用于企业职工培训中，为了适应社会的不断发展和科学技术的不断进步，本次再版按照 2015 年 7 月全国化工仪电类中等职业教育教学指导委员会在西安召开的会议精神对此书内容组织了修订。

本书坚持教学内容应吐故纳新的原则，继承了传统教材中的精华部分，在讲解经典内容的同时，注意渗透最新的发展动向，力求做到通俗易懂避免过多的理论阐述，不但将难点分散，而且始终围绕着"系统"这个中心来分析阐述。思路清晰，内容精练。每一章新概念的引入循序渐进，使学生易于接受。本书每章后配有习题，并根据需要安排有技能培训内容。

本书共分六章。第一章介绍过程变量的测量方法，通过典型仪表结构和工作原理的分析，培养学生分析认识仪表的能力；第二章介绍几种典型的分析仪表的分析方法和特点；第三章重点介绍自动控制仪表的基本概念及其控制规律，重点介绍了数字控制器产品；第四章以气动薄膜调节阀为例介绍控制系统中执行器的功能，以及各种功能的执行器的介绍；第五章以简单控制系统的操作系统为核心，介绍控制系统的相关知识，其他方案仅作为了解，以拓宽学生的知识视野；第六章考虑到计算机应用技术的迅猛发展，以目前较为流行的中国的集散型控制系统的体系结构为重点，介绍了计算机控制的一般知识，在现场总线的内容中增添了案例介绍。

本次修订主要考虑有六个方面：删除已经淘汰的仪表，增添新的常用仪表的介绍；把智能化的概念彻底融进仪表中，剔除了过去讲完传统仪表后再集中介绍智能仪表的思路；增添了常用执行器的介绍；增添了国产 DCS 系统的案例，通过不同的案例使学生理解 DCS 产品的应用特点；增添了现场总线产品的案例介绍，增进对现场总线应用的理解；增添了实用且简单的实训内容，通过实训，提高学生的专业技能。

本书由陕西省石油化工学校乐建波任主编，山西省工贸学校校长王黎明主审。参加编写的还有纪邵青、孔峰、王国立、刘旭霞、郭奇、韦丹兰。河南化工高级技校张爱辉参加了书稿的审定工作。在编写和审稿的过程中得到了全国化工仪电类中等职业教育教学指导委员会以及陕西省石油化工学校校长海团民的大力支持和其他许多同志的帮助，在编写过程中参考了一些资料（参考文献附后），在此一并表示衷心的感谢。

由于编者水平有限，难免有不足和疏漏之处，殷切希望广大读者批评指正。

编者

2015 年 8 月于西安

目　录

绪　论

一、化工自动化的意义

随着科学技术的不断进步，自动化技术已广泛应用于工业、农业、国防、交通、通讯等各个领域。国民经济能否稳定和高速发展，在很大程度上取决于科学技术的发展，取决于控制与自动化水平的高低。

自动化的应用能够提高工厂的技术水平，节能、降耗、提质、增益，提高劳动生产率和产品的市场竞争能力，有利于保护环境和安全生产。因此，工业自动化是促进企业实现现代化生产和集约化经营的有力工具。

工业自动化根据生产过程的特点可分为三种类型：过程控制自动化、制造工业自动化和各种间隙过程工业自动化。过程控制自动化是以流程工业为对象，如化工、炼油等。制造工业自动化是以离散型制造过程为对象，如汽车、飞机、机床等制造工业。混合型制造工业自动化（即间隙过程工业）则以冶金、食品、玻璃、纸制品、半导体等工业为对象。

化工自动化是化工生产过程自动化的简称。指在化工生产（或管理）设备上，用一些自动化装置，部分或全部取代人的劳动。这种用自动化装置管理化工生产过程的方式，叫化工生产过程自动化。

化工生产的整个过程都是在密闭的管道和设备中进行的，生产条件比较复杂，如高温、高压、低温、深冷、真空、易燃、易爆、有毒、腐蚀等。从整体管理到局部管理，从技术设计到工艺执行，都要严格认真，一丝不苟，因此，实现自动化是改善劳动条件，防治环境污染，保证安全生产，提高管理水平、技术水平、产量质量的有效途径。同时，还有助于提高劳动者的文化修养和技术素质，有利于社会主义的精神文明建设。

二、化工仪表及自动化的发展过程

随着科技的进步，特别是电子工业的飞速发展，化工仪表及自动化也经历了一个由简单到复杂的发展过程。

20世纪40年代，化工生产非常落后，生产以手工操作为主。当时出现了基地型的测量控制。50年代后生产规模不断地扩大，对控制提出各种各样的要求，单元组合仪表应运而生。特别是晶体管及集成电路的问世，使仪表体积缩小，精度提高，单元功能越来越丰富，对生产过程可以实现集中监视、操作、控制。控制水平也由简单到复杂，串级控制系统，比值控制系统，均匀控制系统，多冲量控制系统，前馈控制，解耦控制等相继出现。

70年代，由于大规模集成电路问世，仪表的体积越来越小，成本越来越低，组装柜式的仪表很快出现。特别是微处理器和单板机在仪表和控制方面的应用，使自动化技术有了迅猛的发展，新型电子仪表、智能化测量控制仪表、可编程控制器等新技术新产品层出不穷。

电子、计算机技术的飞速发展把自动化技术提到了一个更高的水平，70年代，计算机开始应用于控制，早期有DDC直接数字控制和SCC监督计算机控制。1975年，美国的霍尼威尔（Honeywell）公司推出TDC2000集散型控制系统DCS。此后集散型控制系统不断走向成熟，现已推出了第三代产品。集散型控制系统DCS正以高可靠性、高性能、分散控制、集中监视和管理的功能以及合理的价格而得到工业界广大用户的青睐。

自动化技术在本世纪将以前所未有的速度迅猛发展，同时也迅速向其他科技领域渗透，并不断吸取其他科学技术领域的丰富营养，向着智能自动化方向发展。智能控制包括学习控制、自适应控制、神经网控制、知识基础控制、以遗传算法为核心的进化控制等。控制的智能化已成为自动化技术向智能自动化过渡和发展的必经之路，智能控制必将成为本世纪的热门控制技术。

目前，在中国的化工生产过程中，集散型控制系统的应用越来越多。众多企业根据自身实际情况，使用各种仪表，形成了各种自动化控制系统。目前，从总的情况来看，单元组合仪表等常规仪表组成的化工自动化系统仍然是最基本、最普遍的自动化系统。

三、化工仪表及自动化系统的分类

仪表按其功能可分为四种：测量变送仪表，控制仪表，显示报警保护仪表，执行器。这四类仪表在生产过程中承担不同的任务。以它们为核心，构成了四种不同类型的自动化系统，这四种自动化系统有机地联系在一起，形成一个生产过程的自动化。这些自动化系统的内容如下。

1. 自动检测系统

化工生产过程是连续的，各种物料在密闭的容器或管道内不断地进行着化学和物理变化。为了掌握生产的状况，就必须对生产中的各种工艺变量（温度、压力、流量、物位、成分）进行自动检测，并将结果自动地指示或记录下来，以代替人工操作对工艺变量的观察和记录，这样自动检测系统就相当于人的"眼睛"。

2. 自动信号联锁保护系统

生产过程中，由于一些偶然的因素，会导致工艺变量超出允许的变化范围，严重时会造成设备或人身危害。例如造汽锅炉汽包水位过高，蒸汽将夹带水滴而危害下一设备，水位过低时，锅炉会烧干裂。为了确保安全，就必须对水位实行报警并设置联锁装置，在事故发生前系统自动地报警，告诫人们注意。报警时，联锁系统立即采取措施，必要时紧急停车，以防止事故的发生或扩大。因此自动信号联锁保护系统是生产过程中的一种安全装置。

3. 自动操纵系统

自动操纵系统是根据预先规定好的步骤，自动地对生产设备进行某种周期性的操作。例如：合成氨造气车间的煤气发生炉，要求按照吹风、上吹、下吹制气、吹净等步骤周期性地接通空气和水蒸气。利用自动操纵机构就可以自动地按照一定的程序扳动空气和水蒸气的阀门，使它们交替接通煤气发生炉，从而代替人工操作，大大地减轻了操作工人重复性的体力劳动。因此，自动操纵系统相当于人的"手脚"。

4. 自动控制系统

化工生产过程大多是连续的生产过程，各设备之间联系紧密。其中某一设备中的工艺条件变化时，可能引起其他设备中某些工艺变量波动，使工艺变量偏离规定的指标。为了保证生产的正常进行和产品质量的稳定，就需要用一些自动控制装置，对生产中的工艺变量进行控制，使它们受到外界扰动而偏离工艺变量指标后，能尽快地回复到工艺变量的允许范围之内。所以，自动控制系统相当于人的"大脑"。

仪表及各系统间的关系如图 0-1 所示。

一个简单的自动化生产过程可以描述为：测量仪表对生产过程中的工艺变量进行测量，测量结果一方面送显示仪表进行显示，另一方面送控制仪表进行控制，控制后的信号送执行

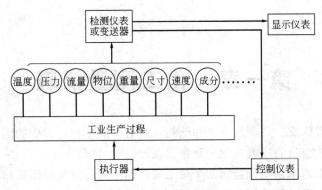

图 0-1　各类自动化仪表之间的关系

器来改变工艺变量，使工艺变量保持在规定的变化范围之内，这样就完成了对生产过程的控制。

四、本课程的内容及要求

本课程是专门为培养和培训工艺操作人员开设的综合性较强的一门专业基础课。

任何化工生产过程都是由一些设备和自动化装置组成。工艺操作人员要完成生产指标，必须通过操作自动化装置来实现。所以，工艺操作人员学习和掌握仪表及自动化知识是非常重要的。

本课程的内容主要以自动化为核心，介绍自动化系统中必需的一些仪表，包括测量仪表、分析仪表、控制仪表、执行器等。同时还介绍了自动化基础理论、简单控制系统、复杂控制系统的知识及集散型控制系统的基本概念。

通过本课程的学习，要求学生了解化工变量的测量方法，熟悉常用仪表的结构、原理和使用方法，掌握化工自动化的基础知识，了解集散型控制系统的基本概念，能协助仪表及自动化技术人员分析和解决仪表在运行中的一些实际问题。

习　　题

1. 仪表按其发展过程来分，有几种类型？
2. 化工自动化系统包含哪几部分内容？

第一章 化工测量仪表

化工生产要实现优质、高产、安全和低耗，就必须对生产过程中的工艺变量进行测量和控制。测量这些工艺变量的仪表叫化工测量仪表。

化工生产过程中的工艺变量包括四个热工量，即压力、流量、温度和物位。这四个变量都不是生产的最终指标，但控制它们可以保证产品质量。所以对这四个工艺变量的测量控制叫间接控制。随着科学技术的发展，在化工生产中，已开始应用工业自动成分分析仪表，它把分析与产品质量有关的物性和物质成分作为变量，实现对产品质量的直接控制。

在现代化的工厂中，化工测量仪表已不再局限于自动测量工艺变量，而是与控制器和执行器配合起来，完成对生产过程的自动控制。特别是微电子技术的发展，单片机的出现，引起了仪表结构的根本性变革，以单片机为主体取代传统仪表的常规电子线路，可以很容易地将计算机技术与测量控制技术结合在一起，组成新一代的所谓"智能化测量控制仪表"。

本章将介绍传统的压力、流量、温度和物位的测量仪表。

第一节 测量仪表的基础知识

一、测量及测量过程

测量就是用试验的方法求取某个量的大小，例如：用米尺量取身高，其过程是用测量工具米尺做单位，与身高进行比较，得出身高的测量数值。这种用测量工具与被测量物直接进行比较的方法叫直接测量法。而有些变量不便使用直接测量法，例如，用体温计测量人的体温，温度信号的变化先通过水银转换为水银体积的变化，然后再将水银液面与玻璃管外的刻度进行比较得出体温的数值，人们把这种测量方法称为间接测量法。可见间接测量法有一个能量转换的过程。

由此可见，不管是直接测量还是间接测量，它们的共性在于被测变量都要经过一次或多次能量形式的转换，然后与刻度尺进行比较。所以，测量过程的实质是被测变量进行能量形式的转换和比较的过程。测量仪表就是实现这种能量形式转换和比较的工具。

二、测量误差

测量的目的是为了获得真实值。但是由于人们对客观事物认识的局限性，无论采用什么样的测量方法和测量工具，都无法获得真实值。通常所说的真实值，是指用更高一级精度的仪表测量出的值，作为被测变量的真实值来使用，这样，在测量值与真实值之间就存在着一个差值，这个差值叫测量误差。

测量误差按产生的原因不同，可分为三类：系统误差、疏忽误差和偶然误差。

（1）系统误差 这种误差是指对同一变量进行反复多次的测量，出现的大小和方向均不改变的误差，或者虽然改变，但变化有一定的规律性的误差，因此系统误差也叫规律误差。

系统误差是由于仪表的使用不当或测量过程中单因素等变化引起的。所以单纯的增加测量次数，无法减小系统误差，只有找出产生系统误差的真正原因之后，才能对测量结果中的系统误差进行修正或消除。例如，测量反应器内的温度时，压力变化就会引起系统误差，如果知道了压力与温度变化的关系，就可以对温度测量的结果进行修正，从而消除系统误差。

（2）疏忽误差　由于工作人员在读取或记录测量数据时，疏忽大意所造成的误差，这类误差的数值很难估计，因此在工作中一定要认真、仔细，避免这类误差的发生。

（3）偶然误差　在对同一变量进行反复多次的测量中，出现的大小和方向均不相同的误差，叫偶然误差。这种误差产生的原因主要是客观事物内部的矛盾运动非常复杂，由于人类认识的局限性，使之无法掌握这种误差产生的真正原因。加之其变化的无规律性，因此，偶然误差不宜消除。

在测量结果中，必须对误差进行分析，消除疏忽误差和系统误差，使测量值尽可能地接近真实值。

测量误差常用绝对误差和相对误差来表示。

绝对误差指仪表的测量值与真实值之差，可表示为

$$\Delta = X_测 - X_真$$

式中　Δ——绝对误差；

$X_测$——仪表的测量值；

$X_真$——表示被测变量的真实值。

工程上，要知道被测变量的真实值是很困难的。因此，仪表的绝对误差，一般指在其标尺范围内，用标准表和被校表同时对同一变量测量所得到的两个数值之差，可用下式表示。

$$\Delta = X_指 - X_标$$

式中　Δ——绝对误差；

$X_指$——被校表读数值；

$X_标$——标准表读数值。

相对误差指绝对误差和真实值之比。可表示为

$$E = \frac{\Delta}{X_真} = \frac{X_指 - X_标}{X_标}$$

式中　E——相对误差；

Δ——绝对误差；

$X_真$——被测变量的真实值；

$X_指$——被校表读数值；

$X_标$——标准表读数值。

表示一台仪表的测量误差，仅用绝对误差和相对误差是不足以说明问题的，因为没有结合仪表的标尺范围。例如，两只温度计，一只测温范围 0～50℃，另一只为 0～100℃，用来测体温，假定真实体温都是 37℃ 而测量结果都一样，为 37.5℃。计算绝对误差和相对误差，结果是一样的，$\Delta = 0.5℃$，$E = 0.013$。那么，两次温度计测量的结果，是不是真的一样可信呢？这样为了衡量仪表的误差，引入了相对百分误差的概念。将绝对误差折合成仪表标尺范围的百分数来表示。即

$$S = \frac{\Delta_{max}}{标尺上限值 - 标尺下限值} \times 100\%$$

式中　S——相对百分误差；

Δ_{max}——标尺范围内最大的绝对误差。

上例中两只仪表的相对百分误差为

$$0\sim50℃ \qquad S=\frac{0.5}{50-0}\times100\%=1\%$$

$$0\sim100℃ \qquad S=\frac{0.5}{100-0}\times100\%=0.5\%$$

显然，标尺范围大的比标尺范围小的更准确一些。

三、测量仪表的品质指标

1. 仪表的精度

精度也叫准确度，是仪表制造加工的精密程度和指示的准确程度的合称。衡量一台仪表的误差大小，不能用绝对误差和相对误差，而必须用相对百分误差，精度就是取相对百分误差的分子值，即

$$精度=\frac{\Delta_{max}}{标尺上限值-标尺下限值}\times100$$

式中 Δ_{max}＝被校表的值与标准表的值间最大的绝对误差。

国家对精度等级制定了统一的标准，常用仪表的精度等级大致有：

高精度← →低精度

0.005、0.02、0.05 　　0.1、0.2、0.5 　　1.0、1.5、2.5、4.0

Ⅰ级精度 　　　　　Ⅱ级精度 　　　　工业测量仪表

关于精度的几点说明。

① 精度数值越小，精度越高。反之，数值越大，精度越低。

② 精度等级常以圆圈或三角内的数字标明在仪表面板上，如 ⑴⒌ 表示 1.5 级精度的仪表。

③ 选表和校验表时，计算出的数值不可能都正好是精度等级中有的数值，这时要归档，选表时精度归高，校验时精度归低。例如：计算结果为 1.8，如果是选表，要选 1.5 级精度的表。如果是校验表，则此表应定为 2.5 级精度。

仪表的误差还受工作条件的影响。仪表在正常工作条件（如正常的介质温度、湿度、振动、电源电压和频率等）下的最大相对百分误差叫仪表的基本误差。如果仪表不在规定的正常工作条件下工作，由于外界条件变动引起的额外误差，叫附加误差。有时，附加误差是很大的，所以使用仪表时应注意尽量避免附加误差的产生。

2. 测量仪表的变差

外界条件不变，用同一仪表测量时，由小到大的正行程和由大到小的反行程中对同一变量却得出不同的数值，两数值之差称为该点的变差。

造成仪表变差的原因很多。如传动机构间隙过大，运动部件不够光洁，或配合过紧形成摩擦，弹性元件的弹性滞后等。

测量仪表变差的表示法是，用仪表标尺范围内上下行程间的最大绝对误差的绝对值与仪表标尺范围之比的百分数来表示。

$$变差=\frac{\Delta_{max}}{标尺上限值-标尺下限值}\times100\%$$

式中 Δ_{max}——仪表标尺范围内上下行程间最大绝对误差。

工业测量仪表变差规定不得超过该仪表本身基本误差，否则应予检修。

仪表的品质指标除精度和变差之外，还有灵敏度与灵敏限、反应时间、周期等，各品质

之间互相都有影响。所以，衡量一台仪表的好坏，不能单纯的看某一项指标，要综合考虑。而且品质越高的仪表，制造工艺越复杂，成本越高。对于重要的变量，选用高品质的仪表；对于次要的变量，应采用较低品质的仪表，照顾到生产的合理性和经济性。

四、测量仪表的构成和分类

1. 测量仪表的构成

化工生产过程中工艺变量种类繁多，生产条件又各不相同，化工测量仪表更是琳琅满目，但所有测量仪表的构成，一般都包括：检测环节、传送放大环节和显示环节三个组成部分，如图 1-1 所示。

被测变量 → 检测环节 → 传送放大环节 → 显示环节 → 测量值

图 1-1　测量仪表的构成框图

检测环节直接感受被测变量的变化，并将其转换成便于测量的信号，经传送放大环节对信号放大，最后送显示部分显示，或送控制仪表进行控制。

这三部分在实际的仪表中有多种组合，有的三部分在一体，有的两部分在一体，有的分别独立。不管怎样组合，工作中处于现场的叫一次仪表，处于控制室的叫二次仪表。控制室装在控制柜表盘上的，叫盘装仪表，装在控制柜后架子上的叫架装仪表。

2. 测量仪表的分类

测量仪表的分类方法也有很多，常见的分类方法如下。

(1) 按被测变量的性质分类　可分为压力测量仪表、温度测量仪表、流量测量仪表和物位测量仪表。

(2) 按仪表显示方式分类　可分为指示型、记录型、累积型、信号型、远传指示型。

(3) 按仪表安装场合分类　可分为就地指示型、远传型。

(4) 按使用场合分类　可分为工业用仪表、范型仪表和标准仪表。

(5) 按精度等级分　如 1.5 级精度表、2.5 级精度表等。

第二节　压 力 测 量

一、压力测量的基本知识

1. 压力测量的意义

化工生产过程都是在一定的压力条件下进行的，有的需要比大气压高得多的高压，如高压聚乙烯要在 147MPa 的压力下反应；有的需要在一定的真空下进行，例如液体烧碱需在几十千帕的真空度下蒸发。压力过高或过低都将影响产品的质量和生产的安全，所以压力测量在化工生产中具有十分重要的意义。

2. 压力的基本概念

一般说来，压力就是垂直作用在单位面积上的力，也称为压强。它的工程定义为：介质垂直作用在单位面积上的力。即

$$p = \frac{F}{S}$$

式中　p——压力，Pa；
　　　F——垂直作用力，N；

S——受力面积，m^2。

3. 压力的单位及不同单位制的换算

中国法定计量单位，以国际单位制为准，但工厂所用仪表中也有其他的单位制。为了便于学习和工作参考，表1-1中列出了不同单位制及相互间的换算关系。

表1-1 压力单位换算表

单位名称	帕斯卡 Pa	标准大气压 atm	工程大气压 kgf/cm²	毫米水柱 mmH₂O	毫米汞柱 mmHg	磅力/英寸² lbf/in²
1帕 Pa	1	9.86924×10^{-6}	1.01972×10^{-5}	1.01972×10^{-1}	7.50064×10^{-3}	1.45044×10^{-4}
1标准大气压 atm	1.01325×10^5	1	1.03323	10332.3	760	1.4686×10
1工程大气压 kgf/cm²	9.80665×10^4	0.967841	1	10000	735.562	1.42239×10
1毫米水柱 mmH₂O	9.80665	9.67841×10^{-5}	1×10^{-4}	1	0.735562×10^{-1}	1.4239×10^{-3}
1毫米汞柱 mmHg	133.322	1.31579×10^{-3}	1.35951×10^{-3}	13.5951	1	1.934×10^{-2}
1磅力/英寸² 1bf/in²	6.8949×10^3	0.6805×10^{-1}	0.70307×10^{-1}	703.07	0.51715×10^2	1

国际单位制中，压力的单位是帕斯卡，简称帕（符号为Pa），这是一个由基本单位导出的单位，定义为

$$1Pa=1N/m^2$$

即1N（牛顿）的力垂直均匀作用在$1m^2$的面积上所形成的压力值叫1Pa（帕）。它的基本单位表示如下

$$1Pa=1\ \frac{N}{m^2}=1\ \frac{kg\cdot m\cdot s^{-2}}{m^2}=1kg\cdot m^{-1}\cdot s^{-2}$$

4. 压力的表示

过去，提到的压力，是指介质所受的实际压力，即绝对压力。但是任何仪器、仪表和设备都处在大气压之下，本身受大气压力的作用，仪表所测出的压力也是在大气压力基础之上的压力，即表压力或真空度（负压）。

当被测压力高于大气压时，用表压力表示，表压力是指绝对压力与大气压力之差，用公式表示为

$$p_表=p_绝-p_0$$

当被测压力低于大气压时，用负压或真空度表示，负压是指大气压力与绝对压力之差，用公式表示为

$$p_负=p_0-p_绝$$

以后提到压力，不做特别说明时，均指表压力或负压力。

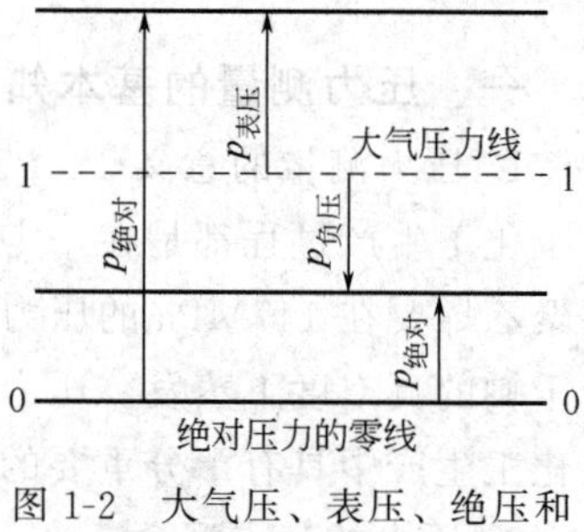

图1-2所示为大气压力、表压力、绝对压力、负压或真空度之间的关系。

图1-2 大气压、表压、绝压和负压的关系

5. 压力测量仪表的分类

为了适应工业生产和科学研究的需要，压力测量仪表的品种、规格较多，分类方法也不少，常用的比较合理的分类方法是按仪表的工作原理来分类，大致可分三类。

① 用已知压力去平衡未知压力的方法，把被测压力转换成液柱高度来测量压力的仪表。

有液柱式和活塞式压力计。

② 用弹性元件的弹性力与被测介质作用力相平衡的方法来测量压力的仪表，有弹簧管式、膜片式、膜盒式和波纹管式等压力计。

③ 用通过机械和电气元件把压力信号转换成电量的方法来测量压力的仪表。有电容式、电阻式、电感式、应变片式、霍尔片式等压力计。

为了便于选用和比较，将几种常用压力表的原理、特点和应用场合列在表1-2中。

表1-2　几种常用压力测量仪表

压力测量仪表		测 量 原 理	主 要 特 点	应 用 场 合
液柱式压力计		液体静力学平衡原理	结构简单、使用方便，测量范围较窄，玻璃易碎	用于测量低压力及真空度或作标准计量仪表
弹性式压力计	弹簧管压力计	弹簧管在压力作用下自由端产生位移	结构简单、使用方便，价廉，可制成报警型	广泛用于高、中、低压测量
	波纹管压力计	波纹管在压力作用下产生伸缩变形	具有弹簧管压力计的特点且可做成自动记录型	用于测量低压
	膜片压力计	原理同上，测量元件为膜片	除具有弹簧管压力计的特点外，能测高黏度介质的压力	用于低压的测量
	膜盒压力计	原理同上，测量元件为膜盒	具有弹簧管压力计的特点	用于低压和微压测量
电气式压力计		弹性式压力计基础上，增加电气转换元件，将压力转换成电信号远传	信号可远传，便于集中控制	广泛用于自动化控制系统中
活塞式压力计		液体静力学平衡原理	精度高、结构复杂、价格较贵	用于校验压力表

二、弹性式压力计

弹性式压力计是以弹性元件受压后所产生的弹性形变为基础进行测量的。根据测压范围和测量元件的不同，有膜片式、膜盒式、波纹管式、单圈弹簧管压力计和多圈弹簧管压力计。这些元件的外形如图1-3所示，虽然它们结构各异，但原理大致相同，下面简述单圈弹簧管压力计的结构和工作原理。

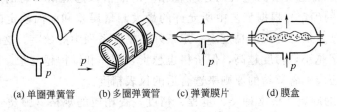

(a) 单圈弹簧管　　(b) 多圈弹簧管　　(c) 弹簧膜片　　(d) 膜盒

图1-3　常用的弹性元件示意图

1. 单圈弹簧管压力计的结构及工作原理

弹簧管压力计的结构如图1-4所示，它主要由弹簧管、拉杆、扇形齿轮、中心齿轮、指针、面板上的刻度尺所组成。

被测压力由接头9通入弹簧管，迫使弹簧管1的自由端向右上方扩张。产生一个位移量，通过拉杆2拉动扇形齿轮3作逆时针方向偏转，带动中心齿轮4顺时针偏转，使与中心齿轮同轴的指针5也顺时针偏转，从而在面板6的刻度标尺上显示出被测压力的大小。

游丝7的作用是用来克服扇形齿轮和中心齿轮间的间隙而产生的仪表变差。

要改变压力表的量程，可以通过调整螺钉8的位置来实现。

弹簧管的材料，因被测介质的性质与被测压力的高低而不同，一般在 $p > 20\text{MPa}$ 时，采用不锈钢或合金钢，在 $p < 20\text{MPa}$ 时，采用磷青铜。但是，选用压力表时，还必须注意

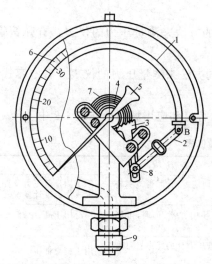

图1-4 弹簧管压力计结构表

1—弹簧管；2—拉杆；3—扇形齿轮；
4—中心齿轮；5—指针；6—面板；
7—游丝；8—调整螺钉；9—接头

被测介质的化学性质，例如，测量氨气压力时，必须采用不锈钢弹簧管；测量氧气压力时，严禁沾有油污，否则将有爆炸危险。

2.压力表的选用及安装

为了保证化工生产中压力测量和控制达到经济、合理、安全、有效，正确地选用、安装压力测量仪表是十分重要的。

（1）压力表的选用　压力表的选用同其他仪表一样，应根据工艺生产过程对压力测量的要求，和其他各方面情况，加以全面的考虑和具体的分析，一般应从以下几个方面考虑。

① 仪表类型的选用。仪表类型的选用必须满足工艺对生产的要求，例如是否需要远传变送、自动记录或报警；被测压力的变化范围；被测介质的物理、化学性质（诸如腐蚀性、温度高低、黏度大小、易爆易燃等）是否对测量仪表有特殊要求；现场环境条件（诸如高温、振动、电磁场等）对测量仪表是否有特殊要求等。

② 仪表量程范围的确定。仪表的量程范围是根据被测变量的大小确定的，因为仪表量程范围的中间区域线性度好，所以选量程时，应尽量让被测工艺变量处于仪表量程的中间区域。对于弹性式压力计还应考虑弹性元件的弹性变形范围，留有足够的裕量，以免弹性元件遭到破坏。当压力波动不大时，被测压力的变化应在1/3～3/4量程范围内。当压力波动大时，被测压力的变化应在1/3～2/3量程范围内。即使这样，确定出的量程范围也不一定合适，因为仪表的量程范围不是任意取一数字都可以，它是由国家主管部门标准规定的。因此，最后确定仪表的量程时还应查相应的规格，选规格中有的压力表。

③ 仪表精度的确定。根据工艺中所允许的最大测量误差和前面确定的仪表量程，可以计算出仪表的精度，但计算出的精度不一定正好是精度系列中的数字。这时选比它数字小一点的值，当然数字越小，精度越高，但价格也越贵，操作和维护越复杂。因此，在满足工艺要求的前提下，还应本着节约的原则来选合适的仪表精度。

④ 仪表型号的确定。根据种类、量程、精度，查相应的规格（弹簧管压力表的规格见附录）确定仪表的型号。

（2）压力表的安装

① 测压点的选择原则。测压点要选在被测介质作直线流动的直管段上，不可选在管路拐弯、分岔、死角或易形成漩涡的地方。

测量液体时，取压点方位应在管道中、下侧部；测量气体时，取压点应在管道上部；测量蒸气时，取压点在管道两侧中部；测量流动介质时，导压管应与介质流动方向垂直，管口与管壁应平齐，并不能有毛刺。

② 引压管的敷设。引压管应粗细合适，一般内径为6～10mm，长度不超过50m，并尽可能短。

引压管水平安装时应保证有1：（10～20）的倾斜度，以利于积存于其中的液体或气体排出。

被测介质如果易冷凝或冻结，必须加装伴热管，并进行保温。

测量液体压力时，在引压系统最高处应装集气器；测量气体压力时，在引压管系统最低处应装气水分离器；测含杂质的介质或可能产生沉淀物的介质时，在仪表前应装沉降器。

③ 压力表的安装。压力表应安装在满足规定的使用环境条件和易于观察检修的地方。

应尽量避免温度变化对仪表的影响，测量高温气体或蒸汽压力时，应加装 U 形隔离管或回转冷凝器如图 1-5（a）。

测量有腐蚀性或黏度较大，有结晶，沉淀等物质的压力时，要对压力表采取相应的保护措施，以防腐蚀，堵塞等。如图 1-5（b）所示安装适当的隔离器。

在振荡环境中安装使用，应装减震器。

当被测压力波动大时，应装缓冲器以增加阻尼。

取压口到压力表之间应装切断阀，以备检修时使用。切断阀应装在靠近取压口的地方，如图 1-5 所示。

被测压力较小，而压力表与取压口又不在同一高度时，由此落差所造成的测量误差，应按 $p = h\rho g$ 进行修正，修正方法为调节仪表的零点。

仪表的连接口，应根据被测压力的高低和介质性质，选择适当的材料作为密封垫片。

仪表的安装应垂直，如果装在室外，还应装保护罩。

测量高压时选用表壳有通气孔的仪表，安装时表壳应面向墙壁或无人通过之处，以防意外事故的发生。

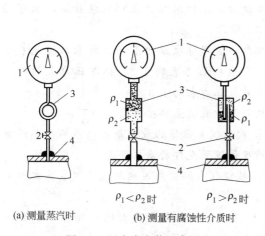

(a) 测量蒸汽时　　　(b) 测量有腐蚀性介质时

图 1-5　压力表安装示意图

1—压力计；2—切断阀门；3—凝液管，
隔离罐；4—取压容器

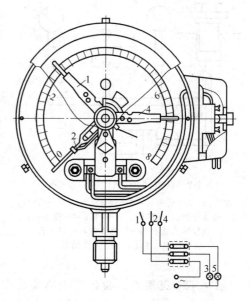

图 1-6　电接点信号压力表

1,4—静触点；2—动触点；
3—绿信号灯；5—红信号灯

三、电接点信号压力表

化工生产过程中常常需要把压力控制在某一范围之内，低于这个范围或高于这个范围都可能发生危险，为了保证生产的正常进行，就必须对压力实行报警，以便提醒操作人员注意通过中间继电器实现简单的自动联锁控制。

为了实现报警，可以在弹性式压力表上增加附加机构，如图1-6所示，在单圈弹簧管压力表的表盘上装两个电极分别对应被测压力的低限和高限。1和4相当于一个开关的两个静触点，指针2相当于动触点。这三个触点通过导线与灯泡和电源相连。当被测压力达到上限设定值时，触点2和4接通，红色信号灯5发光；当被测压力达到下限设定值时，触点2和1接通，绿色信号灯3发光，实现了光的报警。触点1和4还可以根据工艺变量的需要灵活地调节。

技能训练1：弹簧管压力表的校验

一、实训目的与要求

① 熟悉弹簧管压力表的结构和工作原理；
② 了解活塞式压力计，并学会具体的使用；
③ 掌握确定仪表的精度等级。

二、实训设备

① YU-6型活塞式压力计一台；
② YB型标准压力表（0.4级）一块；
③ Y型被校压力表（2.5级）一块。

三、实训原理

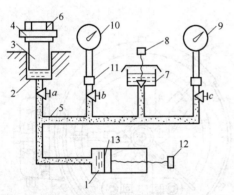

图1-7　活塞式压力计结构原理图

1—加压泵；2—活塞缸；3—测量活塞；4—承重盘；5—传压介质；6—砝码；7—油杯；8—油杯阀；9—被校压力表；10—标准压力表；11—表接头；12—手轮；13—工作活塞

用活塞式压力计进行压力表的校验有两种方法：砝码校验法和标准压力表比较法。前者常用于0.35级以上标准压力表的校验，后者常用于0.5级以下普通压力表的校验。

本试验采用标准压力表比较法校验，原理图如图1-7所示。

注意：选用标准压力表的允许基本误差应小于或等于被校压力表的1/3，标准压力表的量程应大于被校压力表的1/3。

校验压力表的主要技术要求如下。

① 被校仪表示值的最大基本误差不应超过该仪表精度等级所允许的基本误差。

② 被校仪表的变差不应超过该仪表基本误差的绝对值。

③ 在指示范围内，指针应平稳偏转在任何位置上，指针与分度盘间的距离不得低于1mm，用手轻敲表壳时，指针的示值变动不应超过允许基本误差的一半。

④ 当仪表处于垂直位置，弹簧管内无压力作用时，无零位限制钉的仪表基本指针应指在零位线上，有零位限制钉的仪表其指针应紧靠在限制钉上。

四、实训内容与步骤

选择一只精度为1.5级（或2.5级）的普通弹簧管压力表作为被校表，对其基本误差和变差进行鉴定，在全标尺范围内总的校验点不得少于5个。

① 操作使用活塞式压力计前，观察气液式水平器是否处于水平状态，将仪器调整到水

平状态。

② 将 a、b、c 三阀关死。打开油杯阀8，在油杯内注入约2/3的纯净变压器油，逆时针旋转手轮12使工作活塞退出，吸入工作液。

③ 关闭油杯阀8，打开 b、c 阀，顺时针旋转手轮12加压排出管内的空气，直至压力表接头处有工作液即将溢出。

④ 观察标准压力表、被校压力表面板上的标准，填入实验原始记录的空栏中。

⑤ 活塞式压力计右端装上被校压力表，左端装上标准压力表，管接处应放置垫片，同时用扳手拧紧压力表，不漏油为止。

⑥ 重新吸油，加压排气，让气体从油杯阀处排出。关闭油杯阀，做好校验前的准备工作。

⑦ 在被校压力表量程的 0%、25%、50%、75%、100% 5点进行正、反行程的校验。手轮的旋进或旋出可使油压上升或下降。当加压泵一次加压达不到规定值，可关闭 b、c 阀，打开油杯阀再次吸油。然后关闭油杯阀，打开 b、c 阀继续加压。

校验时，应对准被校压力表的刻度线，依次给出各校验点的值，然后再读标准表的示值。先使压力按各校验点逐步上升，再使压力按各校验点逐步下降。

校验结束后，打开油杯阀，取下压力表，放出工作液，用棉纱把压力表校验台擦拭干净，并罩好防尘罩。

五、实训记录（见表1-3）

表1-3 压力表校验原始记录

试验日期	年 月 日	指导老师
试验人姓名	同组人姓名	
被校表名称	型号	测量范围
精度等级		
标准表名称	型号	测量范围
精度等级		

被校表读数/kPa	标准表读数/kPa		被校表误差/kPa		
			绝对误差		变 差
	正行程	反行程	正行程	反行程	
校验结果	最大基本误差： 最大变差： 检定结论：		允许基本误差： 允许变差：		
备 注					

六、实训报告格式及内容

① 试验目的及要求。

② 试验装置连接图。

③ 试验原始数据记录，数据处理及实验结果。

④ 试验中出现的现象及分析。

七、问题与思考

① 为什么要排除活塞式压力计管路系统内的空气？

② 校验压力表的方法有哪两种，各适用于什么场合？

第三节　流　量　测　量

一、流量测量的基本知识

1. 流量测量的意义

在化工和炼油生产过程中，为了有效地进行生产操作和控制，需要及时知道生产过程中各种介质的流量，对于某些输送设备（如压缩机、泵）通过控制流量的大小，可以掌握其运行情况；同时为了实行经济核算，实现高产、低耗，也要知道某一段时间（如一班、一天、一月）内流过的介质总量。所以要保证化工生产过程优质高产，低耗安全，提高经济效益，必须对流量进行测量和控制。

2. 流量的基本概念

流量就是指单位时间内流体通过管道某一截面的数量，通常叫瞬时流量，简称流量，而某一段时间内流体通过管道某一截面的数量，叫总量。总量是瞬时流量在某一段时间内的累积值。

流量通常有两种表示方法：体积流量和质量流量。以体积表示的称为体积流量，常用符号 q_v 表示；以质量表示的称为质量流量，常用符号 q_m 表示。对应的总量也有体积总量、质量总量。

在国际单位制中，流量的单位是 kg/s（千克/秒），m³/s（米³/秒）。常用的单位有 kg/h（千克/时），m³/h（米³/小时），L/h（升/时）等。总量的单位一般用 kg（千克）、t（吨）、m³（立方米）等表示。

测量流体流量的仪表叫流量计，测量总量的仪表叫计量表，然而两者并不能截然分割，在流量计上配以累积机构，也可以读出总量。

3. 流量测量仪表的分类

目前生产的流量计的种类繁多，按其结构原理分类。可概括如下。

（1）容积式流量计　同日常生活中用容器计量体积的方法类似（被测流体不断充满一定容积的测量室），只是为了适应工业生产的情况，要在密闭管道中连续的测量流体的体积，就需设计一个特别的计量室，一般是由仪表的表壳和活动壁组成。流体经过仪表时，在仪表的入口、出口之间产生压力差。此流体压力差推动活动壁旋转，将流体一份份排出，再统计积算机构累计排出的次数，即可得出流体的体积流量。如椭圆齿轮流量计、刮板流量计、腰轮流量计、旋转活塞式流量计。

（2）差压式流量计　在流体流通的管道中插入一流通面积较小的节流件，根据动压能和静压能转换的原理，造成流体通过节流装置时，在节流装置的上下游之间产生静压差，通过测量差压求出流量值。如差压式流量计、转子流量计、层流流量计、堰式流量计。

（3）速度式流量计　在管道中安放一个翼形叶轮或螺旋叶轮，两端由轴承支撑着。当流体流过管道时，流体冲击叶轮使其旋转，其转速与流体的流量近似成线性关系。从而由叶轮的转速求出流量的大小。如水表、涡轮流量计等。

（4）动压原理式流量计　迎着流体流动的方向安放一阻力体或使管道弯曲，则由于流体流动受阻或迫使流束方向改变，流体必然要冲击此障碍物，失去动量并加在阻力体或弯曲管道上一个动压力。测出这个动压力或者作用在阻力体上的作用力，便可以知道流速，进而求出流量。如靶式流量计、挡板流量计、动压管流量计、皮托管流量计等。

（5）电磁流量计　应用电磁感应原理测量流量。目前应用最广泛的是根据法拉第电磁感应定律进行流量测量的电磁流量计。

（6）超声波流量计　由于声波在静止流体中的传播速度与流动流体中的传播速度不同，可以通过测量声波在流动介质中的传播速度的方法，求出流量的大小。

此外，还有应用流体离心力原理测量流量的离心式流量计，应用流体振荡原理测量流量的卡曼漩涡式流量计和旋进漩涡流量计。应用热能测流量的热线风速计和托马斯流量计，边界层流量计等。

为了便于比较和选用，将常用流量计的原理、主要特点和应用场合列表如表1-4所示。

表 1-4　各种流量计及概况

种　类	原　理		主　要　特　点	应　用　场　合
椭圆齿轮流量计	容积法原理		不受黏度因素影响,精度高,灵敏度高,结构复杂,量程比 10：1	用于液体介质的测量但介质应清洁,不受介质性质影响
腰轮流量计				用于液体介质的测量但介质应清洁,不受介质性质影响,还可测大流量的气体流量
叶轮流量计	速度式测量原理		简单、可靠、量程比 10：1	水表
涡轮流量计			精度高、灵敏度高、测量范围大、量程比 10：1	用于气体、液体介质的测量,介质要清洁
转子流量计	节流原理	恒压差原理	应用广泛,使用前要校正,量程比10：1	广泛用于气体、蒸汽、液体介质的流量测量
差压式流量计		变压差原理	结构较简单,使用普遍,量程比3：1	
靶式流量计	动压原理		结构简单可测一般流体和某些特殊介质,用途广,量程比 3：1	气体、蒸汽、液体介质,允许液体黏度大些及含杂质、固体颗粒、结晶等
电磁流量计	电磁学原理		测量元件与介质不接触不受流体性质的影响,量程比为 100：1,精度高	用于导电介质的测量,不受介质密度、黏度的影响,但不能测高压、高温介质
旋进漩涡流量计	质量法测量原理		不受流体性质的影响,精度高,量程比 30：1	适用中小口径管道测量,可测高温高压介质
卡曼漩涡流量计				适用于大口径管道测量

二、差压式流量计

差压式流量计也叫节流式流量计，它由三部分组成，如图1-8所示。

① 将被测流体的流量变换成差压信号的节流装置，其中包括节流元件和取压装置。

② 传输差压信号的信号管路。

③ 测量差压值的差压计或差压变送器及显示仪表。

下面分别介绍各部分的原理及其安装投运知识。

1. 节流原理及流量基本方程式

节流装置就是能使流体的流束产生收缩的元件，工厂中应用广泛的有孔板、喷嘴和文丘里管，下面以孔板为例介绍节流原理。

流体流动时由于有压力而产生静压能，又由于有流动速度而具有动压能。这两种能量形式在一定条件下可以相互转化，根据能量守恒定律，流体的静压能和动压能在忽略了阻力的条件下，恒等转化。

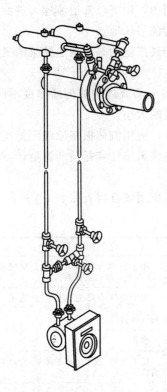

图 1-8　差压式流量计
组成示意图

如图 1-9 所示当流体通过孔板时，截流面积突然缩小，流束必然产生局部收缩，流速加快。根据能量守恒定律，流速加快的结果必然导致静压能的降低，因而孔板的前后产生静压差。这个静压差的大小与流过流体的流量有一定的关系，所以通过测量此压差，便可知流量的大小。

流量和压差之间的关系叫流量方程式，表达式为

$$q_m = \frac{\pi}{4}\alpha\varepsilon d^2\sqrt{2\Delta p\rho}$$

$$q_v = \frac{q_m}{\rho}$$

式中　q_m ——流体的质量流量；

q_v ——流体的体积流量；

α ——流量系数；

ε ——膨胀系数；

d ——节流件开孔直径；

ρ ——工作状态下被测流体密度；

Δp ——压差。

当 α、ε、d、ρ 均为常数时，流量与压差的平方根成正比即 $q_m = K\sqrt{\Delta p}$。应当指出的是，要保证流量与压差的平方根关系，在具体设计时，对介质的性质和条件有所控制，这样 K 才是一个特定的常数，特别是这个压差还需用差压计测量出来，所以使用差压式流量计时应注意：所测流体的限制以及节流装置与差压计必须配套使用。

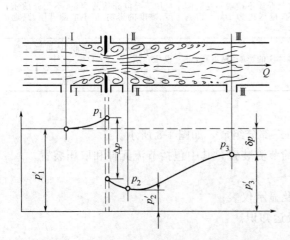

图 1-9　孔板附近流束及压力分布情况

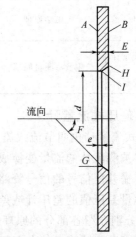

图 1-10　标准孔板轮廓图

2. 标准节流装置

标准节流装置指结构形式、尺寸要求、取压方式、使用条件均有统一规定的节流装置，中国制定的 GB 2624—81 即“流量测量节流装置”是目前使用的国家标准。下面介绍

GB 2624—81中的标准孔板部分。

（1）标准节流装置的结构尺寸　标准节流装置的结构尺寸已作了统一规定，如图1-10所示。

（2）标准节流装置的取压方式　取压方式不同，指的是节流装置上下游侧取压孔的位置不同。GB 2624—81规定标准孔板一般采用角接取压和法兰取压两种取压方式。

角接取压方式指上下游侧取压孔的轴线与孔板上下游侧端面的距离等于取压孔径的一半或取压环隙宽度的一半，角接取压具体形式有两种，即环室取压和单钻孔取压，如图1-11所示，图中上半部分为环室取压，下半部分为单钻孔取压示意图。

法兰取压方式指上下游侧取压孔的轴线与孔板上下游侧端面距离等于（25.4±0.8)mm。

（3）标准节流装置的使用条件

① 被测介质应充满管道截面，连续流动。

② 流体的流动状态应是稳定的。

③ 被测介质流经标准节流装置时，不产生相变。

④ 在节流装置前后，应有足够的直管段。一般为15～20D。

⑤ 在节流装置前后2倍的口径长度内应光滑无凹凸不平现象。

⑥ 对最小使用管径规定如下。

孔板　$0.05 \leqslant \dfrac{d^2}{D^2} \leqslant 0.7$ 时　　$D \geqslant 50\text{mm}$

喷嘴　$0.05 \leqslant \dfrac{d^2}{D^2} < 0.65$ 时　　$D \geqslant 50\text{mm}$

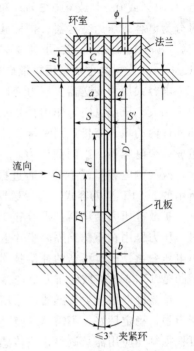

图 1-11　角接取压方式示意图

d 为节流装置开孔直径，D 为管道直径。

（4）标准节流装置的特点及其选用　孔板是最简单也是最常用的一种节流装置，喷嘴相当于在孔板后面增加了一个特殊曲面收缩圆管段，减少了收缩区的静压损失，精度较高，测脏污、腐蚀及磨损介质时比孔板优越。文丘里管相当于在喷嘴后又增加了一扩散圆管段，它使流体从收缩到扩散都有一定型面引导，静压力损失更小，精度更高，造价也最高。

3. 压力/差压变送器

变送器是单元组合仪表中不可缺少的基本单元之一。其任务是将感测部分测出的工艺变量转换成标准的信号，然后根据系统的需要，送到有关单元。

按测量和传送的工艺变量不同，变送器可分为差压变送器、压力变送器、液位变送器、温度变送器等。

传统的变送器已经淘汰，目前使用的是智能式变送器。智能变送器均以微处理器为基础。从20世纪80年代起，国外不少过程控制公司相继推出新的产品，如美国Rosemount公司的1151、3051C，Honeywel公司的XTC等系列的智能变送器。由于智能变送器具有量程比大、精度高、稳定性好，能进行在线组态，具有通信和自诊断功能，简化了查线工作，节省电缆和模件的投资，带PLD控制功能等，加上良好的性能价格比，因此很快就得到了广泛的应用。

（1）压力变送器　一般意义上的压力变送器主要由测压元件传感器（也称为压力传感

器)、测量电路和过程连接件三部分组成。它能将测压元件传感器感受到的气体、液体等物理压力参数转变成标准的电信号（如 4～20mA DC 等），以供给指示报警仪、记录仪、控制器等二次仪表进行测量、指示和过程控制。

压力变送器根据测量范围可分成一般压力变送器（0.001MPa～35MPa）和微差压变送器（0～1.5kPa），负压变送器三种；从精度角度来分类的话，又可以分为高精度压力变送器（0.1%或 0.2%或 0.075%）和一般压力变送器（0.5%）；压力变送器根据传感器种类，可分为电容式压力变送器、扩散硅压力变送器、单晶硅压力变送器。这三类中前二类应用最广，FiherRosemount 公司主要采用电容式（绝对压力采用扩散硅式）传感元件，而 Honeywel 公司则主要采用扩散硅式传感元件。

电容式压力变送器：压力变送器的被测介质的两种压力通入高、低两压力室，低压室压力采用大气压或真空，作用在 δ 元（即敏感元件）的两侧隔离膜片上，通过菲格瑞思隔离片和元件内的填充液传送到测量膜片两侧。压力变送器是由测量膜片与两侧绝缘片上的电极各组成一个电容器。当两侧压力不一致时，致使测量膜片产生位移，其位移量和压力差成正比，故两侧电容量就不等，通过振荡和解调环节，转换成与压力成正比的信号。如图 1-12 所示的 3051T 型电容式压力变送器。

扩散硅压力变送器：扩散硅变送器选用进口扩散硅压力芯片制成，当外界压力发生变化时，压力作用在不锈钢隔离膜片上，通过隔离硅油传递到扩散硅压力敏感元件上引起电桥输出电压变化，经过精密的补偿技术、信号处理技术、转换成标准的电流信号。如图 1-13 所示的是 TX3351 扩散硅压力变送器。

单晶硅谐振压力传感器，采用电磁激励和电磁拾振方式工作，输出为频率信号，抗干扰能力强，稳定性好，不需 A/D 转换，既能测量绝压，也能测量差压，精度 0.1%，其量程可根据具体应用需求调整，该传感器是压力传感器中的一种高端产品，如图 1-14 所示的是 EJA 系列单晶硅的差压/压力变送器。

图 1-12　3051T 型电容式
压力变送器

图 1-13　TX3351 扩散硅
压力变送器

图 1-14　EJA 单晶硅
压力变送器

（2）差压变送器　差压变送器是测量变送器两端压力之差的变送器。所测量的结果是压力差，差压变送器与一般的压力变送器不同的是它们均有 2 个压力接口，差压变送器一般分为正压端和负压端，一般情况下，差压变送器正压端的压力应大于负压段压力才能测量。测量介质正负两端的压力差，转化成可以反应压力差的标准电流信号（4～20mA）。

（3）3051C 型智能压力变送器　图 1-15 是 3051C 型智能压力变送器原理框图，它由传感组件和电子组件两大部分组成。在传感组件中有一个温度传感器和一个高精度的电容传感器，过程压力通过隔离膜片和灌充液传送到电容电池的中央测量膜片。测量膜片的位移正比于差压的大小，而这个位移由它两侧的电容固定极检测出来，温度传感器则用于消除温度变化对测量结果的影响。在静止状态下，测量膜片和两侧固定极板之间电容差为零，否则就会产生电容差，并在解调器作用下将其转换成电流信号。两个传感器的测量信号由电子组件中的微处理器周期读取，并经其综合运算处理，完成精确的压力（差压）计算及温度补偿，最后一路经 D/A 转换后以 4～20mA 信号输出，另一路经数字通信口与分散控制系统等进行数字通信，各部分的作用如下。

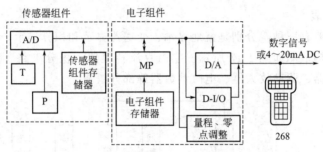

图 1-15　3015C 智能压力变送器原理框图

压力传感器 P：测量被测介质的压力（或差压）；温度传感器 T：组装在传感组件内，用于补偿温度变化对测量结果的影响；A/D 转换器：将检测到的模拟信号转换为数字信号；D/A 转换器：将数字信号转换成模拟信号输出；传感器组件存储器：传感器组件存储器内存有修正系数和传感器组件的有关信息；电子组件存储器：电子组件存储器内存有变送器的量程值以及变送器的组态信息；MP 微处理器：它是智能变送器的核心部件，除协调变送器内部分部件执行预定操作外，还有线性化运算、调量程、工程单位转换、阻尼特性调整、故障诊断以及通信等功能；D-I/O 数字通信口：通过它可与使用相同通信协议的控制系统进行直接数字通信；268 组态器：它是以微处理器为基础的与智能压力变送器进行数字通信的接口装置，是一种新型的调试工具，利用它能在现场（或控制室）对 3051C 智能压力变送器进行调校、测试以及对程序组态的编制和修改等工作；量程、零点调整：用于数字化调整时的刻度和零位调整。

（4）ST3000 智能压力变送器　图 1-16 为霍尼威尔（Honeywel）公司生产的智能压力变送器原理框图，它由复合传感器和微处理器两个主要部分组成。复合传感器是将压力（或差压）、温度、静压三个传感器采用集成电路的扩散工艺生成在一片单晶硅片上，三个传感器的测量信号周期地读入微处理器，经综合运算处理，完成精确的压力计算，一路经 D/A 转换输出 4～20mA 信号，另一路经数字 I/O 与采用同一通信协议的控制系统进行数字通信，各部分作用如下。

静压传感器 Ps：测量静压变化，以便对差压元件进行补偿，实现高精度测量；多路调制器：对 P、T、Ps 输入的信号进行调整缓冲，并输到 A/D。其余部分同 3051C 中的各部分。电容式传感器具有精度高、重复性好、动态响应快，对温度和静压变化敏感度小等特点。扩散硅传感器具有制造方便，成本低的特点，但它对温度和静压的变化非常敏感，且为非线性关系，因此必须进行线性修正和补偿。

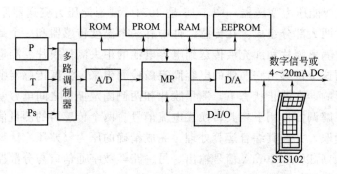

图 1-16　ST3000 智能压力变送器原理框图

4. 流量显示仪表

流量的显示一般有三种，分别是就地显示、变送器显示和积算显示。

比例积算器结构框图如图 1-17 所示。它由直流转换器、积分电路、基准电压、间歇振荡器、单稳态触发器、驱动放大器、电磁计数器等部分组成。

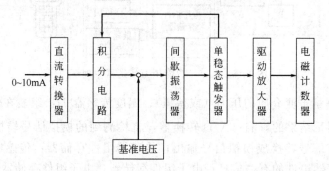

图 1-17　比例积算器结构框图

比例积算器先将反映流量大小的 0～10mA 输入直流电流信号经转换器转换成恒定电流，再对积分电路中的积分电容充电。当充电电压达到基准电压时，间歇振荡器立即被触发动作，输出一脉冲信号，致使单稳态触发器翻转。在单稳态触发器翻转的同时，一方面对驱动电路发出驱动信号带动电磁计数器跳字计数。另一方面又使积分电路电容器迅速放电，接着又重新充电。这样就把输入直流电流信号转换成驱动计数机构动作的脉冲信号。由于积分电容上的电压与其充电电流之间存在积分关系，因此，驱动脉冲的频率就与输入电流信号的大小成比例，从而实现了对输入信号的累积，这就是比例积算器的工作原理。

比例积算器配合数字显示装置，还能显示瞬时流量。

5. 差压式流量计的选用、安装及投运

(1) 差压式流量计的选用与安装　要使差压式流量计能够精确地实现流量测量，正确地选用和安装是十分重要的，只有按国家规定的各项技术要求正确地选用与安装节流装置引压管和差压计，才能保证信号的正确获取、变送和显示。

差压式流量计的选用原则与压力表的选用原则是一致的，只是选节流装置时，要注意节流装置与差压计需配套，另外，介质的性质也要符合流量计设计中规定的要求。

差压式流量计的安装原则也与压力表的安装原则相同，只是在安装标准节流装置时，一定要符合标准节流装置的使用条件，还要注意节流装置的安装方向，并应保证节流装置的开孔和管道的轴线同心以及节流装置的端面与管道的轴线垂直，此外，在差压计前要安装一组

平衡阀。

（2）差压式流量计的投运 差压式流量计在安装完毕，经过检查和检验，确定无误后，就可以投入运行。

开表前，必须首先将引压管内充满液体或隔离液，引压管中的空气要通过排气阀将气排除干净。

在开表过程中，要特别注意差压计或差压变送器的弹性元件不能突然受压冲击，更不要处于单向受压状态。在如图 1-18 所示的差压式流量计测量系统中，有关各阀原先都处于关闭状态，则仪表投运时应按下述步骤进行：

① 打开节流装置引压口截止阀 1 和 2，使压力经引压管传至表前；

② 打开平衡阀 7，并逐渐打开正侧切断阀 5，使差压计的正、负压室承受同样压力；

③ 开启负侧切断阀 6，并逐渐关闭平衡阀 7，仪表投入运行。

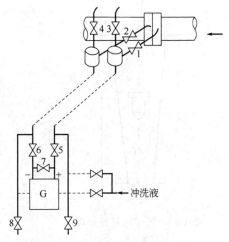

图 1-18　差压式流量计测量系统图
（G 为差压变送器）
1,2—引压口截止阀；3,4—放空阀；
5—正侧切断阀；6—负侧切断阀；
7—平衡阀；8,9——排污阀

仪表在停运时，则与开表步骤相反，即先打开平衡阀 7，然后再关闭正、负侧切断阀 5、6，最后再关平衡阀 7。

运行过程中如果需要校验仪表零点，只需打开平衡阀 7，关闭切断阀 5、6 即可。

三、转子流量计

1. 转子流量计的原理

图 1-19 是转子流量计的原理结构，它由两部分组成：一部分是自下而上逐渐扩大的锥形管（通常用玻璃制成，锥度为 $40°\sim30°$）；另一部分是放在锥形管内可以自由运动的转子。工作时，被测流体自下而上流过转子与锥形管之间的环隙，转子此时也是一个节流元件，根据节流原理，转子前后产生一个静压力 Δp，这个静压力 Δp 对应的"冲力"$F=\Delta p \cdot A_d$（式中 A_d 为转子面积），转子在这个"冲力"的作用下，向上移动。移动的过程中，流体流经转子的流通面积随之增大，根据节流现象，则对应的"冲力"也就降低，当"冲力"等于转子在流体中的重量时，转子就稳定在一个新的高度上，这样，转子在锥形管中平衡位置的高低与被测介质的流量大小相对应。如果在锥形管外沿其高度刻上对应的流量值。那么根据转子平衡位置的高低就可以直接读出流量的大小。

2. LZD 系列电远传式转子流量计

转子的高度可以通过机械结构转换成电信号（或气信号），进行自动指示、记录和自动控制。下面介绍 LZD 系列电远传式转子流量计的工作原理。

LZD 系列电远传式转子流量计的工作原理如图 1-20 所示，当被测流体的流量变化而引起转子位移的同时，也带动发送差压变送器中的铁芯作上下移动，发送差压变压器 T_1 输出信号随之变化，经功率放大器 3 放大后，去驱动可逆电机 4 转动，使反馈凸轮 5 偏转，同时带动指针 6 指示出流量的变化，带动接收变压器 T_2 的铁芯 2 上下移动，使接收变压器 T_2 输出的信号跟随 T_1 输出的信号变化，当两个变压器输出的信号相等时，功率放大器 3 接受到 0 信号，使可逆电机停转，这时整个仪表系统处于平衡状态。

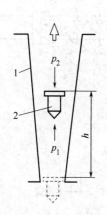

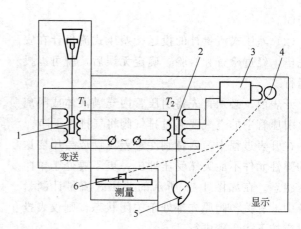

图 1-19　转子流量计原理

1—锥形管；2—转子

图 1-20　LZD 系列电远传式转子流量计原理图

T_1—发送变压器；T_2—接收变压器；

1,2—铁芯；3—功率放大器；4—可逆电机；

5—反馈凸轮；6—指针

由此可见，转子流量计和差压式流量计一样，都是根据节流原理实现流量测量的，不同的是差压式流量计是变压差节流原理，转子流量计是恒压差的节流原理。

3. 转子流量计的示值校验

转子流量计是非标准化仪表。为了便于生产，制造厂是在标准状态（20℃，100kPa）下，用水（对液体）或空气（对气体）介质标定刻度的。因此在使用前，当被测介质或工作条件改变时，应先对转子流量计余值进行修正，修正公式如下。

对液体

$$\frac{q_{vl}}{q_{vw}} = \sqrt{\frac{\rho_f - \rho_1}{\rho_f - \rho_w} \times \frac{\rho_w}{\rho_1}}$$

式中　q_{vl}、ρ_1——实际被测流体的体积流量、密度；

　　　q_{vw}、ρ_w——出厂标定时水的体积流量、密度；

　　　ρ_f——转子材料的密度。

【例 1-1】　一个以水标定的转子流量计，其转子材料为不锈钢，密度 ρ_f 为 7920kg/m³，用来测量苯的流量，求流量计读数为 3.6L/s 时，苯的实际流量是多少？（苯的密度 $\rho_1 = 830$kg/m³）

【解】　苯的流量

$$q_{vl} = q_{vw}\sqrt{\frac{\rho_f - \rho_1}{\rho_f - \rho_w} \times \frac{\rho_w}{\rho_1}}$$

$$= 3.6\sqrt{\frac{7920-830}{7920-1000} \times \frac{1000}{830}}$$

$$= 3.6 \times 1.11$$

$$\approx 4\text{L/s}$$

对气体

$$\frac{q_{vo}}{q_v} = \sqrt{\frac{p}{p_o}} \times \sqrt{\frac{T_o}{T}}$$

式中　q_{vo}、p_o、T_o——标准状态下（20℃，0.1013MPa）的体积流量、绝对压力和绝对温度；

　　　q_v、p、T——工作状态下的体积流量、绝对压力和绝对温度。

【例 1-2】 某厂用转子流量计来测量温度为 27℃，表压力为 160kPa 的空气流量，问转子流量计读数为 38m³/h 时，空气的实际流量是多少？

【解】 $q_v = 38 \text{m}^3/\text{h}$，$p = 160 + 101.325 = 261.325 \text{kPa}$

$T = 273 + 27 = 300 \text{K}$

$T_0 = 293 \text{K}$，$p_0 = 101.325 \text{kPa}$

空气的实际流量

$$q_{vo} = q_v \sqrt{\frac{p}{p_0}} \times \sqrt{\frac{T_0}{T}}$$

$$= 38 \sqrt{\frac{261.325 \times 293}{101.325 \times 300}} = 60.31 \text{m}^3/\text{h}$$

总之，改变转子材料，或改变锥形管的锥度，就可以改变转子流量计的量程范围。

四、其他流量计测量原理简介

1. 椭圆齿轮流量计

椭圆齿轮流量计属于容积式测量方法，原理结构如图 1-21 所示。当流体流过仪表时，

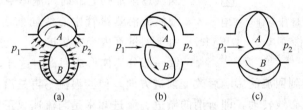

图 1-21 椭圆齿轮流量计的测量原理

在它的入口、出口之间形成压差（节流原理），此压差推动两齿轮旋转，将流体一份一份的排出，其排出的流体总量为

$$q_v = 4nV_0$$

式中 n——齿轮转速；

V_0——齿轮与外壳间包围的体积。

这样，就将流量的测量转换成了齿轮的转速。

2. 电磁流量计

图 1-22 为电磁流量计的原理结构，当导电流体在磁场中流动时，根据法拉第电磁感应定律，流体垂直切割磁力线，便在两个电极上产生感应电势，感应电势的方向可以用右手定则判定。感应电势的大小为

$$E_x = BDV$$

式中 E_x——感应电势，V；

B——磁感应强度，T；

D——管道直径，m；

V——流体垂直于磁力线方向的流速，m/s。

体积流量 q_v 与流速关系为 $q_v = \frac{\pi}{4}D^2V$

将此关系式代入上式得

$$E_x = \frac{4B}{\pi D}q_v = Kq_v$$

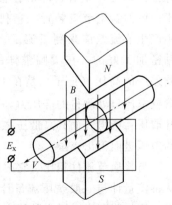

图 1-22 电磁流量计原理

$$K = \frac{4B}{\pi D}$$

式中，K 叫仪表常数。

当管道已经确定，并保持磁感应强度 B 不变时，K 为常数，则流量的大小与感应电势 E_x 成线性关系。因此在管道两侧各插入一根电极，由电极引出的感应电势的大小便可知流量的值。

3. 漩涡流量计

漩涡流量计是根据流体振荡的原理而设计成的一种流量测量仪表，它由测量管和变送器两部分组成，如图 1-23 所示。

当被测流体流入测量管，经过螺旋导流架 1 后，形成一股具有旋转中心的涡流 2，在螺旋导流架 1 之后，测量管逐渐收缩，使涡流的前进速度和涡漩逐渐加强，此时，流体中心是一束速度很高的漩涡流沿测量管中心线向前运动，在检测元件后，由于测量管内径突然扩大，流速突然急剧减慢，导致一部分流体形成回流。这样，从收缩部分出来的

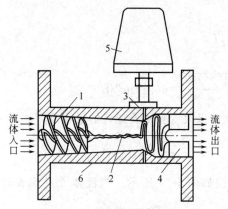

图 1-23　漩涡流量计原理示意图

1—螺旋导流架；2—流体漩涡流；3—检测元件；
4—除漩整流架；5—放大器；6—壳体

漩涡流的漩涡中心受到回流的影响后改变前进方向，使漩涡流不再是沿着测量管的内腔中心线运动，而是围绕中心线转动，即所谓的漩进。漩进频率是与流速成正比的，只要测出漩涡流的漩进频率，就可获得被测流体的流量值。这种仪表也称为漩进型漩涡流量计。

由于漩涡流量计的输出是脉冲频率，所以可以用数字显示、积算以及与工业控制计算机联用。它具有精度高、结构简单、无可动部件、维护简便、量程比宽、使用寿命长，几乎不受被测流体的压力、温度、密度、软度等因素影响，因而使用部门越来越广泛。

4. V 锥流量计

V 锥流量计（V-coneflowmeter）是 20 世纪 80 年代出现的一种新颖差压式流量计。V锥流量计原理结构如图 1-24 所示，属于节流式测量原理。V 锥流量计是以一个同轴安装在测量管内的尖圆锥体为节流件的新型差压式流量测量装置，它是一种基于文丘里管测量原理，并集经典文丘里管、环形孔板和耐磨孔板优点于一体的新型节流装置。它利用 V 锥体在流场中产生节流效应来测量流量。该测量管是预先精密加工好的，在尖圆锥体的两端产生差压。此差压的高压（正压）是在上游流体收缩前的

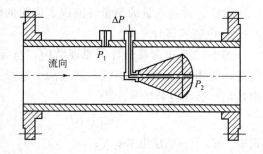

图 1-24　V 锥流量计原理结构

管壁取压口处测得的静压力，而低压力（负压）则是在圆锥体朝向下游端面，锥中心轴处所开取压孔所得。而其高低压之差的开平方与其体积流量成正比关系，通过测量 V 锥上下游的差压进而得出流量。

与普通节流件相比，它改变了节流布局，从中心节流改为环状节流。实践的使用证明，V 锥流量计与一般差压流量计相比，长期使用精度高、重复性高、安装条件局限小、耐磨损、测量范围宽、适合脏污介质、压损小等优点。由于 V 锥体本身作为流场的整流器而成

为一种具有独特性能的新型流量传感器。

5. 楔形流量计

楔形流量计是 20 世纪 80 年代开始逐步走向实用的一种新型流量计，其检测件是一个 V 字形楔块（又称楔形节流件），它的圆滑顶角朝下，这样有利于含悬浮颗粒的液体或黏稠液体顺利通过，不会在节流件上游侧产生滞流。因此特别适合在石油、化工等行业中用于体积流量和质量流量的测量。

楔形流量计原理结构如图 1-25 所示，属于节流式测量原理，流体通过楔形流量计时，由于楔块的节流作用，在其上、下游侧产生了一个与流量值成平方关系的差压，将此差压从楔块两侧取压口引出，送至差压变送器转变为电信号输出，再经专用智能流量积算仪运算后得到相应的流量值。

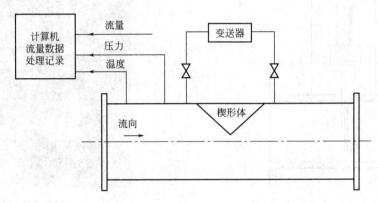

图 1-25　楔形流量计原理结构图

6. 靶式流量计

靶式流量计是在传统靶式流量计的基础上，随着新型传感器、微电子技术的发展研制开发成的新型电容力感应式流量计，它既有孔板、涡街等流量计无可动部件的特点，同时又具有很高的灵敏度、与容积式流量计相媲美的准确度，量程范围宽。

靶式流量计原理结构如图 1-26 所示，当介质在测量管中流动时，因其自身的动能与靶板产生压差，而产生对靶板的作用力，使靶板产生微量的位移，其作用力的大小与介质流速的平方成正比，其数学公式为

$$F = CdA\rho V$$

式中　F——靶板所受的作用力；

　　　Cd——流体阻力系数；

　　　A——靶板对测量管轴向投影面积；

　　　ρ——工况下介质密度；

　　　V——介质在测量管中的特征流速。

靶板所受的作用力，经靶杆传递使传感器的弹性体产生微量变化，经过电路转换，输出相应的电信号。

采用传感器是该新型产品真正实现高精度、高稳定性的关键核心，彻底改变了原有应变式靶式流量计温漂大，抗过载（冲击）能力差，存在静态密封点等种种限制，不但发挥了靶式流量计原有的技术优势，同时又具有与容积式流量计相媲美的测量准确度，加之其特有的抗干扰、抗杂质性能，除能替代常规流量所能测量的流量计量问题，尤其在小流量、高黏

度、易凝易堵、高低温、强腐蚀、强震动等流量计量困难的工况中具有很好的适应性。目前已广泛应用于冶金、石油、化工、能源、食品、环保等各个领域的流量测量。

7. 阿牛巴流量计

阿牛巴流量计（又称笛形均速管流量计和托巴管流量计）属于差压式流量计，如图1-27所示。

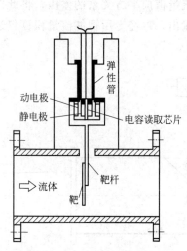

图1-26 靶式流量计原理结构图

图1-27 阿牛巴流量计

阿牛巴流量计是采用皮托管测量原理测量挡体上游的动压力与下游的静压力之间形成的压差，从而达到测量流量的目的。阿牛巴流量计由检测杆、取压口和导杆组成。测量原理如图1-28所示。中空金属杆，在迎向流体流动方向有成对的测压孔，一般有两对，其外形似笛。迎流面的多点测压孔测量的是总压，与全压管相连通，引出平均全压 p_1，背流面的中心处开有一只取压孔，与静压管相通，引出静压 p_2。阿牛巴是利用测量流体的全压与静压之差来测量流速。

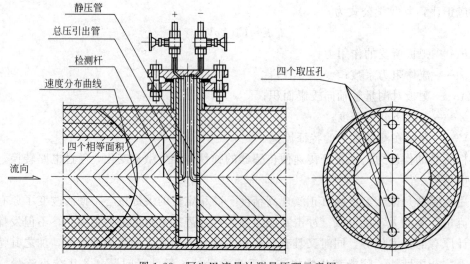

图1-28 阿牛巴流量计测量原理示意图

阿牛巴流量计以其安装简便、压损小、强度高、不受磨损影响、无泄漏等特点而成为替代孔板的理想产品。测量管道直径在 DN20 到 DN12000 之间。阿牛巴流量计可广泛用于工业过程中各种能源如液体、燃料气、蒸气和气体的测量,具有较高的稳定性和重复性。

8. 弯管流量计

弯管流量计同属于差压式流量计的范畴,弯管传感器是利用流体的惯性原理产生差压的。当流体通过弯管时,由于受弯管的约束流体被迫作类似的圆周运动,流体在作圆周运动时产生的离心力作用于弯管的内外两侧,使弯管传感器内外两侧之间产生一个压力差,该压力差(也就是压差值)的大小与流体的密度有关,与流体的平均流速有关,与流体作圆周运动的曲率半径有关。他们之间遵循作圆周运动物体都必须遵循的牛顿运动定律的有关规律,既继承了差压式流量计结构简单、性能稳定、测量精确的优点,又克服了差压式流量计压力损失大、容易堵塞、维护困难等缺点。弯管流量计以其突出的节能效果、高稳定性、高准确性、高适应性,在热力、热电、冶金、石化行业的蒸汽、煤气、天然气、冷热水、油、空气、乙炔、硫化氢、二氧化碳两相流等介质测量中迅速推广。

弯管流量计测量范围宽,重现性精度高,无附加压力损失,现场免维护,运行费用低,可实现温压实时补偿。图 1-29 是一种弯管流量计的测量应用案例。弯管流量计由传感器、转换器、差压变送器及一些管道阀门组成,当流量测量需要温度、压力补偿时还应配备压力变送器、温度变送器。转换器显示被测介质的瞬时流量,累计流量、温度、压力、压差,当前时间,运行时间等参数。在流量测量中实时对介质密度的温度,压力在线补偿,对管径的热膨胀进行修正,保证了测量精度。

弯管传感器采用直接焊接方式或法兰安装方式安装在管道上,有"L"型弯管和"S"型弯管两种,如图 1-30 所示。"L"型弯管传感器适合安装在原有管道的自然转弯处,以水平安装状态为最佳状态;"S"型弯管传感器适合安装任意空间状态下的直管段上。管径范围 DN15~2000mm,弯径比 R/D 为 1.0~5.0,工作压力为 0~16MPa,材质为 20♯碳钢、不锈钢、合金钢。前后直管段只要能满足前 5D 后 2D,就可获得足够的测量精度。

9. 质量流量计

流体的体积是流体温度和压力的函数,是一个因变量,而流体的质量是一个不随时间、空间温度、压力的变化而变化的量。如前所述常用的流量计流量测量值是流体的体积流量。在科学研究、生产过程控制、质量管理、经济核算和贸易交接等活动中所涉及的流体量一般多为质量。采用上述流量计仅仅测得流体的体积流量,往往不能满足人们的要求,通常还需要设法获得流体的质量流量。随着现代科学技术的发展,相继出现了一些直接测量质量流量的计量方法和装置,从而推动了流量测量技术的进步。

质量流量计可分为两类:一类是间接式或推导式,有 3 种主要型式:速度式流量计与密度计的组合,节流式流量计与密度计的组合,节流式流量计与速度流量计的组合;另一类为直接式,即直接输出质量流量,如科里奥利流量计。

(1)差压式质量流量计 差压式质量流量计是由差压式流量计与密度计组合而成的间接式质量流量计,如图 1-31 所示。

差压式流量计的差压输出值正比于流体体积流量的平方,用公式表示为

$$\Delta P \propto \rho q_v^2$$

式中 ρ 为流体密度;

q_v 为流体的体积流量。

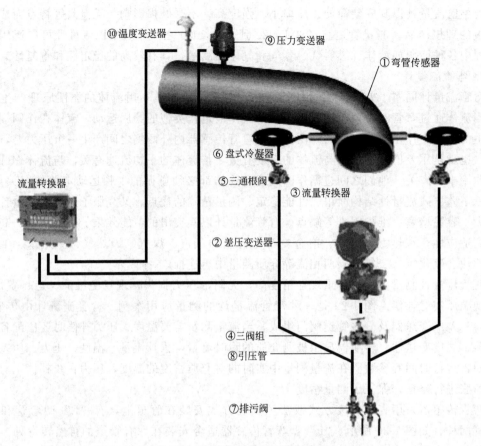

图 1-29　弯管流量计的测量示意图

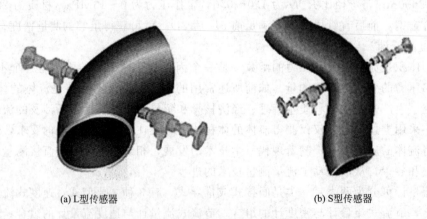

(a) L型传感器　　　　　　　　　　　(b) S型传感器

图 1-30　弯管传感器结构示意图

　　若在流体管道上，再配一密度计，测出流体的密度与 ΔP 进行乘法运算，然后再开方即可得到质量流量。

$$\sqrt{K_1 \rho q_v^2 K_2 \rho} = K_1 K_2 \rho q_v = K q_m$$

　　（2）体积式质量流量计　　体积式质量流量计是由体积式流量计与密度计组合而成的间接式质量流量计，如图 1-32 所示。

　　这里用的体积式流量计是指容积式流量计或速度式流量计，它们能产生流体的体积流量

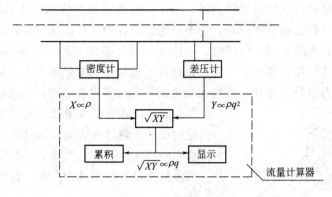

图 1-31　差压式质量流量计

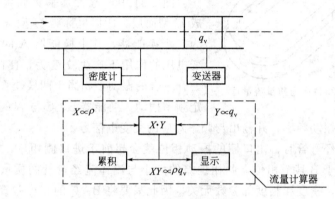

图 1-32　体积式质量流量计

信号，配上密度计进行乘法运算后得到质量流量，即

$$K_1 q_v \cdot K_2 \rho = K q_m$$

（3）速度式质量流量计　速度式质量流量计是由差压式流量计（或靶式流量计）与体积式流量计（或速度式流量计）组合而成。如图 1-33 所示为一个差压式流量计与速度式流量计的组合方式。

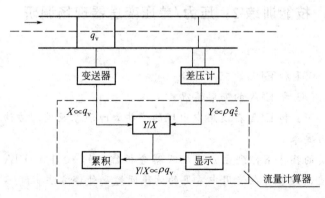

图 1-33　速度式质量流量计

差压式流量计或靶式流量计的输出信号与 ρq_v^2 成正比，而体积式或速度式流量计的输出信号与 q_v 成正比，将这两个信号进行除法运算后也可得到质量流量。

随着传感器技术和数字技术的快速发展，新型的质量式流量仪表不断诞生，特别是近年来出现的一体化流量计，它把流量传感器、温度传感器或压力传感器集成在一个流量计中，相应的信号处理和计算也集成在一起。它不仅能输出各种参数的流量值，还能输出介质的温度、压力等相关参数的测量值。使用时，一体化流量计整体安装，不再需要单独安装温度、压力传感器，从而给使用者带来了方便，也提高了流量计的准确度。

（4）科里奥利力质量流量计　直接式质量流量计已有许多品种，如由孔板和定量泵组合实现的差压式质量流量计；由两个用弹簧连接的涡轮构成的涡轮转矩式质量流量计；基于科里奥利力检测的科氏力质量流量计等。其中，双弯管型科氏力质量流量计应用最为广泛，其测量原理如图1-34所示。

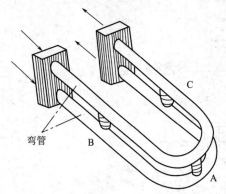

图1-34　双弯管型科氏力质量流量计

图1-34中，弯管是垂直放置的，由软管弯曲成U型而成，所以也称为U型管。A、B、C分别为三个换能器，其中换能器A的作用是在外加交变电压的作用下产生交变力，使两根U形管彼此一开一合的振动，相当于两根软管按相反方向以一定频率摆动。换能器B、C与A的作用相反，它们分别用来检测两管振动频率，并输出与频率对应的交变电信号。

当被测流体流经弯管时，出口侧的振动相位就会超前于进口侧相位，即换能器C输出的交变信号将超前于B某个相位，此相位差的大小与流体流经弯管的质量流量成正比，与介质的温度、压力、密度和黏度等参数无关。因此只要将B、C的相位差直接进行处理，就可以得到被测介质的质量流量。所以，科氏力质量流量计也称为直接式质量流量计。

质量流量计直接测量通过流量计的介质的质量流量，还可测量介质的密度及间接测量介质的温度。由于变送器是以单片机为核心的智能仪表，因此可根据上述三个基本量而导出十几种参数供用户使用。质量流量计组态灵活，功能强大，性能价格比高，是新一代流量仪表。

技能训练2：压力/差压变送器现场调研

一、实训目的
① 了解常见的3051和EJA的应用场合；
② 了解常见的3051和EJA的安装情况；
③ 了解常见的3051和EJA在使用中出现的一些故障现象及处理方法。

二、实训内容与要求
在工厂技术人员的指导下，到生产现场观察分析常见的3051和EJA的使用安装情况，充分与技术人员交流，调查其在使用中常见的故障问题和处理方法。

三、数据记录
按要求填写表1-5。

四、问题与思考
① 3051和EJA在应用领域有什么不同？
② 3051和EJA在使用中主要出现哪些故障？

表 1-5　调查报告表

压力/差压变送器现场调查报告					
型号规程：			精度等级：		
仪表位号：			出厂编号：		
量程范围：		kPa	测量范围：		kPa
输出信号：			阻尼时间：		s
环境温度：		℃	环境湿度：		%RH
生产厂家：					
常见故障现象描述		原因分析		故障处理	
1					
2					
3					
4					
5					

技能训练 3：差压变送器的校验

一、实训目的

在工业现场，在没有手操器的情况下，经常使用手操泵对压力/差压类仪表进行简单的校验，本实训介绍这种简单可行的方法。差压变送器已组态完成，压力测量范围是 0～80kPa。

① 学习用手操泵的使用；

② 认真阅读 EJA 的产品说明书，了解 EJA 的安装使用；

③ 学会校验压力/差压变送器的方法；

二、设备、工具清单

1. 设备清单（见表 1-6）

表 1-6　设备清单

序号	名称	型号规格	单位	数量
1	智能差压变送器	EJA110A-DMS4A	台	1
2	手操泵	FLUCK700PTP-1	台	1
3	精密压力表	精度 0.25 级,0～0.16MPa	台	1
4	数字万用表	FLUKE18B	台	1
5	250Ω 电阻	精密电阻	只	1

2. 工具清单（表 1-7）

表 1-7　工具清单

名称	单位	数量	名称	单位	数量
十字螺丝刀	把	1	镊子	把	1
一字螺丝刀	把	1	电笔	把	1

名称	单位	数量	名称	单位	数量
组合螺丝刀	把	套	剥线钳	把	1
尖嘴钳	把	1	导线	根	若干
开口扳手	把	2	线卡	个	若干
垫片	个	5	生料带	卷	1

三、实训接线图

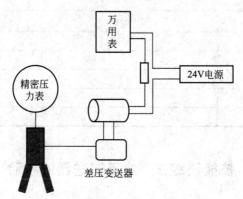

图 1-35　差压变送器校验原理图

四、实训内容与要求

① 按照图 1-35 进行电气连接；

② 检查接线的正确与否；

③ 上电，检查仪表显示是否正常；

④ 连接气路，用手操泵加压，加入正压到超出量程上限 20%，稳定 2～3min，检查是否漏气，如有请处理；

（手操泵的使用：增加压力时应拧紧放气阀门，将压力输出分别用所配接嘴连接，其中一路输出接入标准仪表，另一路连接被检差压变送器正压侧，负压侧通大气。）

⑤ 加压校验：正确操作手操泵，按照校验单要求的各校验点依次加压并记录数据。注意：加压要依上下行程中的各测点缓慢进行，如果超调了，请返回测点的 5%，再继续；如果到达量程上限了，请超过 5%～10%，逐步打开放气阀，开始反行程校验。

⑥ 断电，拆除电路连接，整理归位；

⑦ 打开手操泵的放气阀门，拆除气路连接；

⑧ 数据处理，认真计算处理数据，写出校验结果。

五、数据记录单

（1）填写变送器型号规则见表 1-8

表 1-8　数据记录单

名称	
型号选项	
模式	
电源	

名称	
输出	
最大工作压力	
出厂量程	
编号	

（2）校验单（见表1-9）

表1-9　校验单

被检点压力/MPa					
理论输出电流值/mA					
实际输出值/mA	正向行程				
	反向行程				
绝对误差值/mA	正向行程				
	反向行程				
回差/mA					

六、校验结果

变送器最大允许绝对误差为_____ mA，经校验变送器百分误差为_____％，回差为_____％，以此判断变送器_____合格。

七、问题与思考

① 校验过程中，手操泵给压，如果超过校验点，为什么要回调？

② 万用表复位时放置什么挡位？为什么？

③ 如果漏气，EJA显示值会如何变化？

第四节　液位测量

一、物位测量的基本知识

1. 物位测量的意义

在化工炼油工业生产中，经常要对一些设备和容器的物位进行测量。一方面是通过物位测量来确定容器里的原料、半成品或产品的数量，以保证连续供应生产中各环节所需的物料，或进行经济核算；另一方面是通过物位测量，了解物位是否在规定的范围内，以便使生产正常进行，以保证产品的质量、产量和安全生产。前者是用物位测量仪表进行计量，后者则是用控制仪表进行物位监视或控制。

2. 物位的基本概念

物位指的是开口容器或密闭容器中两相介质的分界面的高低。通常把气相与液相之间的界面叫液位，把气相与固相之间的界面叫料位。化工生产中最多见的是液位的测量，所以本节主要讲述液位测量。

3. 液位测量仪表的种类

为了满足化工生产过程对液位测量的不同要求，目前已经建立了各种各样的液位测量方法。液位仪表的种类也很多，按生产的状况不同，分为宽界液位计和窄界液位计两大类，把能反映出整个容器液位高度的液位计叫宽界液位计，它是保证生产和设备安全不可缺少的装置。把液位需要保持在某规定值，而量程范围不是很宽的液位计称为窄界液位计。

表 1-10 列出了常用液位测量仪表的种类、作用原理和主要特点，以便比较和选用。

表 1-10 常用液位测量仪表概况

种 类	原 理	主 要 特 点
玻璃式液位计	连通器原理	结构简单、价格低廉、玻璃易损，读数不大明显
浮力式液位计	浮在液面上的浮标随液面变化而升降	结构简单、价格低廉，信号不远传
差压式液位计	静力学原理，液面的高度与容器底部压力成正比	开口和闭口容器均能测量，请注意零点迁移，应用广泛
电容式液位计	由液体的容器形成的电容，其值随液位高度变化而变化	可测液位和料位及低温介质物位，精度高，线路复杂，成本高
电极式液位计	根据导电性液面达到某个电极位置发出信号的原理	简单，阶跃测量，精度不高，用于要求不高的场合
辐射式液位计	液体吸收放射性物质后射线能量与液位高度有一定的关系	非接触测量，精度不受介质性质及温度压力的影响，可测范围广，成本高，射线对人体有害
超声波式液位计	利用声波在介质中传播的某些声学特性进行测量	非接触测量，准确性高，惯性小，可测范围较广，声速受介质温度、压力影响，电路复杂，成本高，使用维护不便

二、差压式液位计

1. 差压式液位计的测量原理

差压式液位计。是利用容器内的液位改变时，由液柱高度产生的静压也相应变化的原理而工作的，如图 1-36 所示。

差压计的一端接液相、压力为 p_B，另一端接气相，压力为 p_A，根据静力学原理得

$$p_B = p_A + \rho g H$$
$$\Delta p = p_B - p_A = \rho g H$$

式中　Δp——A、B 两点间差压；

　　　ρ——被测介质的密度；

　　　g——重力加速度；

　　　H——液位高度。

一般被测介质的密度是已知的。因此，差压计得到的差压与液位高度 H 成正比。这样，就将测量液位的问题转变成了测量差压的问题了。

用差压式液位计来测液位时，如果容器是敞口的，气相压力为大气压，则差压计的负压室通大气就可以了，只需将容器的液相与差压计的正压室用引压管线相连接。

用差压式液位计测量液位时，容器的液相必须要用管线与差压计的正压室相连，而化工生产中的介质，常常会遇到有杂质、结晶颗粒或有凝聚等问题，容易使连接管线堵塞，此时，需要采用法兰式差压变送器。

2. 用法兰式差压变送器测量液位

法兰式差压变送器是用法兰直接与容器上的法兰相连接。如图 1-37 所示，共由三部分组成：法兰式测量头 1 是由金属膜盒做的，毛细管 2，差压变送器 3。法兰式差压变送器的测量部分及气动转换部分的动作原理与差压变送器相同。

在膜盒、毛细管和变送器的测量室之间组成封闭的系统。内充有硅油，作为传压介质，

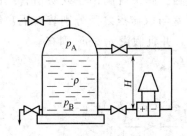

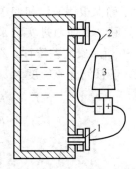

图 1-37 法兰式差压变送器测量液位示意图

图 1-36 差压变送器无迁移检测液位

1—法兰式测量头；2—毛细管；3—差压变送器

使被测介质不进入毛细管与变送器，以免堵塞。

法兰式差压变送器按结构形式分为双法兰及单法兰式两种，法兰的构造又有平法兰和插入式法兰两种，其结构如图 1-38(a) 和图 1-38(b) 所示。

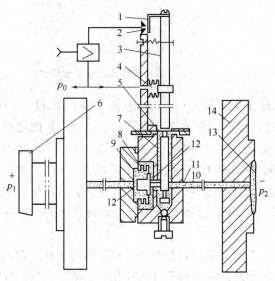

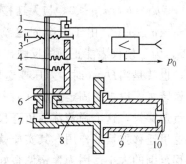

(a) 双法兰式差压变送器

1—挡板；2—喷嘴；3—杠杆；4—反馈波纹管；5—密封片；
6—插入式法兰；7—负压室；8—测量波纹管；9—正压室；
10—硅油；11—毛细管；12—密封环；
13—膜片；14—平法兰

(b) 单法兰插入式差压变送器

1—挡板；2—喷嘴；3—弹簧；4—反馈波纹管；
5—主杠杆；6—密封片；7—壳体；8—连杆；
9—插入筒；10—膜盒

图 1-38 法兰式（双、单）差压变送器结构示意图

3. 零点迁移问题

前面已经讲过，用差压变送器测量液位时，差压与液位高度有如下关系：

$$\Delta p = \rho g H \tag{1-1}$$

如果是气动差压变送器，当液位高度 H 为 0 时，变送器输出信号为 20kPa 的气压信号；当液位高度 H 为最高时，变送器输出信号为 100kPa 的气压信号。而当 H 在零与最高之间时，变送器有一一对应的信号输出，这是液位测量中最简单的量程"无迁移"情况。如图 1-36 所示。

在实际应用中，常常由于差压变送器安装位置等原因，使得液位为零时，差压不为零，对应的差压变送器的输出不为 20kPa；在 H 为最高时，对应的差压变送器的输出也不为

100kPa。为了确保被测液位和变送器的输出一一对应。必须对差压变送器作一些技术处理，即进行零点迁移。下面通过实例来分析零点迁移的问题。测量有腐蚀性或易堵管线的介质时，如图 1-39 所示安装差压计，在变送器正、负差压室与取压点之间分别装有隔离罐，并充以隔离液，若被测介质密度为 ρ_1，隔离液密度为 ρ_2，并且假设 $\rho_2 > \rho_1$ 则有

$$p_+ = p_A + h_0 \rho_2 g + H \rho_1 g$$

$$p_- = p_A + h_1 \rho_2 g$$

$$\Delta p = p_+ - p_- = H \rho_1 g - (h_1 - h_0) \rho_2 g \tag{1-2}$$

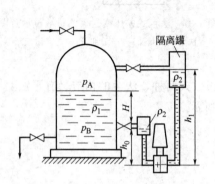

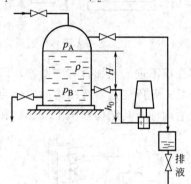

图 1-39　差压变送器负迁移检测液位　　　　图 1-40　差压变送器正迁移检测液位

对比式（1-2）和式（1-1），可以看出差压多了一项 $-(h_1 - h_0) \rho_2 g$，即：当 $H = 0$ 时，$\Delta p = -(h_1 - h_0) \rho_2 g < 0$，与无迁移情况相比，相当于在负压室多了一项压力，其固定数值为 $(h_1 - h_0) \rho_2 g$。由于这个固定差压的存在，当液位为零时，变送器的输出势必要小于 20kPa，为了使仪表能正确的反映出液位的高低，必须设法抵消固定差压 $(h_1 - h_0) \rho_2 g$ 的作用，也就是当 $H = 0$ 时，差压变送器输出也为零点 $p_{出} = 20$kPa。采用的方法是在仪表上加一弹簧装置，以抵消固定差压 $(h_1 - h_2) \rho_2 g$ 的作用，这种方法称为负迁移，这个固定差压值叫负迁移量，这个弹簧称为负迁移弹簧。

这里迁移弹簧的作用，其实质就是改变量程的上下限，相当于量程范围的平移，它不改变量程范围的大小。因为弹簧调整好后，在各个测量点上都不会再变化，测量范围内的任何测量值均在此迁移量的基础上增加。

由于工作条件的不同，有时会出现正迁移，如图 1-40 所示。

$$p_+ = p_A + h_0 \rho g + H \rho g$$

$$p_- = p_A$$

$$\Delta p = p_+ - p_- = H \rho g + h_0 \rho g \tag{1-3}$$

式（1-3）中，当 $H = 0$ 时，$\Delta p = h_0 \rho g > 0$ 相当于在差压变送器的正压室多了一项压力，与负迁移问题一样，调整迁移弹簧抵消这一固定差压。这种方法称做正迁移。这个固定差压值叫正迁移量。

在差压变送器的规格中，一般都注有是否带正、负迁移装置，型号后面加"A"的为正迁移，加"B"的为负迁移，选用哪种规格，必须根据现场安装要求确定。

三、其他液位计简介

1. 玻璃式液位计

玻璃式液位计是使用最早而又最简单的一种直读式液位计。它的一端接容器的气相，另一

端接液相，它是根据连通器的原理工作的，有两种类型：一种是玻璃管式液位计，如图 1-41 (a) 所示。在容器的连通管上装有阀门 1 和阀门 2，以备在必要时（如玻璃管损坏时）将玻璃管和容器隔断。阀门 3 用于取样或清洗玻璃管。另一种是玻璃板式液位计，如图 1-41(b) 所示，它是将一块特制的玻璃板嵌在金属框中，框的两端有管柱形尾部，同样用管道阀门与容器相连。透过玻璃板即可观察液位。

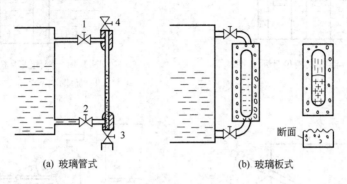

(a) 玻璃管式　　　　　　　(b) 玻璃板式

图 1-41　玻璃式液位计

工业上应用的玻璃管液位计的长度为 300～1200mm，工作压力不大于 1.6MPa；玻璃板液位计的长度为 500～1700mm，最大耐压为 5.0MPa，耐温 400℃，它有透光式和折光式两种形式。

玻璃式液位计，结构简单，显示清晰，价格便宜，一般用在温度和压力都不太高的场合就地指示液位的高低，其缺点是玻璃易碎，对污浊介质或结晶介质不适宜测量，不能远传和自动记录。

2. 浮力式液位计

当一个物体放在液体中时，液体对它有一个向上的浮力。浮力的大小，等于物体所排出部分液体的重量。浮力式液位计就是基于这个原理工作的。

浮力式液位计可分为两种：一种是维持浮力不变的，即恒浮力式液位计，如浮标式、浮球式等，检测元件在液体中可随液面上下自由浮动，液位变化时就产生位移；另一种是浮力变化的，如沉筒式液位计，检测元件在液体中不能自由浮动，但液位变化时，引起浮力有所变化。下面介绍恒浮力式液位计。

(1) 浮标式液位计　图 1-42 是最简单的浮标式液位计的原理图，浮标为空心的金属或塑料盒。当浮标的重量与浮标所受的浮力之差和平衡锤的重量相等时，浮标便可随液位高低而停留在任一液面上，即沿导向杆随液位的高低而垂直升降，通过钢丝绳和滑轮带动指针沿标尺上下移动而指示出液位值。

浮标式液位计也可以通过光电元件、码盘及机械齿轮等进行计数并将信号远传。

这种测量方法比较简单，可用于敞口容器，也可用于密闭容器如图 1-43 所示，总的缺点是由于滑轮与轴承间存在着机械摩擦，钢丝绳受热伸长，以及齿轮的间隙等因素，影响测量精度。

(2) 浮球式液位计　对于温度、压力不太高，黏度比较大的液体介质的液位测量，例如炼油厂的常减压塔的塔底液位测量，一般采用内浮球式液位计。如图 1-44(a) 所示，浮球 1 由钢或不锈钢制成，它通过连杆 2 与转动轴 3 相连接，转动轴的另一端与容器外侧的杠杆 5 相连接，并在杠杆上加以平衡重锤 4，组成以转动轴 3 为支点的杠杆系统。一般设计时要

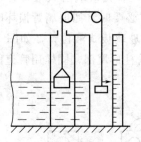

图 1-42　浮标式液位计示意图

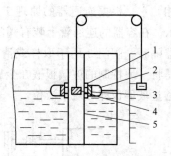

图 1-43　密闭式浮标液位计
1—导线；2—浮标；3—磁铁；
4—铁芯；5—非导磁管子

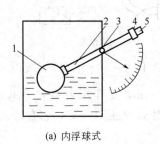

(a) 内浮球式

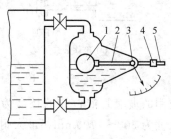

(b) 外浮球式

图 1-44　浮球式液位计示意图
1—浮球；2—连杆；3—转动轴；4—平衡重锤；5—杠杆

求，当浮球的一半浸没在液体内时，实现系统的力矩平衡。随着液位的升高或降低，浮球也要随着升高或降低。如果在转动轴的外端安装一指针，便可以从输出的角位移知道液位的数值，也可以用喷嘴挡板等气动的方法或用差动变压器等电动的方法，将信号进行远传或进行液位控制。

当被测容器的直径很小时，也可以在容器的外侧，另做一浮球室（即外浮球式）与容器相连通，如图 1-44(b) 所示。它的作用原理与内浮球式相同。外浮球式便于检修，但不适宜于黏度大，易结晶和易凝固的液体，内浮球式则相反。

在安装和检修时，必须十分注意浮球、连杆与转动轴等部件。连接必须牢固，以免日久浮球脱落，造成严重事故。在使用时，遇有沉淀物或易凝结的物质附着在浮球表面时，要重新调整平衡锤的位置；当被测介质具有腐蚀性时，除浮球的材料应耐腐蚀外，还必须定期进行检查，否则会引起测量误差。

（3）磁浮子式液位计　磁浮子式液位计有远转型和就地指示型两种结构型式，最常用的磁浮子舌簧管液位计属于远传型，磁翻板及磁滚柱液位计是就地指示型中的典型仪表。

① 磁浮子舌簧管液位计。磁浮子舌簧管液位计又称为磁浮子舌簧管液位变送器，结构原理图，如图 1-45 所示。

使用磁浮子舌簧管液位计测量液位时，在容器中自上而下插入下端封闭的不锈钢管 1，管内有条形绝缘板 2，板上有紧密排列的舌簧管 3 和电阻 4。在不锈钢管外，套有可上下滑动的浮子 5，浮子内部装有环形永磁铁氧体 6。环形永磁体的两面分别为 N、S 极，磁力线将沿管内的舌簧闭合。因此，处于浮子中央的舌簧管吸合导通，其他呈断开状态，如图 1-45 中（a）所示。各舌簧管及电阻按图 1-45 中（b）所示方法接线，随液位的升降，AC

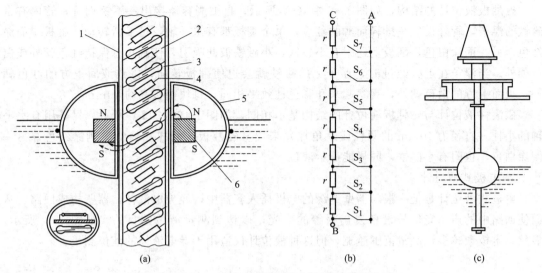

图 1-45　磁浮子舌簧管液位计原理示意图

间或 AB 间的阻值相继改变，再用适当的电路将阻值变为标准电流信号，就成为液位变送器。有些表中，在 CB 间接恒定电压，A 端就相当于电位器的滑点，可得到与液位对应的电压信号。该表的安装方式如图 1-45 中（c）所示。

　　管 1 和浮子壳体 5 都用非磁性材料制成，除不锈钢外也可用铝、铜和塑料等，但不可用铁。这种液位变送器结构比较简单，其可靠性主要取决于舌簧管的质量。为了防止个别舌簧管吸合不良发出错误信号，通常设计成同时有两个舌簧管吸合。由于舌簧管尺寸所限，总数和排列密度不能太大，所以液位信号的连续性差。此外，量程不能很大，目前只能做到 6m 以下，太长难以运输和安装。

　　② 磁翻板与磁滚柱液位计。磁翻板及磁滚柱液位计的结构原理图，分别如图 1-46 中（a）、（b）所示。

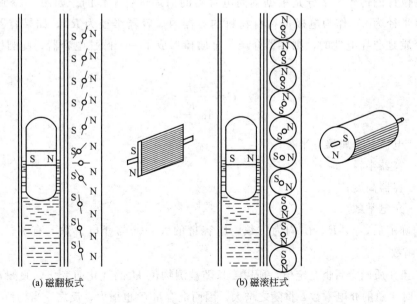

(a) 磁翻板式　　　　　　(b) 磁滚柱式

图 1-46　磁翻板式/磁滚柱式液位计原理示意图

磁翻板液位计的结构，如图 1-46 中（a）所示，自被测容器接出一不锈钢管，管内有带磁铁的浮子，管外设置一排轻而薄的翻板，每个翻板都有水平轴，可灵活转动。翻板一面涂红色，另一面涂白色，翻板上还附有小磁铁，小磁铁彼此吸引，使翻板总保持红色朝外或白色朝外。当浮子在近旁经过时，浮子上的磁铁就会迫使翻板转向，以致液面下方的红色朝外，液面上方的白色朝外，观察起来和彩色柱效果相同，每块翻板高约 10mm。

磁滚柱液位计与磁翻板液位计的结构基本相同，如图 1-46 中（b）所示。只是用有水平轴的小柱（直径为 10mm 的圆柱或六角柱）来代替磁翻板，同样在柱的一侧涂红色，另一侧涂白色，也附有小磁铁，同样能显示液位。

3. 电极式液位计

电极式液位计是把一根与器壁绝缘的电极插入容器中，经导电液体，器壁构成回路，从而使回路中的声、光信号设备发出报警的声光，以达到测量液位的目的。如图 1-47 所示。显然，电极数越多，测量范围越宽，但这种液位计仅适用于导电液体的液位测量。

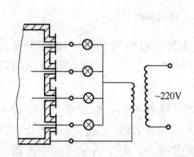

图 1-47　电极式液位计原理示意图

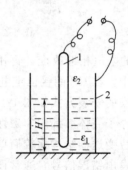

图 1-48　电容式物位计示意图
1—金属棒；2—金属容器壁

4. 电容式物位计

电容物位计是通过测量电容量的变化来间接测量物位高低的物位测量仪表。

电容物位计的传感器部分是根据圆筒电容器的原理进行工作的。如图 1-48 所示，将一根金属棒（半径为 r）作为电极插在有物料的容器内（容器半径为 R），如果容器器壁是金属材料，介质是非导电性的，则容器介质、金属棒形成了一个圆柱电容器，此圆柱电容器的电容量为

$$C = \frac{2\pi\varepsilon L}{\ln\dfrac{R}{r}}$$

式中　r——电极（金属棒）半径；

$\quad\quad R$——容器半径；

$\quad\quad L$——容器高度；

$\quad\quad \varepsilon$——介电常数。

当结构确定后，r、R、L 均为常数，电容量的大小又与介电常数 ε 有关，而 ε 是 ε_1、ε_2 和 H 的函数。

ε_1、ε_2 当介质确定后也是定值，所以 ε 只随被测物位 H 的变化而变化，假如 $\varepsilon_1 > \varepsilon_2$，则当物位上升时，总的介电常数 ε 将随之增大，因而电容量 C 也增大，反之，当物位 H 下降时，ε 将减小，电容量也就减小。故可通过测量电极和容器壁间的电容来测容器内物位的高低。

电容物位计的传感器部分结构简单，使用方便。但由于电容变化量小，要精确测量，就须借助于较复杂的电子线路来实现，此外，还应注意介质浓度、温度变化时，其介电常数也会发生变化这一情况，以便及时调整仪表，使之达到预想的测量目的。当被测介质有导电性时，电极应加绝缘套。

5. 放射性物位计

放射性物位计是以物质吸收放射线的作用为基础进行物位测量的。

当放射源所产生的γ射线（射线是一束粒子流）射入一定厚度的介质后，只有一部分粒子能穿透过去，大部分粒子与介质的粒子相互碰撞，动能被消耗掉而留在介质中，即物质吸收了射线。因此，穿透过去的强度就随着介质的不同和介质厚度的不同而变化。一般来说，固体对射线的吸收能力最强，液体次之，气体最弱。对同一种介质来说，射线通过的厚度越厚，被吸收射线也越多。当放射源和介质一定时，穿过介质后的射线强度就与介质厚度存在一定的对应关系，也就是说，测出通过介质后的射线强度，便可求出被测介质的厚度，这就是放射性物位计的测量原理。

放射性物位计测量物位的方法有：定点式、连续式和自动跟踪式等。它由放射源、接收器和显示仪表三部分组成。图 1-49 为连续式测量物位的示意图，由放射源放射出的射线，穿过设备和被测介质层后。由探测器接收，并把射线强度转换成电信号，经过放大器放大后送入显示仪表进行显示，所用放射源主要是^{60}Co 和^{137}Cs。

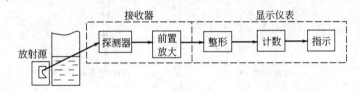

图 1-49　放射性物位计测量物位示意图

放射性物位计，由于其放射源的辐射不受温度、压力的影响且测量元件与被测介质无接触，所以应用范围比一般物位计更为广泛，可用在低温、高温、高压容器，高黏度，强腐蚀性、易燃易爆等介质的物位测量以及两种介质的分界面测量。其最大的缺点是射线对人体有较大的危害，因此，射线源强度的选择要考虑到周围工作人员的安全，同时必须采取必要的安全防护措施。

6. 超声波物位计

超声波物位计是利用回声测距原理进行工作的，如图 1-50 所示，超声探头向界面定向地发出短促的超声波，此波到达介质的分界面时被反射回来，经过时间 t 后，探头接收到回声波。因此，探头到介质的界面之间的距离 H 可用下式表示，即

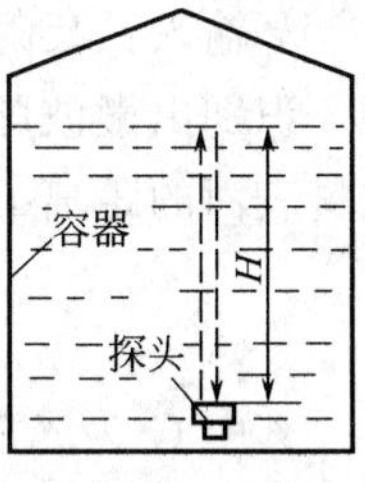

$$H = \frac{1}{2}Ct \qquad\qquad (1\text{-}4)$$

图 1-50　回声测距原理

式中　C——声波在被测介质中的传播速度。

由上式（1-4）可知，只要知道介质的声速 C，就可通过精确测量时间 t 的方法来精确地测量物位 H。

超声波物位计有许多优点：它没有可动部件，寿命长，可做成非接触式仪表等。但也存在一些缺点：如探头不能承受过高的温度，声速 C 将随介质的温度、压力等条件而变化，因此

它的应用受到一定限制。其次，电路较复杂，造价较高。选用时根据实际情况，合理选用。

7. 雷达物位计

微波物位计，俗称雷达（Radar）物位计，雷达是英文 Radio Detection and Raging（无线电检测与测距）首字母的缩写词。微波物位计最早出现在 20 世纪 60 年代，应用于测量油轮的液面。现在广泛应用的智能型雷达物位计，已成为测量高温、蒸汽含量大、介质腐蚀性强等恶劣条件下物位时，不可替代的检测工具。

智能型雷达物位计主要由发射和接收装置、信号处理器、天线、操作面板、显示、故障报警等几部分组成。根据天线形状的不同，可以分为号角形、棒形和平面形三种类型，前两种结构形式，如图 1-51 所示。由于它是免维护型的，所以从外形上看，其结构非常简单，主要由天线、固定件、外壳（电子线路）、接线端子口和液晶显示屏等组成。

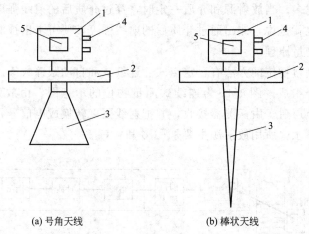

图 1-51　微波物位计示意图
1—外壳；2—固定件；3—天线；4—接线端子口；5—液晶显示屏

雷达是基于时间行程原理的测量仪表，雷达波以光速运行，运行时间可以通过电子部件被转换成物位信号。探头发出高频脉冲并沿缆绳传播，当脉冲遇到物料表面时反射回来被仪表内的接收器接收，并将距离信号转化为物位信号，如图 1-52 所示。

·输入：反射的脉冲信号沿缆绳传导至仪表电子线路部分，微处理器对此信号进行处理，识别出微波脉冲在物料表面所产生的回波。正确的回波信号识别由智能软件完成，距离物料表面的距离 D 与脉冲的时间行程 T 成正比，即

$$D = \frac{1}{2} CT$$

其中 C 为光速

因空罐的距离 E 已知，则物位 L 为

$$L = E - D$$

·输出：通过输入空罐高度 E（=零点），满罐高度 F（=满量程）及一些应用参数来设定，应用参数将自动使仪表适应测量环境，对应于 4～20mA 输出。

目前世界上的微波（雷达）物位计有脉冲法（PULS）和连续调频法（FMCW）两种。

（1）连续调频（FMCW）技术　调频连续波雷达物位计是根据调频连续波原理（FM-CW）。使用线性调频高频信号，雷达物位计高频信号的发射频率随一定时间间隔（扫描频

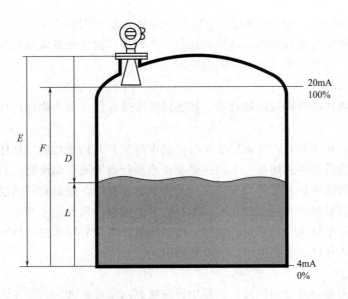

图 1-52　智能型雷达物位计测量原理图

率）线性 v 增加，由于发射频率是随着信号传播时间变化的，与反射物体距离成比例，由当前发射频率与接收的反射频率的差值获得物位高度。

（2）脉冲波技术　脉冲波测距是由天线向被测物料面发射一个微波脉冲，当接收到被测物料面上反射回来的回波后，测量两者时间差（即微波脉冲的行程时间），来计算物料面的距离。

微波发射和返回之间的时差很小，对于几米的行程时间要以纳秒来计量。脉冲测距采用规则的周期重复信号，并重复频率（RPF）高。

虽然雷达物位计与超声波物位计的结构、原理，非常相似，但是在波的性质方面，超声波是机械波，雷达波是电磁波；超声波是在不同声阻抗界面上反射，雷达波却是在不同介电常数的界面上反射。另外，智能型雷达物位计在测量范围、能适用的被测介质、波的传播速度和测量环境等方面显示出了更大的优越性。由于雷达波可以穿透空间，所以不受温度、压力等环境因素影响，可以对所有介质进行测量，精度可达到毫米级，从而解决了对有腐蚀性、高温、易结疤和高黏度等介质物位的准确测量问题。雷达波束能量较低，可安装于各种金属、非金属容器或管道内，对人体及环境均无伤害，是理想的环保性物位检测仪表。与超声波物位计相比雷达物位计可靠性更强，使用寿命更长，更安全节能。

第五节　温度测量

一、温度测量的基本知识

1. 温度测量的意义

温度是化工生产中既普遍又重要的操作变量。我们知道，任何一种化工生产过程都伴随着物质的物理和化学性质的改变，也必然有能量的交换和转化，其中最普通的交换形式是热交换。因此，在不少反应过程中，温度对产品的质量和产量都有很大影响。如石油工业中，精炼各种石油产品，就要严格地测量和控制温度才能保证产品的纯度。又如，合成氨是由氢和氮按 3∶1 的比例在合成塔里通过 500℃ 左右的催化剂作用而生成的，如果温度变化了，产品的质量和产量就会受到影响。所以说在化工生产中，温度的测量与控制是保证生产正常进行，实现安全、高产、优质、低耗的重要环节。

2. 温度的基本概念

温度是表征物体冷热程度的物理量，而物体的冷热程度又是由物体内部分子平均动能的大小决定的。

在自然界中，某些物质，在温度变化时，其本身的某些物理性质（如体积、电阻等）会发生变化。这种物质即感温物质，人们正是利用感温物质来测量温度的。具体做法是：用感温物质与被测温物质接触，等待热交换达到平衡状态，此时，感温物质的温度就等于被测温物质的温度。而感温物质在温度变化时，本身的某个物理性质发生了变化。这样，就将温度的测量转化成了某个物理量的测量。例如，玻璃体温计就是利用水银受热膨胀测温的；热电阻温度计就是利用导体的电阻值随温度变化测温的。

3. 温标的概念

温标就是用来衡量温度的标尺，它是用数值来表示温度的方法，它规定了温度的起点和测量温度的基本单位"度"。不同温标对同一点的温度表示的数值不同。

（1）摄氏温标（℃）　摄氏温标也叫百分温标，它是利用水银等物体体积热膨胀的性质建立起来的，规定在标准大气压下，冰的熔点为零度（0℃），水的沸点为 100 度（℃）的一种温标，在 0℃ 到 100℃ 之间分成 100 等份，每 1 等份为 1 摄氏度。

（2）华氏温标（℉）　华氏温标规定在标准大气压下，冰的熔点为 32℉，水的沸点为 212℉，中间分成 180 等份，每 1 等份为 1 华氏度。

摄氏温标与华氏温标之间的关系为

$$F = (1.8n + 32)℉$$

式中　n——代表摄氏温标的温度示值；

F——代表华氏温标的温度示值。

（3）热力学温标（K）　热力学温标是以热力学第二定律为基础的温标，它已由国际权度大会采纳作为国际统一的基本温标。热力学温标又称为开氏温标（以 K 表示），它规定分子运动停止时的温度为绝对零度。热力学温标是纯理论性的，不能实用，于是就采用协议性的国际实用温标，这种温标不仅与热力学温标相接近，而且复现精度高，使用方便。

（4）国际实用温标　国际实用温标是用来复现热力学温标的，1989 年国际计量大会通过了 1990 年国际温标（ITS—90）。中国自 1994 年起正式采用。"90 温标"规定：热力学温度是基本温度，用符号 T 表示。温度的单位是开尔文，用符号 K 表示。并定义 1 开尔文等于水三相点热力学温度的 1/273.16。国际实用开尔文温度与国际实用摄氏温度分别用 T_{90} 和 t_{90} 表示，实际工作中，也可用 T 和 t 表示。两者的关系为

$$t_{90} = T_{90} - 273.16K$$

4. 测温仪表的分类

化工生产过程中温度的变化范围极广，有的处于接近绝对零度的低温，有的处于几千度的高温。这样宽的范围，需用各种不同的测量方法和测温仪表。下面重点介绍化工生产中最常见的热电偶和热电阻式温度仪表，对其他类型测温仪表只作一般介绍。

各种测温仪表分类、主要原理和特点见表 1-11。

表 1-11 测温仪表的概况

型式	名　称		作　用　原　理	测温范围/℃	特　点
接触式	膨胀式温度计	液体膨胀式	利用液体、固体受热膨胀的原理	−200～+500	结构简单、使用方便,比较准确,不便远传和记录,用于轴承、定子点处的现场指示
		固体膨胀式			
	压力式温度计	气体式	利用封闭在固定体积中的气体、液体或某种液体的饱和蒸汽受热时,其体积或压力变化性质	0～300	机械强度高、耐振动,但滞后大,用于测量易爆、有振动处的温度
		蒸汽式			
		液体式			
	热电阻温度计		利用导体或半导体受热后电阻值变化的性质	−200～+500	精度高、便于集中控制,不能测高温,用于液体、气体、蒸汽的中低温测量
	热电偶温度计		利用物体的热电效应现象	0～1600	特点同上,范围较其广泛,但安装时需补偿导线以及需考虑自由端温度补偿问题
非接触式	辐射高温计	光学式	利用物体辐射能的性质	600～2000	结构复杂、价格高,只能测高温,用于测量火焰、钢水等温度
		光电式			
		辐射式			

二、简单测温仪表

1. 双金属片温度计

双金属片温度计中的感温元件是用两片线膨胀系数不同的金属片叠焊在一起制成的。双金属片受热后，由于金属片的膨胀长度不相同而产生弯曲，如图 1-53 所示。温度越高 ，产生的线膨胀长度差越大，因而引起弯曲的角度就越大。双金属片温度计就是按这一原理而制成的。

用双金属制成的温度计，通常被用作温度继电控制器、极值温度信号器或某一仪表的温度补偿器。也可制成工业用指示式双金属温度计。

图 1-54 是一种双金属温度信号器的示意图。当温度变化时，双金属片 1 产生弯曲，且与调节螺钉 2 相接触，使电路接通，信号灯 4 发亮。如果用继电器代替信号灯就可以用来控制热源（如电炉丝），而成为两位式温度控制器。温度的控制范围可通过改变调节螺钉与双金属片之间的距离来完成。

2. 压力式温度计

压力温度计的测量原理是基于封闭容器中的液体、气体或某种液体的饱和蒸汽受热后体积膨胀或压力变化的性质来工作的。

压力温度计的结构如图 1-55 所示，它由测温元件（温包和接头管）、毛细管和盘簧管等元件构成一个封闭系统，系统内充填的工作介质可以是气体、液体或低沸点液体的饱和蒸气等。测量温包放在被测介质中，温包内的工作物质因温度升高而压力增大，该压力变化经毛细管传给盘簧管，并使其产生一定的变形，然后，借助于指示机构指示出被测的温度数值。

温包、毛细管和盘簧管是压力式温度计的三个主要元件，仪表的质量好坏与它们的关系极大，因此，对它们有一定的要求。

温包是直接与被测介质接触，用来感受被测介质温度变化的元件。因此要求它具有较高的强度、小的膨胀系数、高的热导率以及抗腐蚀等性能。温包常用黄铜来制造，在测量腐蚀性介质的温度时，可以用不锈钢来制造。

毛细管是用铜或钢等材料冷拉成的无缝细圆管，用来传递压力的变化。如果它的直径越

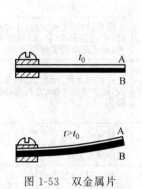

图 1-53　双金属片

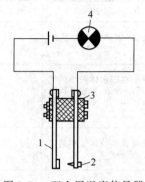

图 1-54　双金属温度信号器

1—双金属片；2—调节螺钉；
3—绝缘子；4—信号灯

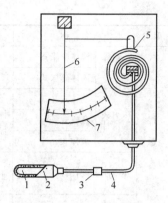

图 1-55　压力温度计结构原理

1—工作介质；2—温包；3—接头
管；4—毛细管；5—盘簧管；
6—指针；7—标尺

细，长度越长，则传递压力的滞后现象就越严重，也就是该温度计对被测温度的反应越迟钝。然而，在同样长度下毛细管越细，仪表的精度就越高。毛细管容易被碰伤，折断。因此，必须加以保护，对不经常弯曲的毛细管可用金属软管做保护管。

盘簧管为一般压力表的弹性元件。

这种表运用于测量 $0 \sim 300 ℃$ 的温度，其允许误差不超过 $\pm 2.5 \%$，距离不超过 60m，它的构造简单，价格便宜，不怕震动，不用电源。这些特点特别适用于化工生产中转动设备的温度测量，所以目前在尿素生产中的 CO_2 压缩机上有多处采用它来测温。它的缺点是滞后较大，因此，在要求快速反应温度变化的场合不适用。

3. 集成温度传感器

近几年，集成温度传感器得到了广泛的应用，几乎渗透到了所有的电子系统，测温范围一般在 $-40 \sim 150 ℃$ 范围内。例如一部手机中至少需要用一个温度传感器来监视电池组工作；笔记本电脑至少会用四个温度传感器、监测 CPU 电池、交流适配器和 PCMCIA 卡等元器件的温度。与传统温度传感器（热敏电阻、热电偶等）相比，集成温度传感器具有很多优越性，如体积小、反应快、线性好、性能高、价格低，不需要线性化或冷补偿就能提供更好的噪声特性，且可以与数字系统直接连接等。

集成温度传感器的工作原理是利用半导体器件的温度特性。因为晶体管的基极-发射极之间的正向压降随温度升高而减小，利用这一性质，将感温 PN 结晶体管与有关电子线路进行集成，从而构成的一体化温度检测元件。

在实际组成电路中还包括恒流、稳压、输出和校正电路等。其结构外形与普通晶体管基本相同，有的用金属封装，有的用塑料封装。使用时，因其响应速度取决于热接触条件，所以要求必须与被测物体有良好的接触。

集成温度传感器按照输出信号的模式，可分为集成模拟式、数字式和逻辑输出式三种类型。

（1）集成模拟式温度传感器　集成模拟式温度传感器的作用是输出与被测温度成线性关系的电压或电流信号。对应这两种输出信号，通常将模拟温度传感器分为两种类型，即电流输出型和电压输出型，如图 1-56、图 1-57 所示。在组成上，集成模拟式温度传感器将驱动电路、信号处理电路以及必要的逻辑控制电路全部集成在单片 IC 上，大大减小了实际尺寸，使用起来极为方便。与传统模拟温度传感器（如热电偶、热敏电阻等）相比，具有温度线性好，不需要进行冷端补偿或引线补偿，热惯性小，响应时间快等优点。

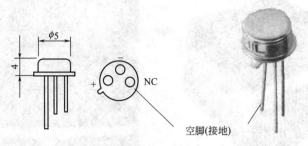

图1-56　AD950电流输出型集成温度传感器

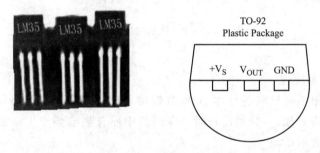

图1-57　LM35电压输出型集成温度传感器

（2）集成数字式温度传感器　集成数字式温度传感器的作用是输出与被测温度成对应关系的频率、周期或定时三种信号。通过单线和微处理器进行温度数据的传送，在一条传输线上，可挂接多个传感器实现多点检测、直接输出数字量；通过双向总线，可以实现同外部电路进行控制信号和数据的通信。如图1-58所示，利用一个89C51的I/O接口和DS1820数字式温度传感器实现多点温度检测。

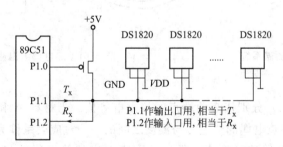

图1-58　数字式温度传感器实现多点温度检测系统

（3）逻辑输出型温度传感器　逻辑输出型温度传感器的作用是当被测温度超出了规定的设定范围时，发出报警信号，启动或关闭风扇、空调、加热器或其他控制设备。如图1-59所示，利用集成温度传感器控制计算机CPU的散热风扇。

三、测温元件

（一）热电偶

热电偶测温系统如图1-60所示，由热电偶1、毫伏测量仪表2以及连接导线3所组成。热电偶是感温元件，其作用是将温度的测量转化成毫伏电势值，经连接导线3送到毫伏测量仪表中，毫伏测量仪表能测出电势的大小，并且按电势与温度之间的对应关系显示出被测温

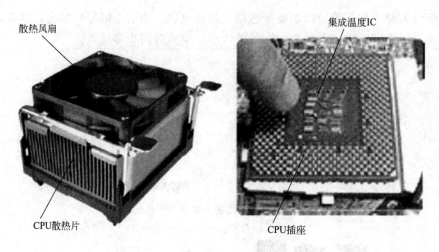

图 1-59　CPU 散热风扇控制系统

度值。

1. 热电偶的测温原理

热电偶是由两根不同材料的导体 A 和 B 焊接而成的一个闭合回路如图 1-61(a) 所示。当两端点温度分别为 t 和 t_0 （$t \neq t_0$）时，在回路中便有热电势产生，如图 1-61(b) 所示，热电势可以用下式表示，即

$$E_{AB}(t,t_0) = E_{AB}(t) - E_{AB}(t_0) \tag{1-5}$$

式中，$E_{AB}(t,t_0)$ 代表回路中总热电势，下角 AB 表示电势的方向，如果下标次序改变，则 E 前符号应为负。t 代表高温端，称为工作端。t_0 代表低温端，称为自由端。

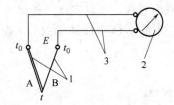

图 1-60　最简单的热电偶测温系统
1—热电偶 AB；2—测量仪表；3—导线

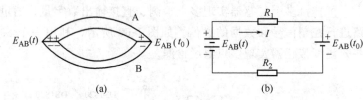

图 1-61　热电偶测温原理

$E_{AB}(t)$ 和 $E_{AB}(t_0)$ 分别代表两端点的接点电势值。当材料 A 和 B 确定后，$E_{AB}(t)$ 只是温度的函数，这种热电偶的热电势与温度之间的一一对应关系称为热电偶的分度表，附录二列有几种常见热电偶的分度表，每一分度表对应的热电偶的代号称为分度号，如铂铑$_{10}$-铂热电偶分度号为 S（LB-3 为旧分度号）。

从式 $E_{AB}(t,t_0) = E_{AB}(t) - E_{AB}(t_0)$ 可以看出，热电偶回路中当材料确定后总热电势的大小是两端点温度的函数之差。当一端（t_0）温度恒定后，总电势只是另一端 t 的函数，所以可以利用热电偶将对温度的测量转化成对电势进行测量，这就是热电偶能测量温度的原理。但是，热电偶若要实现温度的测量，就必须将回路打开，引入导线，连接热电偶与测量电势的仪表，那么引入导线就引入了连接点，增加新的接点电势。这对热电偶回路中电势与温度的关系有无影响呢？通过推理证明，只要保证第三种导体 C 的接入处两端点温度相同，则回路中原电势与温度之间的函数关系不会变化，如图 1-62 所示。

可以证明该回路中热电势仍为

$$E_{AB}(t,t_1,t_0)=E_{AB}(t)-E_{ABC}(t_0) \qquad (1-6)$$

可见毫伏计测出的电势大小就代表了被测温度 t 的大小，实现了对温度的测量。

工业常用热电偶的种类及性能比较见表 1-12。

表 1-12　工业常用热电偶种类及性能比较

名　称	分度号	测量范围/℃		特　点	用　途
		长期使用	短期		
镍铬-镍硅	K (EU-2)	$-50\sim1000$	1300	①热电势较大，灵敏度较高；②热电特性线性好；③抗氧化性好，长期使用稳定；④价格较低	①测温范围较广，应用极广；②适用于氧化性或中性介质中测温；③测量 500℃ 以下温度时，也可用于还原性介质中测温
铂铑₁₀-铂	S (LB-3)	$-20\sim1300$	1600	①耐高温不易氧化稳定性好；②测温上限高；③精度高；④热电势小，线性差，价格高	①广泛用于高温测量；②适用于氧化性中性介质中测温；③可用于精密测温和作为基准热电偶
铂铑₃₀-铂铑₆	B (LL-2)	$-300\sim1600$	1800	同上但冷端在 $0\sim100$℃ 内可以不用补偿导线且冷端低于 40℃ 时，不必修正	用途同上，但测温上限更高
镍铬-康铜（考铜）	E	$0\sim600$	800	①测中低温时稳定性好；②灵敏度高；③价廉；④测温上限低	①用于中低温测量；②适用于氧化性及弱还原性介质中测温

注：括号内为旧分度号。

2. 热电偶的结构

各种热电偶通常均由热电极、绝缘子、保护管和接线盒等部分组成，图 1-63 为普通热电偶的结构图。

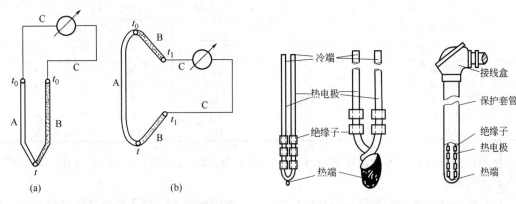

图 1-62　在热电偶回路插入第三种导体　　　图 1-63　热电偶的结构

热电偶的热接点可以采用电弧、乙炔焰或氢氧焰对接或铰焊成光滑的小圆点。两根热电极分别套有绝缘子以防造成短路。为了使热电极免受化学和机械损伤，以获得较长的使用寿命和准确性，通常将套有绝缘子的热电极装入不锈钢或其他材料的保护套管内。自由端由接线盒内端子与外部导线相连接。

热电偶的结构型式除上述带有保护套管的外，还有薄膜式，套管式（也称铠装式）和树枝式热电偶。

一般在常压下可采用普通式结构热电偶；测量变化频繁的温度时用时间常数小的热电偶；被测介质具有一定压力时，可采用固定螺纹和普通接线盒结构的热电偶；当周围环境恶劣，须防水、防腐蚀、防爆时则应采用密封式接线盒的热电偶；对高压流动介质，需采用有固定螺纹和锥形保护管的热电偶；对狭小管道内的温度测量应采用套管热电偶，它是由热电极、绝缘的氧化物材料和金属套管三者组合加工而成的坚实组合体，最大特点是直径可小于$\phi 0.25mm$，热惯性小，时间常数在$0.05\sim1.5s$之间，良好的可挠性，能耐冲击，是弯曲的狭小管道和高压装置的理想测温元件。对表面温度的测量可采用薄膜式热电偶，其特点是反应速度快（$10ms\sim1s$），精度高，适宜小面积表面温度测量。此外在小合成氨厂测量合成塔内各触媒层反应温度时，因设备上只留一个保护管，不能装多对热电偶，一般用$\phi 0.5mm$左右的镍铬-镍硅热电偶丝制成树枝式热电偶。

3. 热电偶冷端温度的影响及其补偿方法

前面在叙述热电偶的测温原理时假定冷端温度恒定。而热电偶的分度表也是在冷端为$0℃$的条件下得到的。显示温度的仪表标尺也是按分度表进行刻度的。所以，要使被测温度能真实地反应在仪表上，就必须进行冷端温度补偿。所谓冷端温度补偿：即设法使冷端保持在$0℃$或进行一定的修正的方法。

在进行冷端补偿前，首先应将冷端引到远离现场温度相对恒定的地方。最简单的方法就是将热电极延长，但热电极一般都是贵重金属材料制成的，这样做会增加仪表的成本。所以通常都是用补偿导线延伸，在$0\sim100℃$范围内，某些材料同热电极材料的热电特性很接近，可以取代热电极将热电偶的冷端延伸到远离热源，温度稳定的地方，这种材料的导线称为补偿导线，补偿导线习惯上也叫延长导线。因为热电偶有极性，所以补偿导线也有极性，使用时不可接错，各种常用热电偶的补偿导线见表1-13。

表 1-13   常用热电偶补偿导线

热电偶名称	补　　偿　　导　　线			
	正极		负极	
	材料	颜色	材料	颜色
铂铑-铂	铜	红	镍铜	白
镍铬-镍硅	铜	红	康铜	白
镍铬-考铜	镍铬	褐绿	考铜	白
铁-考铜	铁	白	考铜	白
铜-康铜	铜	红	康铜	白

使用补偿导线后，冷端温度相对稳定，但仍不为$0℃$。需进行冷端温度补偿，补偿的方法有以下五种。

（1）冰浴法   实验室为保持冷端恒定为$0℃$，常用冰浴法，把冷端经补偿导线延伸后放入盛有变压器油的试管中，由铜导线引出，试管再放入冰水混合物的保温管中，使之保持$0℃$，如图1-64所示。

（2）冷端校正法   实际测量中，热电偶工作端为$t℃$，冷端为$t_0℃$，对应的电势为$E(t,t_0)$，而与热电偶配套的显示仪表是按$E(t,0)$的值刻度的。所以应将$E(t,t_0)$对应的值换算成：$E(t,0)$。按下式换算。

$$E(t,0)=E(t,t_0)+E(t_0,0)$$

计算出$E(t,0)$后再查分度表得出被测温度t，如图1-65。

【例1-3】   用一分度号为 S 的热电偶，测量某加热炉内温度t，测得的热电势为$7.499mV$，此时操作间室内温度为$30℃$，求炉内实际温度多少？

【解】   根据冷端$t_0=30℃$，查表得 $E(30,0)=0.173mV$

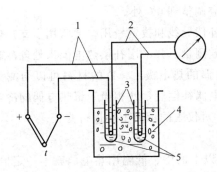

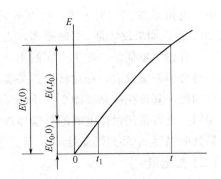

图 1-64　热电偶自由端保持 0℃ 的方法

1—补偿导线；2—铜导线；3—试管；

4—冰水混合物；5—变压器油

图 1-65　冷端校正示意

则

$$E(t,0)=E(t,t_0)+E(30,0)$$
$$=7.499+0.173$$
$$=7.672\text{mV}$$

查表得实际温度为 830℃。

（3）校正仪表零点法　一般仪表在未工作时，指针指在零位上。在冷端温度比较稳定的条件下，为了使测量时仪表指示值不偏低，可先将仪表指针调整到冷端温度对应的示值刻度上。此法在工业中经常用，方法比较简单，不过冷端温度也会经常变化，这种补偿方法只是近似的。

（4）补偿电桥法　补偿电桥法是利用不平衡电桥产生的不平衡电压作为补偿热电偶因冷端温度变化引起的热电势变化值，从而达到等效地使冷端恒定的一种自动补偿方法。如图 1-66 所示，不平衡电桥由电阻 r_1、r_2、r_3（锰铜丝绕制，比较稳定）、r_{Cu}（铜丝绕制）为四个桥臂和桥路稳压电源组成，它串联在热电偶回路中。应该指出：热电偶的冷端与桥路电阻 r_{Cu} 具有相同的温度。补偿电桥通常取 20℃ 时处于平衡（$r_1=r_2=r_3=r_{\text{Cu}}^{20℃}=1\Omega$），此时桥路输出电压 V_{ab} 为 0，对测量仪表读数无影响，当周围环境温度高于 20℃ 时，热电偶因冷端温度升高而使热电势减少了 $E(t_n,20)$，电桥则由于 r_{Cu} 的增加而输出一个不平衡电势 U_{ab}，设计上刚好使 $E(t_n,20)=U_{\text{ab}}$，那么，电桥输出的这个不平衡电势 U_{ab} 就正好补偿了由于冷端温度升高而引起的热电偶电势的变化值，仪表显示出正确的被测温度。

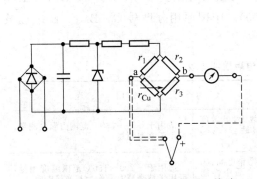

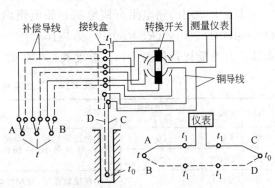

图 1-66　具有补偿电桥的热电偶测温线路

图 1-67　补偿热电偶连接线路

由于电桥是在 20℃ 时平衡，所以采用这种补偿方法时，仍需要把仪表的机械零点预先调到 20℃ 处，如果设计是 0℃ 时平衡，则仪表零点应调整到 0℃ 处。

（5）补偿热电偶法　在生产实践中，为了节省补偿导线和投资费用，通常用多支热电偶配用一台公用测量仪表，通过转换开关实现多点间歇测量，并采用补偿热电偶来处理冷端温度补偿问题，其连接线路如图 1-67 所示。补偿热电偶的热电极 C、D 的材料可以与测量热电偶相同，也可是测量热电偶的补偿导线。采用热电偶补偿后，就相当于将热电偶的冷端从接线箱处的温度 t_1 移到恒温处 t_0。当 t_0 为 0℃ 时，对仪表的示值不必进行修正。

（二）热电阻

热电偶一般适用于较高温度的测量，对于 500℃ 以下的中、低温用热电偶就不一定恰当。因为：第一，在中、低温区热电偶的输出电势很小，这样小的热电势，对于测量仪表的放大器和抗扰动能力要求很高，使得仪表结构复杂，维修也困难；第二，在较低的温度区域，冷端温度的变化和环境温度的变化所引起的相对误差就显得很突出，而冷端补偿方法中，全补偿很困难。所以在中、低温区，一般是使用另一种测温元件——热电阻来进行测温的。

1. 热电阻的测温原理

热电阻是基于金属导体的电阻值随温度变化而变化的特性来进行温度测量的。大多数金属导体都具有正的温度系数。实验证明，温度每升高 1℃，电阻值约增加 $0.4\% \sim 0.6\%$。

热电阻的电阻值与温度的关系如下。

$$R_t = R_0 [1 + \alpha (t - t_0)]$$
$$\Delta R_t = \alpha R_0 \Delta t$$

式中　　R_t——温度为 t 时的电阻值；

$\quad\quad\alpha$——电阻温度系数；

$\quad\quad\Delta t$——温度的变化量；

$\quad\quad R_0$——温度为 t_0（通常为 0℃）时的电阻值；

$\quad\quad\Delta R_t$——电阻的变化量。

可见，由于温度的变化，导致了金属导体电阻的变化。这样，只要设法测出电阻值的变化，便可达到温度测量的目的。

2. 热电阻材料及结构

作为热电阻材料，一般要求：电阻温度系数、电阻率要大；热容量要小；在整个测温范围内应有稳定的化学和物理性质以及好的复现性；电阻值与温度应呈线性关系。

工业上常用的热电阻有铜电阻和铂电阻两种。分度号分别为 Cu50（$R_0 = 50\Omega$）、Cu100（$R_0 = 100\Omega$）、Pt50（$R_0 = 50\Omega$）及 Pt100（$R_0 = 100$）。中国原用分度号 G，BA_1、BA_2 已被淘汰。其性能比较见表 1-14，分度表见书后附录三。

表 1-14　工业常用热电阻性能比较

名称	分度号	0℃时的电阻值/Ω	特　　点	用　　途
铜电阻	Cu50	50	①性能较稳定；②温度系数大，灵敏度高；③电阻率小，体积大，惰性较大；④价低	适用于 −50～150℃ 范围内温度测量，可用于室温测量
	Cu100	100		
铂电阻	Pt50	50	①性能较稳定，复现性好；②精度高；③测温范围宽；④在抗还原性介质中性能差；⑤价高	适用于 −200～150℃ 范围温度测量，可用于精密测温及作为基准热电阻
	Pt100	100		

热电阻结构通常是由电阻体、绝缘子、保护管和接线盒四部分组成，除电阻体外，其余部分结构与热电偶相应部分相同，因此从略。

四、非接触式测温

非接触式温度检测仪表主要是利用物体的辐射能随温度变化而变化的原理制成的，也称为辐射式温度计。测温时，只需将温度计对准被测对象，而不必与被测物体直接接触，即可显示出被测温度值。

1. 辐射式测温仪表的基本组成及种类

辐射式温度计主要由光学系统、检测元件、转换电路和信号处理等部分组成，如图1-68所示。

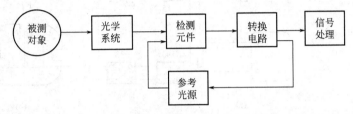

图1-68　辐射式温度计组成方框图

光学系统包括瞄准系统、透镜、滤光片等，作用是把物体的辐射能通过透镜聚集到检测元件。检测元件为光敏或热敏器件，将辐射能换成电信号。转换电路和信号处理系统将信号转换、放大，并进行辐射率的修正和标度变换，然后输出与被测温度相对应的指示值。部分辐射温度计中，还可能具有参考光源与被测对象的辐射光源相平衡。

由于光学系统和检测元件对辐射光谱均有选择性，一种辐射测温系统大多只接收一定波长范围内的辐射能。因此，辐射式测温仪表的测温方法通常分为以下四种。

(1) 亮度法　亮度法的测温原理是通过测出被测物体在某一波长上的辐射能量（或辐射亮度）来确定其被测温度。常见的亮度法测温仪表有光电温度计、光学高温计和部分辐射式温度计等。其中，光学高温计为人工操作，由人眼对高温被测物体的亮度与高温计灯泡的亮度进行比较。光电温度计和部分辐射温度计则采用光敏器件作为敏感元件，系统自动进行亮度平衡，可以实现连续测温。

(2) 全辐射法　全辐射法的测温原理是通过测出被测物体在整个波长范围内的辐射能量来确定其被测温度值。根据光学系统的不同，全辐射温度计可分为透镜式和反射镜式两种。

(3) 比色法　比色法的测温原理是通过测出被测物体在两个特定波长段上的辐射能比值来确定其被测温度值。

(4) 多色法　多色法的测温原理是通过测出被测物体多个波长的光谱辐射能量和物体发射率随波长变化的规律来确定其被测温度值。

2. 常用辐射式测温仪表

(1) 光电温度计　光电温度计在非接触式测温仪表中结构较为复杂，接受的能量较小，因此抗环境干扰能力强，测量稳定性好，灵敏度、精确度较高，响应快。测量范围一般为200~1500℃（通过分档实现），如采用硅光电元件可测600~1000℃，用硫化铅元件则可测400~800℃。测量误差在1.0%~1.5%左右，响应时间在1.5~5s之间。

光电温度计是采用亮度平衡法来测量温度的仪表。采用光电元件制成的敏感元件，感受辐射源的亮度变化，然后根据亮度与温度之间的关系，确定被测温度的数值。实际测温时，要求与被测对象之间的距离必须满足距离系数要求。距离系数是指测量距离与被测对象的直径之比。根据型号的不同，距离系数一般为30~90，相应的测量距离一般为0.5~3m。

图1-69为光电温度计的原理图。其中，反射镜11、透镜10和观察孔12组成其光电温度计的人工瞄准系统，作用是保证物像能清晰地聚集到光电元件的受光面上。

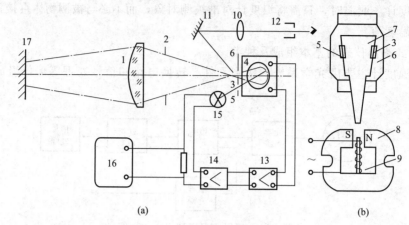

图1-69 光电温度计的原理结构图

1—物镜；2—孔径；3,5—孔；4—光电器件；6—遮光板；

7—调制片；8—永久磁铁；9—激励绕组；10—透镜；11—反射镜；12—观察孔；

13—前置放大器；14—主放大器；15—反馈灯；16—电位差计；17—被测物体

被测物体的辐射能量通过物镜聚焦，孔径光阑、遮光板上孔3和红色滤光片入射到光电元件上，调整瞄准系统使光束充满孔3。与此同时，反馈灯的辐射能量通过遮光板上另一个孔5和同一滤光片，也投射到同一光电元件上。在遮光板前面装有调制片，调制片在电磁场作用下作机械振动，交替打开和遮住孔3和孔5，使上述两束辐射能交替投射到光电元件上。当这两束辐射能量（即亮度）不同时，光电元件输出对应于两辐射能量差的交变电信号，该信号经放大电路放大后，改变反馈灯的电流，从而使反馈灯的亮度发生变化。当两束辐射能量（即亮度）相同（或平衡）时，反馈灯电流的大小不再变化，通过反馈灯的电流大小就可以确定被测物体的温度。

（2）全辐射温度计　全辐射温度计的结构比较简单，使用方便。根据结构形式的不同，测量温度一般在400~2000℃范围内，测量误差在1.5%~2.0%左右。因接受的辐射能量大，有利于提高仪表灵敏度。

各种型号的全辐射温度计，除光学系统有透镜式和反射镜式之分，其余部分基本相同。透镜式和反射镜式光学系统示意图分别为图1-70（a）、（b）所示。测温时要注意，不同型号的全辐射温度计，测量距离所必须满足的距离系数也不相同，同时还必须使被测物体的影像光充满瞄准视物，以确保检测元件充分接收辐射能量。透镜式的测量距离一般为1000~2000mm，反射镜式一般为500~1500mm。

透镜式系统是直接将物体的全辐射能透过透镜及光阑、滤光片等聚集于检测元件；反射镜式系统则将全辐射能利用反射聚光镜反射后再聚集在检测元件上。前者主要用来测量高温，后者用于测量中温。常用的检测元件有热电偶堆、热释电元件、硅光电池和热敏电阻等，其中热电偶堆最为常见。热电偶堆是由多个热电偶串联组成，作为感温元件，以提高输出电势。

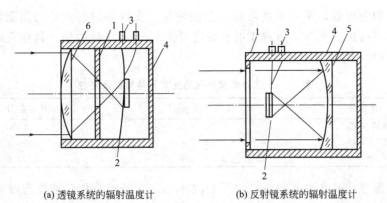

(a) 透镜系统的辐射温度计　　　　　(b) 反射镜系统的辐射温度计

图 1-70　透镜式和反射镜系统的示意

1—光阑；2—检测元件；3—输出端子；4—外壳；5—反射聚光镜；6—透镜

（3）比色温度计　比色温度计的结构比较复杂，仪表设计和制造要求较高，测量范围一般为 400～2000℃，基本测量误差为 ±1%。常见的比色温度计有单通道型、双通道型和色敏型三种类型。

图 1-71 为单通道型比色温度计原理示意图。分划镜 11、反射镜 7 和目镜 8 组成温度计的瞄准系统。同步电机 4 带动调制盘 3 旋转，盘上嵌着两种波长的滤光片 9、10，使被测物体的辐射变成两束不同波长的辐射，交替地投射到同一光电元件上，转换为电信号，通过 12 进行信号放大和比值运算后，由显示装置 13 显示出被测温度。

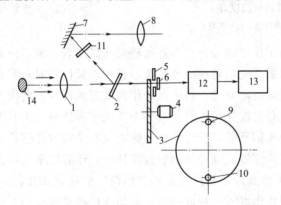

图 1-71　单通道型比色温度计工作原理示意

1—物镜；2—平行平面玻璃；3—调制盘；4—同步电机；5—光阑；6—光电检测器；7—反射镜；8—目镜；
9，10—滤光片；11—分划镜；12—比值运算器；13—显示装置；14—被测对象

（4）红外温度计　红外温度计的结构与其他辐射温度计相似，区别只是光学系统和光电检测元件接受的是被测物体产生的红外波长段的辐射能，其光电检测元件又称为红外检测（探测）器。因光电温度计受物体辐射率影响比较小，故红外温度计一般也较多采用类似光电温度计的结构。

当红外温度计中使用的透射和反射镜的材料不同时，可透过或反射的红外波长也不同，从而使得温度计的测温范围也不一样，表 1-15 列出了常用光学元件的材料及其测温范围。

另外，近几年光纤辐射温度计在许多领域已得到应用，有接触式和非接触式两种型式。该温度计的特点是灵敏度高；电绝缘性能好，可适用于强烈电磁干扰、强辐射的恶劣环境；体积小、重量轻、可弯曲；可实现不带电的全光型探头等。目前，受光纤传输能力的限制，

其工作波长一般为短波，采用亮度法或比色法测量。光纤辐射温度计的测温范围为 200～4000℃，分辨率可达 0.01℃，在高温时精确度可优于 ±0.2% 计数值，其探头耐温一般可达 300℃，加冷却后可达到 500℃。

表 1-15　红外温度计常用光学元件材料及特性

光学元件材料	适用波长/μm	测温范围/℃
光学玻璃、石英	0.76～3.0	≥700
氟化镁、氧化镁	3.0～5.0	100～700
硅、锗	5.0～14.0	≤100

光纤辐射温度计的结构示意图，如图 1-72 所示。光纤可直接延伸作为敏感探头，也可以经过耦合器，用刚性光导棒延伸。常见的光纤敏感探头通常有直型、楔型、带透镜型和黑体四种，如图 1-73(a)、(b)、(c)、(d) 所示。

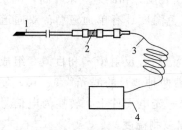

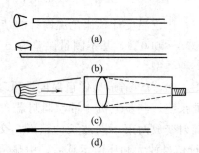

图 1-72　光纤辐射温度计
1—光纤头；2—耦合器；3—光纤

图 1-73　光纤敏感探头的多种形式

光纤辐射温度计的工作原理和分类与普通辐射测温仪表类似，由光源激励、光源、光纤（含敏感元件）、光检测器、光电转换处理系统、各种连接件和显示装置等部分构成。光纤被用来作为敏感元件或能量传输介质。当用光纤作为敏感元件时，利用光纤的各种特性，既能感受被测量的变化，又是传输介质，通常被称为功能型传感器。由其他敏感元件感受被测温度的变化，光纤仅作为光信号的传输介质时，称之为非功能型传感器。已实用化的温度计大多为非功能型光纤温度传感器，除光纤辐射温度计外，还有以下三种类型。

① 液晶光纤温度传感器：是利用液晶的"热色"效应来工作的。如在光纤端面上安装液晶片，当液晶片中按比例混入三种液晶时，液晶颜色随温度变化会由绿变成深红，从而导致光的反射率发生变化，测量光强变化就可测得相应的被测温度值。这种传感器的测温范围为 -50～250℃，精度约为 0.1℃。

② 荧光光纤温度传感器：是利用荧光材料的荧光强度或荧光强度的衰变速度随温度而变化的特性来工作的，前者也称为荧光强度型，后者为荧光余辉型。这种传感器的结构是在光纤头部粘接荧光材料，当用紫外光进行激励时，荧光材料就会发出荧光，检测荧光强度就可以检测被测温度，其测温范围为 -50～250℃。

③ 半导体光纤温度传感器：是利用半导体的光吸收响应随温度而变化的特性，通过测量透过半导体的光强变化来测量被测温度。这种传感器的测温范围为 -30～300℃，其装置示意图和探头结构分别如图 1-74(a)、(b) 所示。

五、温度变送器

温度变送器是一种将温度变量转换为可传送的标准化输出信号的仪表。主要用于工业过

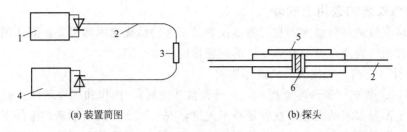

(a) 装置简图　　　　　　　　　　　　(b) 探头

图 1-74　半导体光纤温度传感器的装置简图及探头结构

1—光源；2—光纤；3—探头；4—光探测器；5—不锈钢套；6—半导体吸收元件

程温度参数的测量和控制。

变送器有电动单元组合仪表系列的（DDZ-Ⅱ型、DDZ-Ⅲ型和 DDZ-S 型）和小型化模块式的，多功能智能型的。前者均不带传感器，目前已经淘汰，后两类变送器可以方便地与热电偶或热电阻组成带传感器的变送器。

带传感器的变送器通常由两部分组成：传感器和信号转换器。传感器主要是热电偶或热电阻；信号转换器主要由测量单元、信号处理和转换单元组成（由于工业用热电阻和热电偶分度表是标准化的，因此信号转换器作为独立产品时也称为变送器），有些变送器增加了显示单元，有些还具有现场总线功能，如图 1-75 所示。

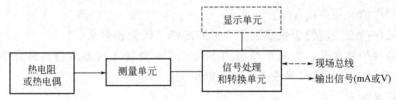

图 1-75　智能温度变送器原理图

标准化输出信号主要为 0～10mA 和 4～20mA（或 1～5V）的直流电信号。不排除具有特殊规定的其他标准化输出信号。温度变送器按供电接线方式可分为两线制和四线制，除 RWB 型温度变送器为三线制外。

外形结构有模块式温度变送器和导轨式温度变送器两种，如图 1-76 所示

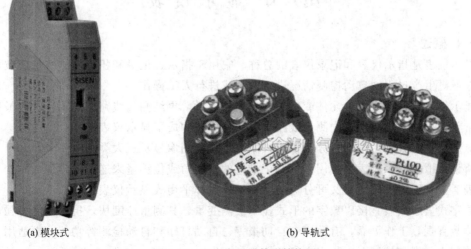

(a) 模块式　　　　　　　　　(b) 导轨式

图 1-76　温度变送器外形结构图

六、测温仪表的选用及安装

为了经济有效地进行温度测量，测温仪表及元件的精确度固然重要，但选用和合理安装也是十分必要的。为此，就一些原则性的问题作简单的介绍。

1. 温度计（包括二次仪表）的选用原则

① 根据工艺要求（是否需要指示，记录和自动控制），操作和环境条件，被测物质的温度范围，确定测量仪表的类型。在保证技术先进，安全可靠，测量准确的条件下，选用经济实用的仪表。尤其要注意：当被测物体很小时，应选热容量小的测温元件，以免破坏被测物体的温度场；当测量不断变化的温度时，应采用短时间内见效的测温元件；测温元件不能让被测介质腐蚀。

② 测温元件确定后，要注意与显示仪表配套使用，与补偿导线配套使用，与冷端温度补偿器配套使用（指热电偶）。

③ 所选仪表应便于安装、使用维护和修理及仪表的寿命能合理地保持。

2. 测温元件的安装

接触式测温仪表，都是通过测温元件来感受被测介质的温度，如果安装错误，即使仪表选的准确度很高，也测不到准确的值，也就起不到指导生产的作用。一般在安装时要掌握以下四个原则。

① 测温元件的安装应确保测量的准确性。

② 测温元件的安装应确保安全、可靠。

③ 测温元件的安装应便于仪表工作人员的维修、检验和拆装。

④ 在加装保护外套时，为减小测温的滞后，可在套管之间加装传热良好的填充物。如温度低于150℃时，可充填铜屑或石英砂，以保证传热良好。

3. 布线要求

① 按照规定型号配用热电偶补偿导线，注意正、负极不能接错。

② 导线应尽量避免有接头。

③ 不能与交流输电线合用一根穿线管，并注意有良好的绝缘。

④ 为避免交流电引起的感应，在导线附近应避免有动力线存在。

第六节　显示仪表

一、概述

显示仪表是指示仪表和记录仪表的总称。它用于指示、记录和积算被测变量或被控变量值，以便对生产过程的自动控制情况进行监视或进行人工操作。

显示仪表直接接收测量元件或变送器送来的信号，再经测量线路和显示装置，最后对被测变量予以指示、记录，其中测量线路和显示装置便构成了显示仪表。

显示仪表按其显示方式可分为模拟式、数字式和图像显示三大类。

所谓模拟式显示仪表是指用指针和记录笔的偏转角或位移量来连读的模拟被测变量变化的仪表。按其原理不同，它又可分为动圈显示仪表和平衡式显示仪表两种。

数字式显示仪表直接以数字的形式显示被测变量，其测量速度快，抗扰动能力强，精度高，读数直观，工作可靠，有的还有自动报警、自动打印和自动检测等功能，更适用于生产过程的集中监视和控制，近年来发展较快。

图像显示则是把被测变量用文字、符号、数码和图像配合的形式在大屏幕荧光屏上直接显示出来，并配以打字记录装置，按操作者的需要任意以其中一种或多种方式同时显示，它具有模拟显示和数字显示仪表的两种功能，常与计算机联用，作为近代集散型控制系统的必不可少的显示装置，它是近几年来发展的一种新的显示装置。

二、数字式显示仪表

目前的数显表（简称）一般是指工业使用的数字显示仪器仪表，也可与计算机、PLC、DCS 系统等设备相互连接使用，在工业企业生产流程中也对温度、流量、液位、速度、频率、电流、电压等工艺参数进行独立检测及控制。

数字式显示仪表是指直接以数码的形式显示出被测变量数值的仪表。这类仪表的发展速度很快，早期时，只是单纯地将模拟量通过模/数转换器（A/D）变换为数字量进行显示；现在，仪表中引入 CPU 微处理器和存储器等部件，可以实现对数字信号进行滤波、非线性处理以及各种运算功能等。为了满足不同使用者的需要，近些年出现的很多数字式显示仪表，既有数字功能，又有模拟式仪表的功能，如很多的显示仪表，在数字显示的同时，还可以对外输出模拟信号。严格地说，这类仪表应该是数字-模拟式的仪表，人们习惯上也将该类仪表归类到数字式显示仪表。数字式仪表以其显著的优越性，在相当广泛的领域内，已完全取代了模拟式显示仪表。

随着计算机技术的快速发展和对显示要求的提高，出现了许多以图形、曲线、字符和数字等形式直接在屏幕上显示的仪表，这类仪表通常叫图像显示仪表或智能式显示仪表。从本质上讲，智能式显示仪表也属于数字式显示仪表，只是在数字显示仪表的基础上，大大增强了 CPU、ROM、CRT 和一些其他元件的功能，但是对信息的存储以及综合处理能力却显著增强。通过液晶（LCD）或阴极射线管（CRT）多种显示方式，操作人员可以更清晰、直观的了解生产过程中各种变量的数值；通过菜单式的操作，可以非常方便地对仪表功能进行组态，实现对输入信号的标度变换、非线性补偿、故障诊断、数据传输控制等各种处理功能；存储器容量加大以后，不仅可以存储实现各种功能的固定程序，还可以长时间存放大量的输入、输出数据和中间运算结果。当前，智能式显示仪表发展非常迅速，如各种各样的无纸记录仪、虚拟仪器等。特别是无纸记录仪，已经不只是一种显示仪表，而且还具有控制功能，从本质上讲，该类仪表可以称为具有显示功能的控制仪表，在过程检测中得到了非常广泛的应用，在本部分内容中将单独安排一节对其进行较为详细的介绍。

随着数显表技术的不断发展，用途的不断拓展，其分类也就越来越明细，数显表根据常规的用途有以下几种分类。

1. 常规数显表

信号万能输入，可以接受各种标准信号，信号间可切换，接入不同的传感器可以显示温度、压力、液位、流量、速度、频率等工业参数，如图 1-77 所示。

2. 多回路数显表

是常规数显表的一种延伸，具有一些附带功能，包括对传感器进行配电，上下限或者多限控制输出、变送输出、通讯接口输出等功能，如图 1-78 所示。

3. 智能可调节数显表

智能可调节数显表是控制数显表的一种延伸，对被控制体进行无缝控制，如 PID 控制、替代调节器，如图 1-79 所示。

4. 流量/热量数显表

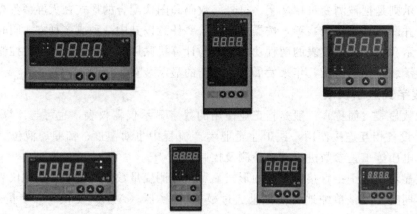

图 1-77　常规数显表

图 1-78　多回路数显表

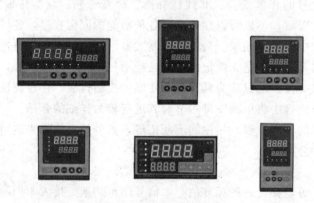

图 1-79　智能 PID 数显表

　　流量积算仪是数显表一种特殊应用，可以对流量计的输入信号进行累积计算，显示流量计的瞬时、累积流量，并可进行控制，如图 1-80 所示。

　　5. 多路巡检仪/温度巡检仪

　　多路巡检仪是多回路数显表的一种延伸应用，适用于 5～80 点过程量的检测和报警，可输入热电阻、热电偶、直流电流、直流电压等传感器、变送器信号，多路巡检仪在实际应用中缩小了控制仪表的尺寸，大大降低设备采购的成本，如图 1-81 所示。

　　6. 无纸记录仪

图 1-80　智能流量积算仪

图 1-81　多路巡检仪

无纸记录仪是数显表的演化，具有多种功能，除可以显示实时数据，并可记录历史数据，支持中文界面，组态应用等功能，如图 1-82 所示。

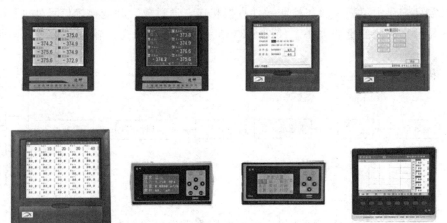

图 1-82　无纸记录仪

三、常规数显表

1. 常规数显表的技术指标

衡量数字式显示仪表性能的技术指标有精度、显示位数、分辨率和分辨力、输入阻抗、速度、超载能力、串模抑制比、共模抑制比等项。下面介绍前三项主要技术指标。

（1）精度　数字仪表的误差来源于构成数字仪表的前置放大器产生的误差，A/D 转换器的线性度、稳定度误差，以及数字表在测量过程中进行数字化处理带来的误差，这几部分误差的大小反映了仪表的准确性，因此，数字仪表的准确度通常用绝对误差表示。数字表的准确度有两种表示方法。

第一种表示方法

$$准确度 = \pm(\% rdg + n \text{ 个字})$$

式中　　rdg——仪表读数值；

　　　　$a\%$——综合误差系数；

　　　　　n——最后一位数单位值的 n 倍。

括号内前一项代表转换器的综合误差。n 是由于数字化处理引起的误差反映在末位数字上的变化量，也可以把 n 个字的误差折合成满量程的百分数，亦可导出另一种表示法。

第二种表示法

$$准确度 = \pm(\% rdg + b\% fs)$$

式中　　$b\%$——满度误差系数；

　　　　fs——仪表满度值。

（2）显示位数　数字仪表以十进制显示的位数称为显示位数。工业测量过程中常用三位、四位，高精度数字仪表可达七位、八位之多。显然，位数越多，表达同一数的有效位越长，读数越准确。

（3）分辨率和分辨力　分辨率相当于模拟仪表的灵敏度，是指数字仪表显示的最小数和最大数的比值。例如一台没有超量程能力的四位数字仪表，其最小显示是 0001，最大显示是 9999，它的分辨率是 9999 分之一，即为万分之一或 0.01%。

分辨力相当于模拟仪表的灵敏限，是指数字仪表末位数字改变一个字时的输入量值。

2. 常规数显表的结构及原理

常规数字式显示仪表一般与检测元件直接相连，通过放大和变换等信号处理后，以数字量的形式显示出被测变量的大小。如图 1-83 所示，图中检测元件输出的信号大多是电阻或电压信号。

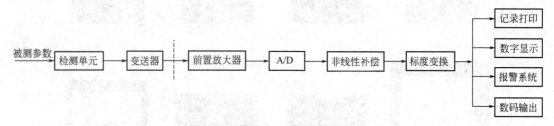

图 1-83　数字式显示仪表构成框图

（1）前置放大　前置放大部分的作用是将检测元件的输出信号放大转换为 A/D 所需要的电压值，当检测元件为非线性时，该部分中通常含有线性化处理电路。

（2）A/D 转换器　A/D 转换器实际上是一个编码器，它把模拟量转换为一定码制的数字量，也称为模数转换。包括采样和量化（编码）两个过程。

（3）非线性补偿　在被测变量与电信号之间通常存在着非线性关系，只能在模拟显示仪表中可以用非线性标尺显示，而在数字显示仪表中，能看到的是被测变量的绝对数字值，且数字仪表的显示装置部分都是线性电路，因此对 A/D 输出的数字信号必须进行数字化的非线性补偿，以消除非线性误差。

（4）标度变换　标度变换也叫量纲还原，实际上是一种系数运算。显示仪表在显示被测变量的数值时，一般都要求尽量用被测变量的形式进行显示，即使输出的数字量与被测变量一致。这就需要对输入显示仪表的测量信号进行量纲还原，或者说要进行系数的转换。有些显示仪表的标度变换是在前置放大部分完成的，称为模拟量标度变换；有的是在 A/D 之后，通过改变数字部分的系数来实现，称为数字量标度变换。

（5）显示部分 在普通数字式显示仪表中，显示部分主要有发光二极管（LED）和数码液晶显示器两种类型，只能显示数码或部分简单的符号。这类表的显示过程比较简单，A/D转换器输出的二进制数经过锁存/译码后直接驱动显示。

数字式显示仪表中，模/数转换器是其关键部分，它将仪表分成模拟部分和数字部分，而非线性补偿和数字的标度变换部分也是很重要的，这是数字显示仪表的三大主要部分，这三部分各有很多种类，三者间相互不同的组合，可以形成几种不同的数字式显示仪表的方案。图 1-83 仅是其中的一种组合方案。

3. 常规数显表的面板

图 1-84 是 F&B 数显表面板，有数值显示窗口和操作键。

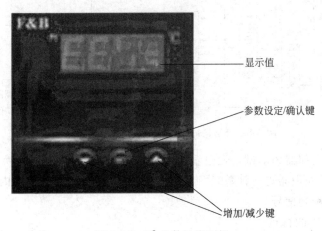

图 1-84　F&B 数显表面板

4. 常规数显表操作流程

各种数显表的安装链接和操作详见其产品使用说明书，下面以 F&B 数显表与测温元件连接，显示温度为例，其操作如下：

工作状态下按 SET 显示 LOCY→按 SET 输入密码 18→按 SET 显示 RAN9→按 SET 通过△▽选择分度号→按 SET 显示 Point 设置小数点→按 SET 显示 r9.00 设置量程下限→按 SET 显示 r9.FS 设置量程上限。

工作状态下按 SET→通过△▽选择 COrr 按 SET 显示 old.1→按 SET 通过△▽修正温度值。

按键说明：

△：变更参数设定时，用于增加数值

SET：参数设定确认键

▽：变更参数设定时，用于减少数值

四、无纸记录仪表

无纸记录仪表是一种智能化的多功能二次仪表，适合于对各种过程参量进行监测、控制、记录与远传。从 20 世纪 90 年代开始国内外仪表厂家纷纷推出许多产品，成为传统机械式记录仪表的更新换代产品。下面以 SWP-LCD-R 无纸记录仪表为例介绍无纸记录仪表的结构、原理及其应用。

1. 无纸记录仪表的基本结构及原理

SWP-LCD-R 无纸记录仪表原理框图如图 1-85 所示。它由微处理器、通道开关、A/D 转换器、光电隔离、面板设定、LCD 图形显示板等部分组成。

在设计上吸纳了当今电脑结构思路：硬件上采用内带快闪存储器的新型微处理器，扩充了大容量的数据存储区，显示器采用大屏幕液晶图形显示板，软件上引入中文 WINDOWS 的框架思路，并采用了数据压缩技术。准电脑化的结构，高度地体现了微处理器化仪表的优越性，成功地在体积仅 80mm×160mm×140mm 的壳体中集成了能存储最长达 365 天测量数据的多功能无纸记录仪表。

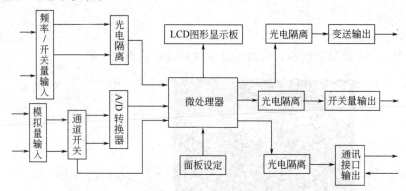

图 1-85 SWP-LCD-R 无纸记录仪表原理框图

仪表以单片微处理器为基础，通过输入电路把模拟信号经 A/D 转换器转换成数字信号（频率信号直接由微处理器进行计数），微处理器根据采样的结果与设定内容进行计算，比较后显示结果及输出控制信号。

2. 无纸记录仪表的特点

无纸记录仪表在人机操作与观察界面上都对传统的二次仪表做了挑战性的改革，以中文菜单引导组态操作，以丰富的图文数据显示测量结果，以明确的中文信息标识画面内容的工程涵义，简洁直观地给人以"智能"的感受。可接 3 路被测信号，根据用户设定要求完成从信号采集、控制、记录到传送的全过程。打印接口可直接与带有 RS232 串行口的打印机连接，完成定时打印，即时打印或报警打印，串行通信接口可与上位机进行数据传输，实现记录数据的集中管理。其主要特点如下。

① 多功能的显示画面可集中显示中文菜单、测量数据、曲线图表、数据涵义、工程单位、百分比棒图、报警状况等。

② 便捷的操作界面及轻触式面板按键，方便用户进行各种的操作。

③ 高容量的存储空间满足最长达 365 天的记录数据存储需求。

④ 快速的通讯速率能以高达 28.8kbps 的速率与上位机或其他机关的设备进行信息交换。

⑤ 灵活的附加功能可提供模拟变送信号输出，打印机接口信号输出，直流馈电电源输出，标准双向串行通信接口等。

⑥ 标准的外形尺寸可方便的替换功能简单的同类仪表，满足控制系统的升级需要。

3. 仪表面板配置（以横式仪表为例）

如图 1-86 所示。

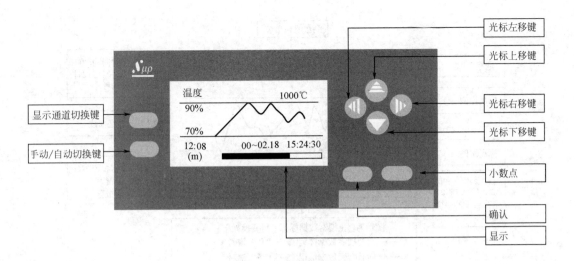

图 1-86　SWP-LCD-R 无纸记录仪表面板图

4. 操作流程图

SWP-LCD-R 无纸记录仪表操作流程图如图 1-87 所示。

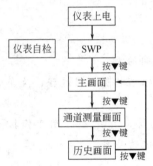

图 1-87　SWP-LCD-R 无纸记录仪表操作流程图

5. 画面举例说明

SWP-LCD-R 无纸记录仪表的画面举例如图 1-88、图 1-89 所示。

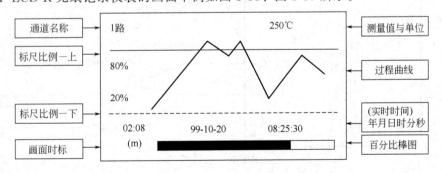

图 1-88　SWP-LCD-R 无纸记录仪表主画面

技能训练 4：智能数显表的使用

一、实训目的

① 对智能型数字式显示仪表有一个感性认识。

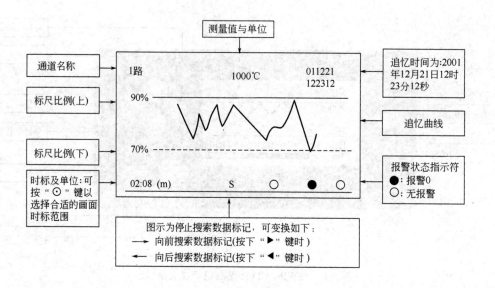

图 1-89 SWP-LCD-R 历史记录数据追忆画面

② 了解智能数字仪表的参数设定方法。

③ 能正确使用智能数字仪表。

二、实训设备

① 智能型数字调节器一只：AL808，本实验只做温度显示部分。

② 电阻箱一只：ZX56 或 ZX32，0.02 或 0.05 级。用于模拟热电阻测温过程，改变电阻箱的电阻值模拟热电阻随温度变化的关系。

③ 手动电位差计一台：UJ33D-1，模拟热电偶产生的热电势，0.05 级。用于模拟热电偶的测温过程，改变电位差计的电位差值模拟热电偶随温度变化的关系。

三、实训接线图

与测量有关的接线，如图 1-90 所示。

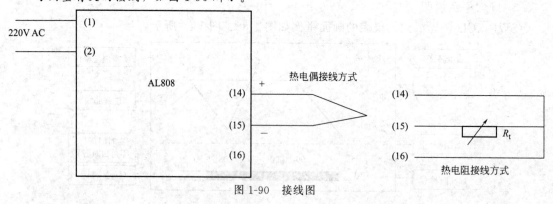

图 1-90　接线图

四、实训内容与步骤

（一）配接热电阻输入信号

1. 按热电阻输入方式接线。

2. 热电阻分度号为 Pt100（测量范围 −200～1000℃，是固定值）

① 将组态参数代码 "Sn" 的参数值设定为 ".rtd"（温度显示值带一位小数）。

② 将组态参数代码 "C−F" 的参数值设定为 "C"。

③ 0.0℃修正。将 R_t 的阻值调至 100.00Ω，将组态参数代码"OFSt"的参数值进行修改，让测量值显示 0.0℃。

④ 选择校验点进行测试，通过改变电阻箱的电阻值，模拟热电阻随温度变化的值，并将测试数据记录于表 1-16。

表 1-16　配接 Pt100 热电阻测温数据记录表

校验点值 $t_实$/℃	−150.0	−100.0	−50.0	0.0	100.0	200.0	300.0	400.0	500.0	600.0	700.0	800.0
电阻值 R_t/Ω												
数显表显示值 $t_示$/℃												
误差 Δt/℃												
校验结果	最大基本误差:			允许基本误差:						是否合格:		

注：电阻值 R_t 通过查 Pt100 分度表得到。

3. 电阻分度号为 Cu50（测量范围 −50～150℃，是固定值）

① 将组态参数代码"Sn"的参数值设定为".Cu"（温度显示值带一位小数）。

② 0.0℃修正。

将 R_t 的阻值调至 50.00Ω，将组态参数代码"OFSt"的参数值进行修改，让测量值显示 0.0℃。

③ 选择实验点进行测试，并将测试数据记录于表 1-17。

表 1-17　配接 Cu50 热电阻测温数据记录表

校验点值 $t_实$/℃	−40.0	0.0	50.0	100.0	140.0
电阻值 R_t/Ω					
数显表显示值 $t_示$/℃					
误差 Δt/℃					
校验结果	最大基本误差:	允许基本误差:		是否合格:	

注：R_t 的值查 Cu50 分度表。

（二）配接热电偶输入信号

1. 按热电偶输入方式接线。

2. 热电偶分度号为 K---镍铬-镍硅（测量范围 −250～1350℃，是固定值）

① 将组态参数代码"Sn"的参数值设定为"CAtc"。

② 0.0℃修正。

输入 $E_K(0, t_0)$ 电势值，将组态参数代码"OFSt"的参数值进行修改，让测量值显示 0℃。t_0 为室温。

③ 选择实验点进行测试，并将测试数据记录于表 1-18。

表 1-18　配接 K 热电偶测温数据记录表

校验点值 $t_实$/℃	−100	−50	0	100	200	300	400	500	600	700	800	900	100	1100	1200
电势值 $E_K(t_实, t_0)$															
数显表显示值 $t_示$/℃															
误差 Δt/℃															
校验结果	最大基本误差:			允许基本误差:				是否合格:							

注：电势值 $E_K(t_实, t_0)$ 通过查分度表并计算而得。

3. 热电偶分度号为 T---铜-康铜（测量范围−200~400℃，是固定值）

① 将组态参数代码"Sn"的参数值设定为"t tc"。

② 0℃修正。

输入 $E_T(0, t_0)$ 电势值，将组态参数代码"OFSt"的参数值进行修改，让测量值显示 0.0℃。

③ 选择实验点进行测试，并将测试数据记录于表 1-19。

表 1-19　配接 T 热电偶测温数据记录表

校验点值 $t_实$/℃	−100	−50	0	100	200	300	400	500	600	700	800	900	100	1100	1200
电势值 $E_K(t_实, t_0)$															
数显表显示值 $t_示$/℃															
误差 Δt/℃															
校验结果				最大基本误差：			允许基本误差：					是否合格：			

注：$E(t_实, t_0)$ 通过查分度表并计算而表。

五、注意事项

① UJ33D-1 手动电位差计的量程选用 50mV 挡，并要调零，处于输出状态。

② AL808 智能型数字调节器，输入信号类型不同接线方式也不同。

③ 接不同输入信号类型（组态参数设定后），一定要对指示值进行修正（修改"OFSt"的参数值），使指示值准确。修正不好，将影响其他实验点数据的准确性。

④ 模拟热电偶输入负信号时将 UJ33D-1 手动电位差计输出端反接。

⑤ 准确度等级是最大引用误差的系列化。

六、问题与思考

① 配接热电阻测温均采用三线制，智能数显表也不例外，但为什么没有规定引线电阻的阻值？

② 使用前不进行 0℃示值修正（OFSt），可能会出现什么问题？

习　题

一、填空题

1. 工业自动化根据生产过程的特点可分为三种类型：（　　），（　　）及（　　）。

2. 仪表按其功能可分为四种：（　　），（　　），（　　）和（　　）。

3. 化工过程中的工艺变量包括四个热工量，即（　　）、（　　）、温度和（　　）。

4. 精度数值（　　），精度越高。

5. 当被测压力高于大气压力时，用（　　）表示；当被测压力低于大气压力时，用（　　）表示。

6. 测量流体流量的仪表叫（　　），测量总量的仪表叫（　　）。

7. 椭圆齿轮流量计属于（　　）测量方法。

8. 转子流量计是（　　）仪表。

9. 工业上常用的热电阻有（　　）和（　　）两种。

10. 按照规定型号配用热电偶的（　　），注意（　　）不能接错。

11. 一般意义上的压力变送器主要由测压元件传感器，也称作（　　）、测量电路和（　　）三部分组成。

12. 压力变送器根据传感器种类，可分为电容式压力变送器、（　　）、单晶硅压力变送器。

13. 间接式质量流量计有 3 种主要型式：（　　　　　　　　　　　　　　　），节流式流量计与密度计组合，（　　　）。

14. 质量流量计直接测量通过流量计的介质的质量流量，还可测量介质的（　　）及间接测量介质的（　　　）。

15. 磁浮子式液位计有远转型和就地指示型两种结构型式，最常用的磁浮子舌簧管液位计属于（　　　），磁翻板及磁滚柱液位计是（　　　）。

16. 智能型雷达物位计主要由发射和接收装置、（　　　　）、（　　　）、操作面板、显示、（　　　　　）等几部分组成。

17. 雷达物位计与超声波物位计的结构、原理，非常相似，但是在波的性质方面，超声波是（　　　），雷达波是（　　　）。

18. 集成温度传感器的工作原理是利用半导体器件的（　　　）特性。

19. 温度变送器外形结构有模块式温度变送器和（　　　　　　　　）两种。

20. 衡量数字式显示仪表性能的技术指标有精度、（　　　　　）、（　　　　　）和分辨力、输入阻抗、（　　　　）、（　　　　）、串模抑制比、共模抑制比等项。

二、选择题

1. 仪表按照使用场合分类，可分为（　　　　）。

　　A. 就地指示型，远传型

　　B. 指示型，记录型，累积型，信号型，远传型

　　C. 就地指示型，远传型，信号型

　　D. 工业用仪表，范型仪表，标准仪表

2. 弹簧管的材料，一般在 P>20MPa 时，采用（　　　　）。

　　A. 合金钢　　　　　　　B. 不锈钢　　　　　　　C. 磷青铜　　　　　　　D. 不锈钢或合金钢

3. 引压管应保证有（　　）的倾斜度。

　　A. 2：10～2：20　　　　B. 1：15～1：20　　　　C. 1：10～1：20　　　　D. 5：10～5：20

4. 工业上用的玻璃管液位计的长度为（　　　）。

　　A. 100～300mm　　　　B. 300～1200mm　　　　C. 100～1000mm　　　　D. 500～5000mm

5. 流量的显示一般有三种，分别是（　　　）。

　　A. 就地显示　　　　　　B. 变送器显示　　　　　C. 积算显示　　　　　　D. 数字显示

6. 为了减小测温的滞后，可在套管之间填充（　　　）。

　　A. 铜屑　　　　　　　　B. 砂子　　　　　　　　C. 石英砂　　　　　　　D. 锯末

7. 热电阻与显示仪表的连接用（　　　）。

　　A. 双线制　　　　　　　B. 三线制　　　　　　　C. 四线制　　　　　　　D. 五线制

8. 自由端温度补偿解决了（　　　）问题。

　　A. 自由端温度为零　　　B. 自由端温度不为零　　C. 自由端温度为正　　　D. 自由端温度为负

9. 数字式显示仪表的主要技术指标有（　　　）。

　　A. 精度　　　　　　　　B. 变差　　　　　　　　C. 位数　　　　　　　　D. 分辨率

10. 压力温度计运用于测量（　　　）℃的温度。

　　A. 0～300　　　　　　　B. 高于 500　　　　　　C. 低于 500　　　　　　D. 0～400

11. 下列哪种流量计不属于节流式测量原理（　　　）。

　　A. 锥流量计　　　　　　B. 楔形流量计　　　　　C. 阿牛巴流量计　　　　D. 电磁流量计

12. 下列哪种天线形状不是智能型雷达物位计的天线（　　　）。

　　A. 号角形　　　　　　　B. S 型　　　　　　　　C. 平面形　　　　　　　D. 棒形

13. 雷达物位在波的性质方面属于（　　　）

　　A. 机械波　　　　　　　B. 电磁波　　　　　　　C. 无线波　　　　　　　D. 光波

14. 集成温度传感器按照输出信号的模式，可分为（　　）三种类型。
　　A. 集成模拟式、数字式和图像式　　　　　　B. 集成指针式、数字式和逻辑输出式
　　C. 集成模拟式、数字式和逻辑输出式　　　　D. 集成模拟式、数字式和开关式

15. 辐射式温度计主要由（　　）等部分组成。
　　A. 光学系统、滤光片、转换电路和信号处理
　　B. 光学系统、瞄准系统、转换电路和信号处理
　　C. 光学系统、检测元件、转换电路和信号处理
　　D. 光学系统、检测元件、热敏器件和信号处理

16. 光电温度计是根据（　　）的关系，确定被测温度的数值。
　　A. 热度与温度之间　　　　　　　　　　　　B. 辐射能量与温度之间
　　C. 亮度与温度之间　　　　　　　　　　　　D. 波长与温度之间

17. 温度变送器是一种将温度变量转换为可传送的（　　）的仪表。
　　A. 标准化输出信号　　　B. 电流信号　　　　C. 电压信号　　　　D. 数字信号

18. 半导体光纤温度传感器是利用（　　）的特性，通过测量透过半导体的光强变化来测量被测温度。
　　A. 半导体的光辐射强度随温度而变化
　　B. 荧光材料的荧光强度或荧光强度的衰变速度随温度而变化
　　C. 半导体的光吸收响应随温度而变化
　　D. 液晶的"热色"效应

三、名词解释

系统误差；精度；表压力；标准节流装置；零点迁移。

四、问答题

1. 仪表的误差如何表示？什么叫基本误差？什么叫附加误差？
2. 测量仪表由哪几部分组成？各部分作用是什么？
3. 压力表的选用原则是什么？
4. 解释节流原理，常用的节流装置有哪些？
5. 标准节流装置应满足哪些使用条件？
6. 转子流量计为什么要进行修正？怎样修正？
7. 热电偶与显示仪表连接时，为什么要用补偿导线？使用补偿导线应注意什么？
8. 什么叫冷端温度补偿？冷端温度补偿有哪几种补偿方法？
9. 简述磁浮子舌簧管液位计的构成及原理。
10. 数字式显示仪表主要由哪几部分组成？各部分作用是什么？
11. 雷达物位与超声波物位计有什么不同？
12. 简述阿牛巴流量计的测量原理及特点。
13. 简述节流式流量计与密度计组合测量质量流量的方法。
14. 简述辐射式温度计的构成及各部分的作用。

五、应用题

1. 某反应器工作压力为15MPa，要求测量误差不超过±0.5MPa，现用一只2.5级，0～25MPa的压力表进行测量，问能否满足对测量误差的要求？应选几级的压力表？

2. 某合成氨塔的压力控制指标为（14±0.4）MPa，要求就地指示塔内压力，试选用压力表。

3. 如图1-91所示，用一台法兰式差压变送器测量某容器的液位，已知被测液位 $0 \sim 3m$，$h_A = 1m$，$h_B = 4m$，被测介质密度 $\rho = 900kg/m^3$，毛细管柱工作介质密度 $\rho_0 = 950kg/m^3$。
　　① 求变送器的测量范围 Δp。
　　② 判断零点迁移方向，计算迁移量。

③ 当法兰式差压变送器的位置在不低于容器底部的范围内升高或下降，对测量有何影响？

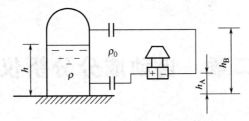

图 1-91　法兰式差压变送器测液位

4. 用分度号为 K 的热电偶测量温度，显示仪表指示为 600，而冷端温度为 30，实际被测温度应为多少度？

第二章 自动成分分析仪表

第一节 概　述

在石油化工生产过程中，通过控制生产过程的压力、流量、物位、温度等参数来稳定生产，保证产品质量，是一种间接控制方法。因为这些参数并不能给出生产过程中原料、中间产物及最终产品的质量情况，现代化工业的发展要求能按生产过程中产品的质量去直接控制生产过程，实现最优的操作和管理，使生产真正地达到优质、高产、安全、低耗。这就促进了自动成分分析仪表的迅速发展。

自动成分分析仪表（也称为分析器）是一种定性和定量分析物质组成的仪表，能直接指示物质成分及含量。从广义上讲，自动成分分析仪表还包括酸度、密度、黏度等物质性质的测量仪表。它有试验室用与工业自动分析用两种基本形式，后者用于工业生产工艺流程中，也称流程分析仪表。本章介绍一些常用的工业自动成分分析仪表。

成分分析仪表是基于混合物中某一组分区别于其他组分的物理、化学特性来进行分析的，由于被分析的对象有着多种多样的性质，因而成分分析仪表的种类繁多，分类方法也不统一，通常按照测量过程中所观测的性质加以分类，可分为电分析化学法、色谱分析法、光学分析法、质谱分析法及热分析法等。

工业自动成分分析仪表在化工、石油、冶金、制药、电站、船舶、煤矿、国防工业以及其他领域都有应用。

工业自动成分分析仪表虽然种类繁多，但主要组成部分有分析部分、放大部分、显示部分、取样与预处理部分、程序升温控制器及稳压电源装置。

分析部分是仪器的心脏部分，其中包括检测敏感元件。它的作用是将被分析物质成分的变化，转换成某种电信号的变化。这种变化通过一定的测量电路转换为电流或电压信号输出。例如，热导式分析器中，热敏元件电阻丝的阻值随被测气体的含量变化而变化，此电阻的变化经测量电桥转变成电信号输出。

放大部分是将发送部分输出的信号进行放大，因为分析部分输出的电信号，往往是很微弱的，因此在测量线路中常常需要配用电流放大器，以便将微弱的电信号加以放大，以供指示、记录和控制。

显示部分可将分析结果指示记录出来，大多数用电子电位差计、数字显示仪表和打印机构，也可与计算机建立通讯，通过图像显示结果。

取样装置是将被分析样品自工艺设备引入分析器的分析部分，它视设备内是正压还是负压而决定需具备减压稳流或负压抽吸等。

预处理装置是将样品加以适当处理，使其符合分析器的要求。例如，将气体样品中的灰分，腐蚀性气体、水蒸气以及对仪器有扰动或破坏的其他成分去除，可通过过滤、干燥、吸收、催化等装置而实现。

某些分析器的分析部分对环境温度变化敏感，分析过程要在一定的温度程序下进行，需用程序升温控制器使温度恒定或按一定的程序变化。

很多分析器的稳定性与电源电压的稳定性有关，因此，需用稳压电源装置。

此外，为了达到精确分析的目的，在不同的场合和仪器中，还配置了一些专用的装置。

第二节　热导式气体分析器

热导式气体分析器是一种最早的物理式气体分析器，它结构简单、性能稳定、使用维护方便、价格便宜，常用来自动分析混合气体中 CO_2、NH_3、SO_2、H_2 等多种气体的体积分数。

一、基本知识

在热传导过程中，不同物体的热传导率不同。热力学中，用导热系数的大小来表示这一性质，导热系数大的物质传热快，常见气体的导热系数见表 2-1。

表 2-1　常见气体的导热系数

气　体　名　称	空气	N_2	O_2	CO	CO_2	H_2	SO_2	NH_3
0℃时的导热系数 $\lambda_0 /W \cdot m^{-1} \cdot K^{-1}$ [× $10^{-5} cal/(cm \cdot s \cdot ℃)$]	0.0244	0.0243	0.0247	0.0236	0.0147	0.1742	0.0100	0.0218
	5.83	5.81	5.89	5.63	3.50	41.60	2.40	5.20
相对导热系数 λ_0/λ_k	1.0	0.996	1.013	0.96	0.005	7.15	0.35	0.89

注：λ_k 为空气的导热系数。

对于彼此间无相互作用的多组分混合气体，它的导热系数可近似地认为是各组分导热系数的算术平均值，即

$$\lambda = \sum_{i=1}^{n} \lambda_i C_i \tag{2-1}$$

式中　λ——混合气体的导热系数；

　　λ_i——混合气体中第 i 组分的导热系数；

　　C_i——混合气体中第 i 组分的体积分数。

设待测组分为 $i=1$，并且

$$\lambda_2 \approx \lambda_3 \approx \lambda_4 \approx \cdots \approx \lambda_n$$

由于 $C_1 + C_2 + C_3 + \cdots + C_n = 1$

所以式（2-1）简化为

$$\lambda = \lambda_1 C_1 + \lambda_2 (C_2 + C_3 + \cdots + C_n) = \lambda_1 C_1 + \lambda_2 (1 - C_1)$$

即

$$C_1 = \frac{\lambda - \lambda_2}{\lambda_1 - \lambda_2} \tag{2-2}$$

式中，λ_1、λ_2 可根据混合物的组成查表确定，所以只要测得混合气体的总的导热系数 λ，就可以得出待测组分的含量 C_1，从而达到分析测量的目的。

气体的导热系数与温度有关，工程上用下式表示，即

$$\lambda_t = \lambda_0 (1 + \beta t) \tag{2-3}$$

式中　λ_t——t℃时气体的导热系数；

　　λ_0——0℃时气体的导热系数；

β——导热系数的温度系数。

可见在被分析组分的含量不变时，由于温度的改变也会造成导热系数的变化从而产生测量误差。因此，热导式分析器的发送器都备有恒温装置，以减小温度变化的影响。

所以，利用导热系数随待测组分含量变化这一特性来分析该组分含量时，必须满足下列三个条件：

① 待测组分的导热系数与其余组分的导热系数相比，要有显著的差别，差别越大，测量越灵敏；

② 非待测组分的导热系数要尽可能相同或十分接近；

③ 测量时，温度恒定或在一定的允许范围内。

一般来说，热导式气体分析器最适合于测量二元混合气体中的某一组分；当用于测量多组分混合气体中某一组分时，需要进行预处理，使分析的样品符合上述使用条件。例如，燃烧后的烟道气中有 CO_2、N_2、CO、SO_2、H_2 及水蒸气等，先除去水蒸气、SO_2 和 H_2，便剩下导热系数相近的 N_2、O_2、CO 以及待测组分 CO_2，就符合了必要的分析条件。

二、热导式气体分析器的测量原理

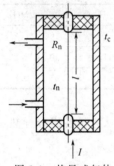

图 2-1　热导式气体
分析器发送器气室

气体的导热系数值很小，直接测量较困难，工业仪表是把它转变成随其变化的热敏元件的电阻值来测量的。

图 2-1 所示为热导式气体分析器发送器的气室，它是热导分析器的主要部件，热导室中的电阻丝 R_n 通入电流加热，所产生的热量经过被测气体的热传导散热、气体的对流散热、电阻丝的辐射散热及其轴向传导散热四个途径散失，恰当地设计热导室结构，合理地选择电阻及电流的数值，可以保证散热主要通过气体的热传导进行。当加热电流一定时，电阻丝温度的高低，就取决于导热能力的强弱，亦即取决于导热系数的大小。不同温度的电阻丝就有相应的不同阻值，这样，导热系数的测量就通过发送器变成了电阻值的测量，而电阻值又可以通过电桥来测量。

在热导式气体分析器中，通常是用四个热导室组成的电桥来测量的，如图 2-2 所示的 RD 型分析器的电桥。图中 R_1、R_3 为电桥工作臂，被置于通入待测气体的工作室中，R_2、R_4 为参比臂，一般是置于封有相当于仪器测量下限值的标准气样的参比室中，电桥各臂通入一定电流加热到某一平衡温度。当工作室通入的被测气体的组分含量为下限时，电桥各臂散热条件相同，电阻相等，电桥处于平衡，输出端无信号输出，二次仪表指示为零位，即被测气体组分含量为下限值。当通入工作室的待测组分含量变化，导热情况也将变化，R_1、R_3 工作臂的电阻相应改变，电桥就失去平衡而输出一个与被测组分含量成比例的不平衡电压供二次显示仪表进行显示。二次仪表的指示标尺可按被测组分的体积分数直接刻度。

图中 R 为加热电流调整电阻，R_0 为电桥零点调整电阻，R_s 为量程调整电阻。当通入工作臂的被测气体组分含量为下限时，电桥如果不平衡则调整 R_0，使其平衡，仪表指示为零。当通入工作臂的被测气体组分含量为上限时，电桥输出应使指示为上限处，如果不在上限，则调整 R_s。

在 RD 型分析器的电桥中，必须由稳压电源供电，否则会引起测量误差，而当环境温度变化时，由于导热条件相对变化，电桥输出也将变化，必须采用恒温装置，以避免温度变化引起的误差。

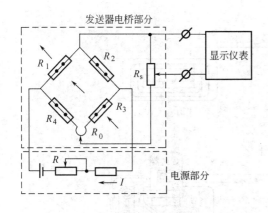

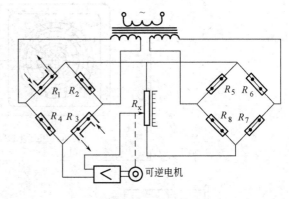

图 2-2　热导式气体分析器测量线路原理图　　　　　图 2-3　双桥测量线路

　　QRD 型分析器则采用双桥测量系统，由于两个电桥的电压和温度条件相同，电源电压的波动和环境温度变化的影响就没有多大关系了，如图 2-3 所示。左边电桥的两个热导室充以下限气样，另两个热导室通入待测气样，称为工作电桥，右边电桥的两个热导室充以上限气样，其他两个热导室则充以下限气样，称为参比电桥。由于参比电桥内所充的上下限气样成分含量差别很大，参比电桥将产生一个固定的不平衡电压，在滑线电阻 R_x 上的电压降与气体含量的上下限量程刻度相对应。当工作电桥通入下限含量气体时，电桥处于平衡状态，输出为零，滑线电阻上的触点处于下限位置；当通入气体含量大于下限值，电桥输出不平衡电压，可逆电机将带动触点移至相应的位置，指示出对应的刻度值；如果通入上限含量气体时，触点应移到滑线电阻的终端位置，指示出上限气体含量的刻度值。

三、RD-004 型热导式 H_2 分析器

　　RD-004 型热导式 H_2 分析器用于合成氨厂补充气（即新鲜气）中 H_2 含量的分析，测量范围为 50％～80％H_2，最小分度值为 1％H_2，精度为 2.5 级。仪表由传送器、预处理器、电源及控制器、显示仪表等组成。其外形如图 2-4 所示，它可分为气路系统和电气系统两部分。

　　1. 气路系统

　　图 2-5 是气样预处理装置流程图，它的作用是对样气进行稳压、净化、干燥和样气流速的控制。由图可见，样气从工艺管道取出后先经针形阀减压，同时为了减少工艺过程中气体压力波动对测量的影响，需要对样气压力进行稳压，这里采用水封式稳压法，稳压级数由工艺管道内压力实际波动幅度情况而定，水封高度则根据仪表样气入口处额定压力大小决定。由二级稳压装置出来的样气，就进入仪表所附的充有冰机油或压缩机油的小稳压器 7，使压力更稳定。再通过充有硅胶或 $CaCl_2$ 的干燥器及装有脱脂棉的过滤器 8，然后进入传感器 9 进行分析，最后经转子流量计 10 排出室外，通过传感器的样气流量大小可以调节针形阀 6 的开度来达到。

　　2. 电气系统

　　图 2-6 是电气原理图。由图可见，包括：稳压电源，分析电桥，温度控制器及显示仪表等部分，鉴于专业的性质，下面只对分析电桥及调校作简单的介绍。

　　由稳压电源供给的直流电流经 R_{10}、R_{11}、RP_4、R_L 及分析电桥各臂而构成回路。RP_3 是电桥的调零电位器，当待测气体通过工作臂室 R_{m1}、R_{m2}，而其中 H_2 浓度与参比臂室

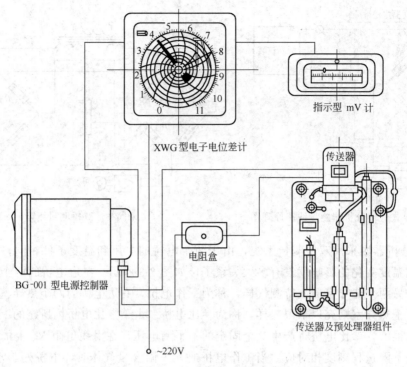

图 2-4　RD-004 型热导式 H_2 分析器组成外形图

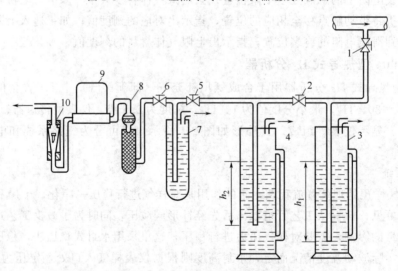

图 2-5　气样预处理流程图

1,2,5,6—针形阀；3—第一级水封；4—第二级水封；7—稳压器；
8—过滤器；9—传感器；10—转子流量计

Ⅰ、Ⅱ的标准样气浓度相同时，显示仪表应指零，如此时电桥稍有不平衡，可以调节 RP_3 使显示仪表指零。R_{11} 为校对电桥电流用的标准电阻，RP_4 为电流调节电位器，R_{10} 为限流电阻，S_1 为切换开关。将 S_1 拨向"校对"位置时，R_{11} 上的电压降即加至显示仪表上，仪表指针应指在电流额定值红线位置上，否则可调 RP_4 使其指到红线位置。电桥的输出信号加在由 R_{14}、RP_2、R_{15} 组成的分压器上，RP_2 为量程调节电阻，当 S_1 拨向"工作"位置时，显示仪表即指示出 H_2 含量。

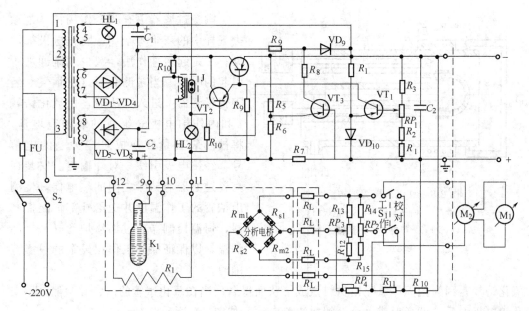

图 2-6 RD-004 型热导式 H_2 分析器电气原理图

第三节 氧化锆分析仪

氧量分析仪是目前工业生产自动控制中应用最多的在线分析仪表，主要用来分析混合气体中的含氧量。如在锅炉燃烧系统中，为确定燃烧状况，计算燃烧的效率，必须测量烟道气中 O_2、CO_2、CO 等气体的含量，其中以氧含量最为重要。氧气的磁化率是一般气体的几

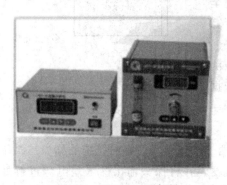

图 2-7 NFY-IIB 型氧量
分析仪的实物图

十倍以上，以前工业上广泛使用磁性氧气分析仪来测量氧气含量。由于磁性氧气分析仪结构复杂，使用不方便，而且准确度很低，现在逐渐被氧化锆（ZrO_2）分析仪所取代。

氧化锆氧含量分析仪，它又被称为氧化锆氧分析仪，氧化锆分析仪、氧化锆氧量计、氧化锆氧量表。

氧化锆分析仪由检测部分（氧化锆探头）和显示仪表两部分组成。图 2-7 是 NFY-IIB 型氧量分析仪的实物图。氧化锆分析仪的作用是先用氧化锆探头将被测介质中氧气含量转变为电信号，再由显示仪表部分对测得的电信号进行处理并显示出来。氧化锆分析仪具有结构简单，稳定性好，灵敏度高，响应快，价格便宜，测量范围宽、安装维修方便等优点。

一、氧化锆探头

氧化锆探头是氧化锆分析仪的检测部分，是分析仪的核心，又叫检测器或传感器。它的作用是将被检测样气进行过滤，对外输出与被测氧含量成对应关系的电信号。组成氧化锆探头的主要部件是氧化锆管，另外还有加热丝、测温元件和温度控制装置等附加部分，其结构原理如图 2-8 所示。

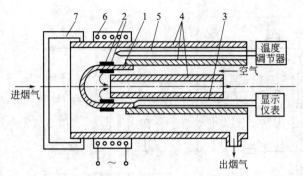

图 2-8 氧化锆探头结构

1—氧化锆管；2—内外铂电极；3—电极引线；

4—Al$_2$O$_3$管；5—热电偶；6—加热炉丝；

7—陶瓷过滤器

陶瓷过滤器 7 有两个作用：一是除去气样中的灰尘等杂质，防止电极被污染；二是起缓冲作用，减少气流冲击所引起的噪声。当被测介质（进烟气）经陶瓷过滤器 7 进入探头后，由氧化锆管 1 和内外铂电极 2 组成的氧浓差电池，将被测氧含量转换成对应关系的电信号，经铂电极引线 3 对外输出。安装在陶瓷过滤器与锆管之间的热电偶，检测出锆管的工作温度并送给外部恒温控制器，恒温控制器通过加热炉丝 6 来控制炉温，以保证探头工作在设定的恒温范围内。

氧化锆管是因为把固体氧化锆材料做成管状而得名。当在氧化锆管的内、外两侧分别安装多孔铂电极 2 后，就会形成一个电解质浓差电池，如图 2-9 所示。

在氧化锆材料中掺入适量的氧化钇或氧化钙（CaO），氧化锆的晶体内就会产生一些氧离子空穴，由于这些空穴存在，在 650～850℃的高温下，氧化锆材料就会变成固体电解质。此时，若氧化锆材料表面有氧，就会发生氧化还原反应。当两表面氧浓度（或含量）有差异时，氧离子空穴会移动而产生电动势，这个电动势就称为浓差电势。两侧的多孔铂膜是电池的两个引出电极，该电池所产生的电动势大小，完全可以由涅恩斯特（Nernst）公式（详见其他资料）计算出来。通常是选定一种已知氧浓度的气体（一般用空气）作为参比气体，只要测得氧浓差电势 E，即可求得被测气体的氧含量 P_x。由此可以看出，氧化锆分析仪是依据电解质浓差电池原理来实现氧含量测量的仪表。

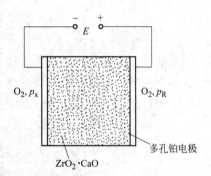

图 2-9　氧化锆浓差电池原理图

二、温度调节器与显示仪表

温度调节器和显示仪表通常是一块仪表所具有的两个功能单元，有时笼统的称为二次仪表或显示部分，其作用是控制探头中加热器的加热温度，并将探头输出的浓差电势进行处理，并显示出来。

温度调节器实质上是一个温度控制电路，与热电偶和加热炉丝组成一个恒温控制系统。由热电偶来测量氧化锆管的工作温度，当温度偏离设定值时，通过温度控制电路中的可控硅来控制加热丝的加热状态，从而实现恒温控制。

显示仪表的电路较为复杂，从信号处理过程上来看，确实可以将它作为一块独立仪表。因为它含有接收（或检测）浓差电势的输入电路、将电势信号处理成满足显示要求的转换放大电路以及输出显示三大部分组成。同其他显示仪表一样，仪表中也含有用于对量程和测量零点进行调整的量程选择电路；转换放大部分在满足显示要求下，可以对外输出标准信号，具有信号远传功能。近年来在氧化锆分析仪的二次仪表中引入了 CPU 微处理器，使氧化锆分析仪向着智能化发展，成为测量氧含量的最为方便的检测工具。

三、氧化锆安装注意事项

① 氧化高管元件系陶瓷类金属氧化物，安装时不要与炉膛内的管子剧烈碰撞。

② 氧化锆探头需要安装在烟道中心处。

③ 在运行的锅炉上安装时，应将氧化锆探头缓缓插入烟道安装座中。

④ 氧化锆探头与安装座的法兰连接处，需垫橡胶石棉圈密封，以防空气渗入，影响测量。

⑤ 氧化锆管的热电偶信号线，必须用相应的补偿导线接入二次检测仪表。

第四节　原子吸收分光光度计

一、原子吸收光谱法

原子吸收光谱法（atomic absorption spectrometry，AAS）又称原子吸收分光光度法，是基于蒸气中被测元素基态原子对其原子共振辐射的吸收强度来测定样品中被测元素含量的一种方法。

原子吸收光谱法是利用原子吸收现象进行分析。原子吸收光谱分析需要能产生为被测元素吸收的特征谱线的光源，并能产生原子蒸气的原子化器等。

原子吸收光谱法与紫外分光光度法在基本原理、仪器结构上有相似之处。在原理上两者都遵循朗伯-比尔吸收定律，但两者的吸收物质状态不同。紫外可见分光光度法是基于溶液分子、离子对光的吸收，属于宽带的分子吸收光谱，因此使用连续光源。而原子吸收光谱法是基于基态原子对其特征谱线的吸收，属于窄带原子吸收光谱，因此使用锐线光源。测量时必须将样品原子化，因而仪器必须有原子化器。

原子吸收光谱分析法的优点如下。

① 检出限低，灵敏度高。火焰原子吸收法的检出限可达 10^{-9} g，石墨原子吸收法的检出限可达 $10^{-10} \sim 10^{-12}$ g。

② 测量精度好。火焰原子吸收法测定中等和高含量元素的相对标准偏差可小于 1%，测量精度已接近于经典化学方法。石墨炉原子吸收法的测量精度一般为 3%～5%。

③ 选择性强，方法简便，分析速度快。由于采用锐线光源，样品不需要经繁琐的分离。可在同一个熔液中直接测定多种元素，测定一种元素只需数分钟，分析操作简便、迅速。

④ 应用范围广。既能用于微量分析又能用于超微量分析，从测定的元素来说，可测定的元素可达 70 多种，不仅可以测定金属元素，也可以用间接的方法测定非金属元素和有机化合物。

原子吸收也有一些不足之处。测定某元素需要该元素的光源，不利于同时进行多种元素的测定；对一些难熔元素，测定灵敏度和精密度都不是很高；非火焰原子化法虽然灵敏度高，但准确度和精密度不够理想，有待于进一步改进提高。

二、原子吸收分光光度计的结构及原理

原子吸收分光光度计主要由光源、原子化器、单色器及检测器组成。如图 2-7 所示。

图 2-10（a）是单光束仪器，只有一条光路。此类型仪器结构简单，操作方便，但会受到光源不稳定因素的影响产生基线漂移。

图 2-10（b）是双光束仪器，由光源发射出的光经调制后被切光器分成两束：一束为测

量光束；另一束为参比光束（不经过火焰），两束光交替进入单色器和检测器。由于两束光来自同一光源，光源的漂移通过参比光束的作用得到补偿，从而获得稳定的信号。

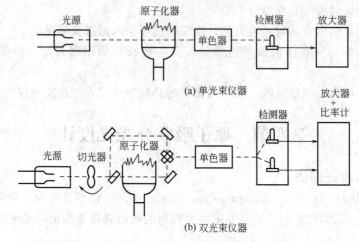

(a) 单光束仪器

(b) 双光束仪器

图 2-10　原子吸收分光光度计示意图

1. 光源

光源的作用是辐射待测元素的特征光谱，供测量使用。要求光源能发射出强度大、背景小、纯度高的稳定的锐线光谱。

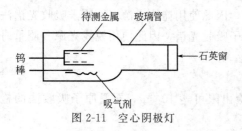

图 2-11　空心阴极灯

目前原子吸收光谱法使用最多的光源是空心阴极灯，无极放电灯和蒸气放电灯也有使用。空心阴极灯的结构如图 2-11 所示。阴极呈空心圆筒形的气体放电管，一般内径为 2~5mm，长数十毫米。阴极内壁用待测元素或含有待测元素的合金制成。灯的阳极为钨棒，装有钛丝或钽片作为吸气剂，吸收灯内的杂质气体。灯管由硬质玻璃制成，根据工作时的波长范围，选用石英玻璃或者普通玻璃作为光用窗口。空心阴极灯内通常充入惰性气体，气体在放电时起能量传递、电流传递及使阴极溅射的作用。气体的种类、压强和纯度对灯的发射强度影响很大。一般为氖气或氩气，压强为几百帕。

在阴阳两极加数百伏的直流电压时，阴极发出的电子在电场的作用下向阳极运动。在运动的过程中，与惰性气体碰撞，使气体原子电离。电离的气体正离子向阴极运动，撞击阴极，使阴极表面的金属原子溅射出来。这种由于正离子撞击阴极而使原子溅射的现象称为阴极溅射。大量聚集在空心阴极的金属原子再与电子、惰性气体的原子、离子等碰撞而被激活，从而产生相应的特征和共振线。

灯的发光强度与灯的电流有关，在一定的范围内提高灯电流可增强发光强度。但电流过大则由于自吸而发生射线变宽，

空心阴极灯有单元素空心阴极灯、多元素空心阴极灯和高强度空心阴极灯等多种类型。

2. 原子化器

原子化器的作用是使样品溶液中的待测元素转化为基态原子蒸气，并进入辐射光程产生共振吸收的装置中。它是原子吸收分析的关键部分。元素测定的灵敏度、准确性乃至抗干扰能力，在很大程度上取决于原子化状况。所以，要求原子化器要有尽可能高的原子化效率，

且不受浓度的影响，稳定性和重现性好，背景和噪声小。原子化器主要有两大类：火焰原子化器和非火焰原子化器。

（1）火焰原子化器　它分为两种类型：全消耗性原子化器是将试样直接喷入火焰；预混合型原子化器是由雾化器将试样雾化，并在混合室内除去较大的雾滴，使试样均匀地喷雾进入火焰。预混合型雾化器应用十分普遍。它由雾化器、混合室、燃烧器组成。

雾化器　其作用是利用压缩空气等将样品溶液变成高度分散状态的细小雾滴，生成的雾滴随气体流动并被加速，形成粒子直径为微米级的气溶胶。气溶胶粒子直径越小，火焰中生成的基态原子越多。

混合室　其作用是使其溶胶粒度更小，更均匀，使燃气和助燃气充分混合。因此。在混合室中装有击球和扰流器。雾化器的记忆效应要小。记忆效应也称残留效应，是指将溶液喷雾后，立即用蒸馏水喷雾，仪器读数返回零点或基线的时间。记忆效应小，则仪器返回零点的时间短。

燃烧器　其作用是通过火焰燃烧，使试样雾滴在火焰中经过干燥、蒸发、熔融和热解等过程，将待测元素原子化。在此过程中会产生大量的基态原子及部分激发态原子，且离子化程度高、噪声小、火焰稳定、光路上原子数目多等。

（2）非火焰原子化器　非火焰原子化器又称无火焰原子化器，它利用电热阴极溅射等离子体或激光等方法使试样中待测元素形成基态自由原子。常用的非火焰原子化器是石墨炉原子化器，其结构如图 2-12 所示，主要由电源、炉体和石墨管三部分组成。电源提供较低电压（约10～25V）和大电流（500A），电流通过石墨管时产生高温，最高温度可达到 3000℃，从而使试样原子化。石墨管的内径约 8mm，长约 28mm，管中央有一小孔，用以加入试样。石墨炉炉体具有水冷外套，保护炉体。炉体内通惰性气体，如氩气或氮气，以防止石墨管在高温下燃烧和防止待测元素被氧化，同时排除灰化时产生的烟雾，降低噪声。

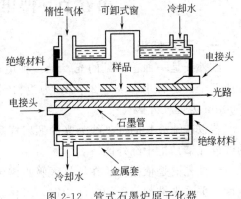

图 2-12　管式石墨炉原子化器

石墨炉工作时，要经过干燥、灰化、原子化和净化四个步骤。石墨炉原子化法的优点是，试样的原子化在惰性气体和强还原性介质中进行，这样有利于难熔氧化物的原子化。同火焰原子化法比较，自由原子在石墨炉吸收区内停留时间较长，大约为前者的 1000 倍，原子化效率高，测定的绝对检出限达 $10^{-12}\sim10^{-14}$g；而且石墨炉法中液体和固体均可直接进样。但石墨炉法的基体效应及化学干扰较大，测定的重现性比火焰原子化法差。

在原子吸收光谱分析中对于一些特殊元素，如砷、硒、汞等，可以利用某些化学反应使其原子化，如氢化物原子化法和冷原子吸收法。

三、单色器

原子吸收光谱法使用的波长范围一般是紫外可见光区。常用的色散元件为光栅。单色器由入射狭缝、出射狭缝和色散元件组成。单色器的作用主要是将灯发射的被测元素的共振线与其他波长的谱线分开。由于使用锐线光源，发射光谱比较简单，所以对单色器的分辨率要求不高。

四、检测器及放大器读数装置

检测器的作用是将单色器分出的光信号进行光电转换。一般用光电倍增管作为检测器。光电倍增管的结构如图 2-13 所示。

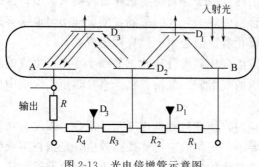

图 2-13　光电倍增管示意图

光电倍增管的外壳由光学玻璃或石英制成，内部抽真空，在阴极上涂有能发射电子的光敏物质，在阴极和阳极间有一系列次极电子发射极，即电子倍增极。阴极和阳极之间加以约 1000V 的直流电压，每两个相邻电极之间，都有 50～100V 的电位差。当光照射阴极时，光敏物质发射电子，首先被电场加速，落在第一倍增极上，并击出二次电子，二次电子又被电场加速，落在第二倍增极上，击出更多的二次电子，依次类推，阳极最后收集到的电子数将是阴极发射电子数的 105～108 倍。可见光倍增管不仅起光电转换的作用，而且还起电流放大的作用。

放大器的作用是将光电倍增管输出的电压信号放大。

读数装置包括检流计表头读数、自动记录仪或数字显示直读装置。

第五节　傅里叶变换红外光谱仪

一、基本知识

红外线是一种看不见的光，是一种电磁波，波长范围为 $0.8～1000\mu m$。通常把红外区分成三个区。波长 $0.8～2.5\mu m$ 为近红外区，波长 $2.5～25\mu m$ 为中红外区，波长 $25～1000\mu m$ 为远红外区。

若以连续波长的红外线为光源照射样品，所测得的吸收光谱，简称红外光谱。通常所说的红外光谱是指中红外区。

红外光谱是依据样品在红外区吸收谱带的位置、强度、形状、个数，并参照谱带与溶剂浓度等关系来推测分子的空间构造，求化学键的力常数，键长和键角，推测分子中某种官能团的存在与否，推测官能团的邻近基团，确定化合物的结构。

目前红外光谱仪可分为色散型红外光谱仪和傅里叶变换红外光谱仪。

二、傅里叶变换红外光谱仪

傅里叶变换红外光谱仪（fourier transformation infrared spectrometer FTIS）是通过测量干涉图和对于干涉图进行傅里叶变换的方法来获得红外光谱。红外光的强度与形成该束光的两束相干光的光程差之间的关系符合傅里叶函数关系。迈克逊干涉仪是傅里叶变换红外光谱仪的核心。通过迈克逊干涉仪发生光的干涉过程，在不同光程差处测量混合的红外光的干涉图，经过傅里叶变换得到常见的红外光谱图。

1. 迈克逊干涉仪

FTIR 的核心部分是迈克逊干涉仪，图 2-14 所示为其光学示意图和工作原理。图中 M1 和 M2 为两块平面镜，它们相互垂直放置，M1 固定不动，M2 则可沿图示方向做微小的运动，称为动镜。在 M1 和 M2 之间放置一呈 45°角的半透膜光束分裂器 BS（beam-splitter），可使 50% 的入射光透过，其余部分被反射。当光源发出的入射光进入干涉仪后就被光束分

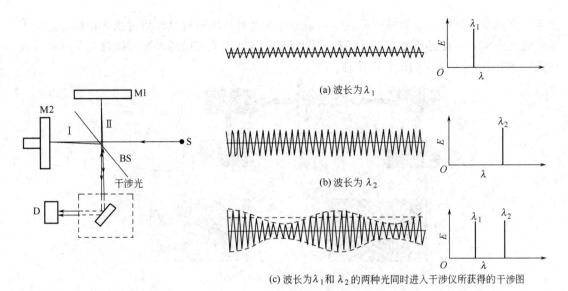

图 2-14　迈克逊干涉仪的光学示意

M1—固定镜；M2—动镜；S—光源；
D—探测器；BS—光束分裂器

(a) 波长为 λ_1

(b) 波长为 λ_2

(c) 波长为 λ_1 和 λ_2 的两种光同时进入干涉仪所获得的干涉图

图 2-15　由干涉仪获得的单色光的干涉图

裂器分成两束光，即透射光 I 和反射光 II，其中透射光 I 穿过 BS 被动镜 M2 反射，沿原路返回到 BS 并被反射到探测器 D，反射光 II 则由固定镜 M1 沿原路反射回来通过 BS 到达 D。这样，在探测器 D 上所得到的 I 光和 II 光是相干光。如果进入干涉仪的波长为 λ_1 的单色光，开始时，因 M1 和 M2 离 BS 距离相等（此时称 M2 处于零位），I 光和 II 光到达探测器时位相相同，发生相长干涉，亮度最大。当动镜 M2 移动入射光的 $1/4\lambda$ 距离时，则 I 光的光程变化为 $1/2\lambda$，在测量器上两光位相差为 $180°$，则发生相消干涉，亮度最小。当动镜 M1 移动 $1/4\lambda$ 的奇数倍，则 I 光和 II 光的光程差为 $\pm1/2\lambda$、$\pm3/2\lambda$、$\pm5/2\lambda$、…时（正负号表示动镜零位向两边的位移），都会发生这种相消干涉。同样，M2 位移 $1/4\lambda$ 的偶数倍时，即两光的光程差为 λ 的整数倍时，则都将发生相长干涉。而部分相消干涉则发生在上述两种之间。因此，当 M2 以匀速向 BS 移动时，亦即连续改变两束光的光程差时，就会得到如图 2-15（a）所示的干涉图。图 2-15（b）所示为另一入射光波长为 λ_2 的单色光所得干涉图。如果两种波长的光一起进入干涉仪所得到的两种单色光干涉图的加和图［见图 2-15（c）］。同样，当入射光为连续波长的多色光时，得到的则是具有中心极大并向两边迅速衰减的对称干涉图。这种多色光的干涉等于所有各单色光干涉图的加和。若在此干涉光束中放置能吸收红外光的试样，由于试样吸收了某些频率的能量，结果所得到的干涉图强度曲线函数就发生变化。由此技术所获得的干涉图是难以解释的，需要用电子计算机进行处理。已知干涉图，从数学观点讲是傅里叶变换，所以计算机的任务是进行傅里叶逆变换，以得到人们所熟悉的透过率随波数变化的红外光谱图。实际上干涉仪并没有把光按频率分开，而只是将各种频率的光信号经干涉作用调制为干涉图函数，再由计算机通过傅里叶逆变换计算出原来的光谱。

2. 傅里叶变换红外光谱仪结构及工作原理

傅里叶变换红外光谱仪（FTIR）由光学检测系统、计算机数据处理系统、计算机接口、电子线路系统组成。其中光学检测系统由迈克逊光源、干涉仪、检测器组成。光学系统控制线路的主要任务是把检测器要的信号经放大镜、滤波器等处理，然后经过样品室、检测器送到计算机接口，再经处理后送到计算机数据处理系统。计算机通过接口与光学测量系统电路相连，把测量得到的模拟信号转换成数据信号，在计算机内通过试样后得到含试样信息的干涉图进行采集，并经过快速傅里叶变换，得到吸收强度或透光度随频率或波数变化的红外光谱图，图 2-16 所示为 FTIR 工作原理。

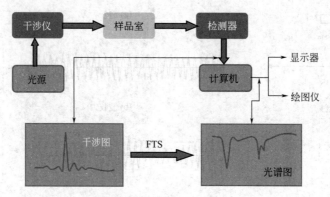

图 2-16　傅里叶变换红外光谱仪工作原理

傅里叶变换红外光谱仪不用狭缝和光的色散元件，消除了狭缝对光谱能量的限制，使光能的利用率大大提高。使仪器具有测量时间短、高通量、高信噪比、高分辨率的特性。与色散型仪器的扫描不同，傅里叶红外光谱仪能同时测量记录全波段光谱信息，使得在任何测量时间内都能够获得辐射源的所有频率的全部信息。这种傅里叶技术与光谱，如红外光谱、紫外光谱、荧光光谱和拉曼光谱相结合，成为光谱学的一个分支——傅里叶变换光谱学。

第六节　气相色谱分析仪

色谱分析法又称为色层法、层析法。它能对混合物进行全面分析，还能鉴定混合物是由哪些组分组成，并测出各组分在混合物中的含量。根据被分析试样状态的不同，可分气相色谱分析仪和液相色谱分析仪两种。目前，以气相色谱仪应用得最广，并且发展迅速。气相色谱分析仪具有以下特点。

① 分离效能高，能对物理化学性能极为接近的物质进行分离（如同分异构体），并分别进行定性或定量检测。

② 分析速度快，一个分析周期一般只需几分钟或几十分钟，并能连续分析几个组分。

③ 灵敏度高，可以分析样品中 10^{-6} 甚至 10^{-9} 杂质的含量。

④ 取样量少，气体只需几毫升，液体只需几微升。

气相色谱仪有试验室型和工业型两种，近年来已广泛应用于石油、化工、医药等行业中，并不断向单元组合自动程序控制以及与电子计算机联用、自动数据处理的方向发展，使得操作更简便、灵活、可靠。

一、基本知识

气相色谱分析法中，首先是设法把被分析样品中的不同组分分离开，这一分离过程是在色谱柱中完成的。

色谱柱由内径大于等于 0.25mm 的石英弹性毛细管柱和外径 ϕ3mm、ϕ6mm 的金属管或玻璃管填充柱组成，填充柱内装有一种惰性固体微粒，称为担体，担体表面涂有一层低挥发性有机化合物的液膜，称为固定液。毛细管柱则是将固定液直接涂在管内表面上。

被分析的样品在载气（具有恒定流量的气体称为流动相）的携带下进入色谱柱后，在气相中的各组分就要溶解到固定液中去，随着固定液中这些组分的增加，从固定液挥发到气相中去的该组分也逐渐增加，最后达到动态平衡。这种物质在气液两相之间发生的溶解和挥发的过程称为分配过程。平衡时，气液两相中某一组分的浓度比称为分配系数，以 K 表示，即

$$K = \frac{C_s}{C_m} \tag{2-4}$$

式中　C_s——固定相中某组分的浓度；

　　　C_m——移动相中某组分的浓度。

在恒定温度、压力条件下，分配系数 K 是一个常数。K 越大，则平衡后该组分在固定相中的浓度越大，在气相中的浓度越小；K 越小，则该组分在固定相中的浓度就越小，在气相中的浓度就越大。

当载气携带样品通过装有固定相的色谱柱时，由于样品各组分分配系数不同，经过多次反复分配后，分配系数较小的组分首先被载气带出色谱柱，分配系数大的组分则稍迟被载气带出色谱柱，于是样品中的各组分得到了分离，如图 2-17 所示。

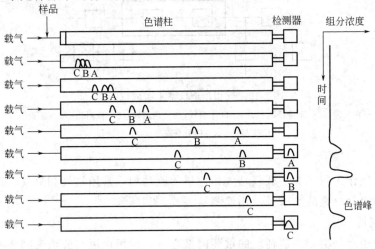

图 2-17　混合物在色谱柱中的分离

分离后的样品依次流出色谱柱，进入检测器，在检测器中各组分的浓度变化转换成电信号（毫伏或毫安），再用记录仪记录下来，便得到色谱图。在图上浓度随时间变化的曲线称为色谱流出曲线（即色谱峰），若样品中各组分被完全分离，则每个组分在色谱图上有一个完整的色谱峰。峰的面积或高度代表相应组分在样品中的含量。

二、气相色谱仪的组成及工艺流程

图 2-18 为以热导池作检测器的气相色谱仪流程示意图。载气由高压气瓶 1 供给，经减压阀 2 减压，由精密控制阀 3 调整压力和流量为所需值，再经过净化干燥管 4 净化脱水后，由压力表 5 检测压力的大小，然后进入热导池 6 的参比池，再经过色谱柱进行分离，最后通过热导池的测量池放空。色谱柱 8 后的流速，可用皂膜流量计 9 测定。当恒温箱 10 内温度恒定后，样品由进样器注入色谱柱。在载气携带下，不同的组分在色谱柱中得到分离而先后流出，当流出色谱柱的组分进入检测器时，测量桥路中产生一定的信号，用记录仪 11 记录

下来，于是就得到色谱图。

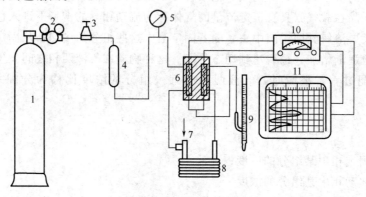

图 2-18　气相色谱仪流程示意图

1—高压气瓶（载气源）；2—减压阀；3—精密控制阀；4—净化干燥管；5—压力表；6—热导
池；7—进样管；8—色谱柱；9—皂膜流量计；10—恒温箱；11—记录仪

可以看出，组成一台气相色谱仪的必要部件有：载气源、流量控制器、进样装置、色谱
柱、检测器、流量计、恒温箱、信号衰减器及显示记录仪等。其组成框图如图 2-19 所示。

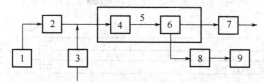

图 2-19　气相色谱仪基本组成框图

1—载气源；2—流量控制器；3—进样装置；4—色谱柱；5—恒温箱；6—检测器；
7—气体流量计；8—信号衰减器；9—记录仪

1. 载气源

一般用钢瓶气作为载气源。载气是气相色谱的流动相，常用氩气和氢气，用气种类选择
决定于对混合物组分分离的要求及所用检测器型式。

2. 流量控制器

载气流量的稳定是决定仪器精度的重要因素之一，常用稳压阀或稳流阀来控制，由流量
计指示流量大小。

3. 取样装置

试验室型色谱仪及工业色谱仪两者的取样装置不完全相同。对前者，当分析液体样品
时，可用注射器经过密封的橡皮膜盖手动注入，若为气体样品，则可用定量管，进样时由手
控多路切换阀来实现，对工业色谱仪，则由取样定量管定量，取样和进样皆由专用的程序控
制器自动控制。进样量的大小除决定于定量管及其与阀间连接管的体积外，还与气体压力及
温度有关，因而需对样品气的压力及温度加以控制。若样品是液体，则在进样后需经过汽化
室，汽化室温度比样品沸点高 $50\sim100℃$，使样品在进入色谱柱之前迅速汽化。

4. 色谱柱

色谱柱是气相色谱仪的心脏，它将载气带入的混合样品分离为单一组分，然后逐一送至
检测器测出各组分浓度。色谱柱分为填充式和毛细管式两大类，填充式应用较早，至今仍广
泛采用，毛细管色谱柱近年来发展很快，它所用的样品量很少，常配以高灵敏度的检测器。

色谱柱由管子和固定相组成。管子结构形状多样，常见的有 U 形和螺旋形；材料常用不锈钢管、玻璃管、铜管或其他金属管。内径一般在 3~6mm，长度为 2~6m。毛细管柱内径用十分之几毫米，长度为几十至百米以上。

固定相有固体固定相、液体固定相和二者混合的固定相。

（1）固体固定相　一般是固定的表面有吸附物质的作用，常用吸附剂有石墨化炭黑、分子筛、硅胶和多孔性高分子微球等。

（2）液体固定相（固定液）　主要是利用溶液溶解物质的性质，如液体石蜡、甘油、聚乙二醇等。固定液常用担体来支撑和扩大表面积，常用的担体有硅藻土型、四氟乙烯和玻璃球等。

5. 检测器

检测器把物质的组分浓度转换为电信号输出，有的还需经过放大器放大后由二次仪表显示记录。检测器种类很多，而且在不断地发展，常见的有热导检测器（TCD），火焰离子检测器（TID），63NI 电子捕获检测器（ECD），热离子检测器（TSD），火焰光度检测器（FPD）。各种检测管有自己的特点，适合于不同的分析要求和混合物质的组分情况。比如：热离子检测器 TSD 是对氮和磷敏感的选择性检测器。选择适当的检测器，才能充分发挥检测器的最佳灵敏度。

6. 供电及信号放大，记录处理装置

气相色谱仪检测器的供电要求稳定，例如用热导式检测器时，应有稳压电源供电。另一方面检测器输出的信号，常常是毫安或微安数量级甚至更小，如氢火焰检测器，因此必须先放大；当测量高浓度或反应灵敏的组分时，由于输出信号太大，以至超出二次仪表的测量范围，所以又需要适当地衰减才能输给记录仪和数据处理装置，记录仪最常用的是电子电位差计。

7. 恒温系统

为了保证仪器的工作稳定，要求保持色谱柱及某些检测器温度恒定，因此把这些温度敏感部件装入有保温结构的恒温箱中，由恒温控制器控制其温度恒定。

第七节　工业 pH 值酸度计

pH 计又称酸度计，是测量溶液酸碱度的仪表。工业 pH 计是能连续测量工业流程中水溶液的氢离子浓度的仪器。

一、pH 计的测量原理

1. pH 值测量方法

将待测溶液 pH 值的变化转变成原电池电动势的变化进行测量，使用电位测定法。

电位测定法的基本原理是在被测溶液中插入两个不同的电极，其中一个电极的电位随溶液氢离子浓度的改变而变化，称为工作电极（指示电极）；另一个电极具有固定的电位，称为参比电极（甘汞电极），这两个电极形成一个原电池，如图 2-20 所示，测定两电极间的电势就可知道检测溶液的 pH 值。

2. pH 计的组成及工作原理

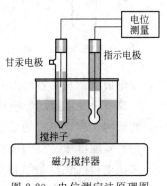

图 2-20　电位测定法原理图

工业 pH 计依据电位法测定溶液的 pH 值。其组成由发送部分和检测部分。如图 2-21 所示。

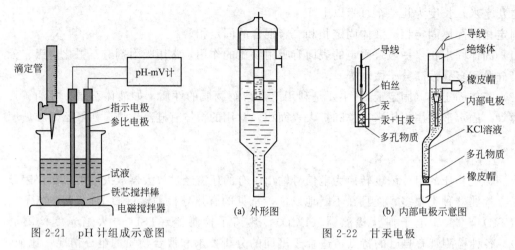

图 2-21　pH 计组成示意图

图 2-22　甘汞电极

(a) 外形图　　　(b) 内部电极示意图

玻璃电极和甘汞电极同时插在被测溶液时，就构成了一个简单的 pH 发送器。其实质是一个原电池。

工业 pH 计的检测部分早期一般用电子电位差计即可，目前使用数字式的监测控制仪。

二、电极的结构

1. 参比电极

常用的参比电极有甘汞电极和银-氯化银电极。

(1) 甘汞电极　要满足的三个条件：可逆性；重现性；稳定性。标准氢电极基准，电位值为零（任何温度）。如图 2-22 所示。

(2) 银-氯化银电极

银丝镀上一层 AgCl 沉淀，浸在一定浓度的 KCl 溶液中即构成了银-氯化银电极。如图 2-23 所示。

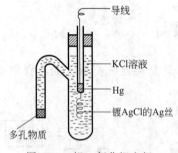

图 2-23　银—氯化银电极

2. 工作电极

pH 计的工作电极有玻璃电极、氢醌电极和锑电极等。工业上常用的是玻璃电极，锑电极主要用于测量半固体、胶状物及水油混合物中的 pH 值。

(1) 玻璃电极

其中图 2-24 为 pH 玻璃电极的结构图，图 2-25 为 231 型 pH 玻璃电极的实物图。当玻璃电极插入被测试样时，在 pH 敏感玻璃膜内部溶液（参比溶液）和被测溶液之间建立起氢离子的平衡状态，对于给定的玻璃电极，H＋是一个常数，则电极电位只与被测溶液氢离子浓度有函数关系。

玻璃电极受温度的影响较大，必须把温度补偿电阻接入测量电路，以补偿温度对 pH 值测量的影响。玻璃电极的正常工作温度在 2～55℃之间。

(2) 氢醌电极　将铂极片浸于饱和醌-氢醌溶液中，即形成氢醌电极。

氢醌电极的优点是结构简单，内阻低，电位稳定快，反应速度快。如果 pH 值超过 8，呈弱酸的氢醌开始离解或者被氢化成醌，破坏了电位平衡。另外，其他能与醌结合的物质都

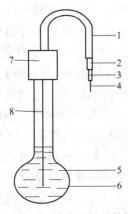

图 2-24　pH 玻璃电极的结构图

图 2-25　231 型 pH 玻璃电极的实物图

1—外套管；2—网状金属屏；3—绝缘体；

4—导线；5—内参比溶液；6—玻璃膜；

7—电极帽；8—银—氯化银内参比电极

会影响 pH 值的测定，如蛋白质、硼酸盐、胶体悬浮液等。

（3）锑电极　是一种金属—金属氧化物电极。其电极电位产生于金属与覆盖其表面上的氧化物的界面上。锑电极的结构也比较简单，操作使用简单，坚固耐用，其"标准"电位不稳定，适用于固体等混合物中的 pH 值的测量，也适用于环境条件恶劣的场合。还有其他金属氧化物电极也可做 pH 值的测量，如铋电极。

目前多数使用一种叫复合电极，即将玻璃电极与参比电极结合成单一的探头电极，具有玻璃电极与参比电极的组合功能，使测量更加方便、准确、可靠。

三、pHG-2026B 型工业 pH 计

工业 pH 计是用于连续自动分析、测量工业流程中水溶液的酸碱度的仪器。目前产品分为笔式、便携式、台式三类。图 2-26 和图 2-27 是工业酸度计的实物图。下面以 pHG-2026B 型工业 pH 计为例进行简单介绍。

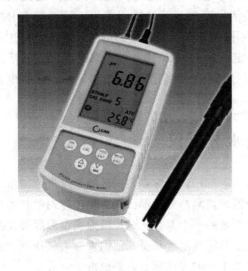

图 2-26　pH200 便携式的

图 2-27　pH500 台式的工业酸度计

1. pHG-2026B 型工业 pH 计的组成

pHG-2026B 型、2026BF 型 pH/ORP 监测控制仪是带微处理器的水质在线监测仪。由电子单元检测部分和 pH 电极发送部分组成。图 2-28 是 pHG-2026B 型工业 pH 计电子部分的实物图。该仪表配置不同类型的优质 pH 电极，广泛用于电厂、石油化工、冶金电子、环保水处理、生物发酵、医药食品及饮料等行业，对水溶液的酸碱度（pH 值或 ORP 值）进行连续监测。仪表具有的功能：LCD 液晶屏显示；智能型、中文菜单；电流隔离输出；测量范围自由设定，高低超限报警指示和两组继电器控制，迟滞量可调；自动温度补偿；自动标定；通讯接口，联网可远程控制。

图 2-28 pHG-2026B 型工业 pH 计
电子部分实物图

2. 工作原理

电位测量仪器分为两种类型，直接电位法测量仪器和电位滴定法测量仪器。电位滴定法测量仪器又分为手动滴定法和自动滴定法。图 2-29 是自动滴定法仪器的工作原理图。使用前，预先设置化学计量点电位值 E，滴定过程中，被测离子浓度由电极转变为电信号，经过调制放大器放大后，一方面送电表指示出来或由记录仪表记录下来。另一方面由取样回路取出电位与设定的电位值 E 比较。其差值 ΔE 送到电位-时间转换器（E-t）作为控制信号。

E-t 转换器是一个脉冲电压发生器，它的作用是产生开通和关闭两种

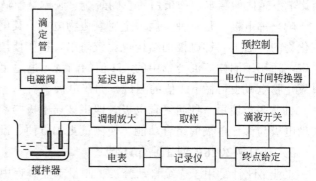

图 2-29 自动滴定法仪器工作原理图

状态的脉冲电压，当 $\Delta E > 0$ 时，E-t 转换器输出脉冲电压加到电磁阀线圈两端，电磁阀开启，滴定正常进行。当 $\Delta E = 0$ 时，电磁阀自动关闭。滴液开关的作用是用于设置滴定时电位由低到高，再经过化学计量点，由高到低两种不同的情况。延迟电路的作用是滴定到达终点时，电磁阀关闭，但不马上自锁，而是延长一定的时间（如 10s），这段时间内，若溶液电位有返回现象，使 $\Delta E > 0$，电磁阀还可以自动打开补加滴定液。在 10s 后，即使有电位返回现象，电磁阀也不再开。

第八节　微量水分析仪

在工农业生产、气象、环保、国防、科研、航天等部门，经常需要对环境湿度进行测量及控制。对环境温、湿度的控制以及对工业材料水分值的监测与分析都已成为比较普遍的技术条件之一，但在常规的环境参数中，湿度是最难准确测量的一个参数。这是因为测量湿度要比测量温度复杂得多，温度是个独立的被测量，而微量水分析及湿度却受其他因素（大气压强、温度）的影响。此外，湿度的校准也是一个难题。国外生产的湿度标定设备价格十分昂贵。

一、基本知识

1. 湿度的定义

物质的湿度就是物质中水分的含量。存在于物质中的水分，可能是液态的，也可能是蒸汽状态的，习惯上，将固体中的水分含量称为含水量（或称水分），用固体物质中的水分质量与总质量之比的百分数来表示。

2. 表示方法

表示物质湿度的方法很多，常用的有绝对湿度、水蒸气分压、露点温度和相对湿度等四个概念。

① 绝对湿度。是在一定温度及压力条件下，每单位体积混合气体中所含水蒸气的质量，单位为 g/m^3。

② 水蒸气分压。指当气体压力一定时，水蒸气所具有的分压力，单位为 Pa。

③ 露点温度。指水蒸气量达到饱和时的温度，记作 t_D（℃）。在一定温度下，气体中所能容纳的水蒸气量是有限的，超过这个限度就会凝结成液体露滴。温度越高，气体中所能容纳的最大水蒸气量（称为该温度下的饱和水蒸气量）也越大。

④ 相对湿度。指某一待测蒸汽压与相同温度下饱和蒸汽压的比值的百分数。用公式表示

$$\varphi = \frac{p}{p_s} \tag{2-5}$$

式中　φ——相对湿度；

p——气体中水蒸气分压；

p_s——在相同温度下饱和水蒸气压。

3. 测量方法

常见的湿度测量方法有：动态法（双压法、双温法、分流法）；静态法（饱和盐法、硫酸法）；露点法；干湿球法和电子式传感器法。

① 双压法、双温法是基于热力学 P、V、T 平衡原理，平衡时间较长。分流法是基于绝对湿气和绝对干空气的精确混合。由于采用了现代测控手段，这些设备可以做得相当精密，却因设备复杂，昂贵，运作费时费工，主要作为标准计量之用，其测量精度可达 ±2%RH 以上。

② 静态法中的饱和盐法，是湿度测量中最常见的方法，简单易行。但饱和盐法对液、气两相的平衡要求很严，对环境温度的稳定要求较高。用起来要求等很长时间去平衡，低湿点要求更长。特别在室内湿度和瓶内湿度差值较大时，每次开启都需要平衡 6～8 小时。

③ 露点法是测量湿空气达到饱和时的温度，是热力学的直接结果，准确度高，测量范围宽。计量用的精密露点仪准确度可达 ±0.2℃甚至更高。但用现代光—电原理的冷镜式露点仪价格昂贵，常和标准湿度发生器配套使用。

④ 干湿球法是 18 世纪就发明的测湿方法。历史悠久，使用最普遍。干湿球法是一种间接方法，它用干湿球方程换算出湿度值，而此方程是有条件的：即在湿球附近的风速必须达到 2.5m/s 以上。普通用的干湿球温度计将此条件简化了，所以其准确度只有 5%～7%RH，干湿球也不属于静态法，不要简单地认为只要提高两支温度计的测量精度就等于提高了湿度计的测量精度。

⑤ 电子式湿度传感器法。电子式湿度传感器产品及湿度测量属于 20 世纪 90 年代兴起的行业，近年来，国内外在湿度传感器研发领域取得了长足进步。湿敏传感器正从简单的湿敏元件向集成化、智能化、多参数检测的方向迅速发展，为开发新一代湿度测控系统创造了

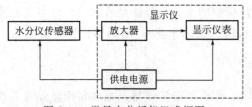

图 2-30　微量水分析仪组成框图

有利条件，也将湿度测量技术提高到新的水平。

二、微量水分析仪

微量水分析仪及电子式湿度传感器在氮、氢、氧、臭氧、氦、氩、氙、乙炔、二氧化碳、氯、甲烷、氟、氟化氢、二氧化硫、硫化氢、天然气和许多其他气体中得到广泛应用。近年来，新一代传感器在电极和 P_2O_5 涂层工艺方面的进展，使之在强腐蚀性气体中的应用成为可能，现已成功地应用在化工生产中。

微量水分析仪由水分仪传感器和显示仪两大部分组成，组成框图如图 2-30 所示。通常情况下，水分仪传感器是独立存在的，而放大器、供电电源和显示仪表是组装在固定机壳中形成显示仪部分，根据需要，显示仪可以便携，也可以固定安装。

1. 水分仪传感器

水分仪传感器通常是由壳体和两个测量电极组成。根据分析气体的性质和压力不同，壳体可选用不锈钢、镍、玻璃等材质做成。两个测量电极分别由圆柱形玻璃体和玻璃体上平行绕制的两根铂丝（或铑丝）组成。两个测量电极之间有磷酸（H_3PO_4）的均匀涂层，当电极通电时，发生电解，含在酸中的水被电离成氢和氧。同时电解过程中在电极之间出现磷酸氧化物（P_2O_5），P_2O_5 是一种高吸湿物质，能够极强地吸收样气中的水分再形成稀磷酸。由于稀磷酸本身是一种强电解质，这样就会出现两个过程，一个是样气中的微量水分被 P_2O_5 吸收形成稀磷酸，另一个是酸中含的水被电解形成 P_2O_5，当水的连续分离达到平衡时，吸收气体中的微量水电解所产生的电流强度与气体中微量水的含量成正比关系，这就是微量水分析仪的测量原理。

2. 显示仪

显示仪的作用是将电解电流进行转换处理以数字量的形式显示湿度值，同时还可以输出 4～20mA DC 的远传信号。

三、特点与注意事项

1. 特点

① 安装方便。微量水分析仪的显示仪部分可以放置在桌面上，可以便携，可以安装在墙壁上，也可以安装在仪表机架上。

② 适应气体广。除了与磷酸起反应的物质外，其他气体中的微量水均可测量。最典型的应用范围是：惰性气体、碳氢化合物、腐蚀性气体，如氯、氯化氢、二氧化硫等。

③ 操作简单、维护量非常小。仪器不用定期标定，直接测量即可。

④ 传感器可以再生，因此仪器寿命长。当电极被污染之后，操作人员可以按规定要求直接对电极进行再生处理，即可重新使用。

2. 注意事项

① 被分析气样的压力在进入传感器之前，应根据传感器的材质进行调整。

② 为防止杂质进入传感器，应在传感器入口设置过滤器。

③ 被分析气样含油量过大时，易使传感器失去作用，应先进行处理后再检测。

第九节　有害气体报警器

有害气体报警器是用来自动检测生产过程中可燃或有毒气体含量的分析仪器。当被监测的环境中有害气体达到预定的安全限度时，仪器在显示的同时，驱动报警系统发出报警信号。

一、有害气体检测报警器的分类

1. 按使用方法分类

（1）便携式有害气体检测报警仪　仪器将传感器、测量电路、显示器、报警器、充电电池、抽气泵等组装在一个壳体内，成为一体式仪器，小巧轻便，便于携带，泵吸式采样，可随时随地进行检测。

袖珍式仪器是便携式仪器的一种，一般无抽气泵，扩散式采样，干电池供电，价格比较低廉。

（2）固定式有害气体检测报警仪　这类仪器固定在现场，连续自动检测相应有害气体（蒸气），有害气体超限自动报警，有的还可自动控制排风机等。固定式仪器分为一体式和分体式两种。

一体式固定有害气体检测报警仪：与便携式仪器一样，不同的是安装在现场，220V 交流供电，连续自动检测报警，多为扩散式采样。

分体式固定有害气体检测报警仪：传感器和信号变送电路组装在一个防爆壳体内，俗称探头，安装在现场（危险场所）；第二部分包括数据处理、二次显示、报警控制和电源，组装成控制器，俗称二次仪表，安装在控制室（安全场所）。探头扩散式采样检测，二次仪表显示报警。

2. 按被测对象及传感器原理分类

（1）可燃气体检测报警仪（简称测爆仪，一种仪器可检测多种可燃气体）

① 催化燃烧式可燃气体检测报警仪，检测各种可燃气体或蒸气。

② 红外式可燃气体检测报警仪，检测各种可燃气体（根据滤光技术而定）。

③ 半导体式可燃气体检测报警仪，检测多种可燃气体。

④ 热导式可燃气体检测报警仪，检测其热导与空气差别较大的氢气等。

（2）有毒气体检测报警仪（简称测毒仪，一种仪器检测一种有毒气体）

① 电化学式有毒气体检测报警仪，检测 CO、H_2S、NO、NO_2、Cl_2、HCN、NH_3、PH_3 及多种有毒有机化合物。

② 光电离式（PID）有毒气体检测报警仪，检测离子化电位小于 11.7eV 的有机和无机化合物。

③ 红外式有毒气体检测报警器，检测 CO、CO_2 等。

④ 半导体式有毒气体检测报警器，检测 CO 等。

二、有害气体报警器的结构

有害气体报警器主要由采样器、检测元件、放大电路、报警系统、显示器和电源等部分组成，组成结构图，如图 2-31 所示。

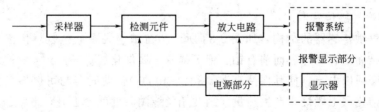

图 2-31　有害气体报警器的结构图

检测器也叫传感器，是报警器的最关键部件，它是由敏感元件和测量电路组成。敏感元件多为电阻式，将被测成分的含量变化转变为电阻的阻值变化。测量电路通常是一个电桥，将敏感元件的阻值转变为不平衡电压对外输出，输出的不平衡电压与被测气体的含量成对应关系。下面将重点介绍一些常见的应用较为广泛的检测器。

三、常用检测器

1. 气敏传感器

气敏传感器是一种把气体中特定成分的含量转换成电信号的器件。根据电信号的强弱，就可以获得待测气体在环境中存在状况的有关信息，并依此可以进行检测、监控、报警，还可以通过接口电路与电子计算机或者微处理机组成自动检测、控制和报警系统。

常见的气敏传感器多为半导体式，其结构原理，如图 2-32 (a)、(b) 所示。它由塑料底座、电极引线、气敏元件（烧结体）、双层不锈钢网（防爆用）以及包裹在烧结体中的两组铂丝组成。其中，一组铂丝作为工作电极，另一组为加热电极兼工作电极。

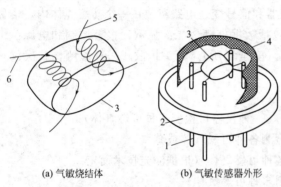

(a) 气敏烧结体　　(b) 气敏传感器外形

图 2-32　气敏传感器结构原理图

1—端子；2—塑料底座；3—烧结体；4—不锈钢网；

5—加热电极；6—工作电极

气敏元件的工作原理十分复杂，涉及材料的结构、化学吸附及化学反应，又分面电导变化及体电导变化等不同解释模式。在高温下，当 N 型半导体气敏元件吸附上还原性气体（如氢、一氧化碳、碳氢化合物和酒精等）后，气敏元件的电阻值将减小；若吸附氧化性气体（如氧或 NO 等）后，气敏元件的电阻值将增加。P 型半导体气敏元件情况相反，氧化性气体使其电阻值减小，还原性气体使其电阻值增加。

气敏元件工作时必须加热，以加速被测气体吸附或脱出，还可以烧去气敏元件表面上的油垢或污垢物，起清洗作用。加热温度与元件输出灵敏度有关，一般为 $200\sim400℃$。气敏元件被加热到稳定状态后，被测气体接触元件表面而被吸附，元件电阻值会产生较大变化。由于半导体气敏传感器是以被测气体和半导体表面或气体间的可逆反应为基础，所以能够反复使用。

半导体式气敏传感器的品种很多，其中金属氧化物半导体材料制成的数量最多，特性及用途也各异。金属氧化物半导体材料主要有 SnO_2 系列、ZnO 系列及 Fe_2O_3 系列，由于它们的添加物质不同，所以能够检测不同成分的气体，主要用于检测低浓度的可燃性气体及毒性气体，如 CO、H_2S、Cl_2 及乙醇、甲烷、丙烷、丁烷等碳氢系气体，其测量范围为 $10^{-3}\sim10^{-6}$ 量级。

2. 接触燃烧气敏传感器

接触燃烧气敏传感器的结构，如图 2-33 所示。在铂丝线圈上包以氧化铝和黏合剂形成球状，再经烧结而成，其外表面覆有铂、钯等稀有金属催化层。

对铂丝线圈通以电流，使其保持高温（$300\sim400℃$），此时若与可燃性气体接触，可燃性气体就会在催化层上燃烧，产生热量，因此铂丝线圈温度就会上升，电阻值随之上升。测量电阻变化，就可以知道可燃气体浓度。

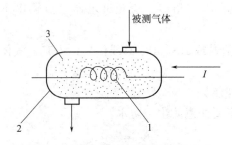

图 2-33　接触燃烧气敏传感器的结构

1—铂丝线圈；2—氧化物；3—催化剂

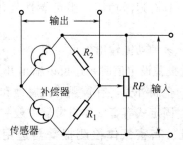

图 2-34　接触燃烧气敏传感器的测量电桥

图 2-34 所示为接触燃烧气敏传感器的测量电桥。在电桥中接一个补偿器，起到平衡作用（补偿器与传感器结构相同，只是没有催化层）。当空气中有一定浓度的可燃性气体，气敏传感器由于燃烧而阻值上升，电桥失去平衡，输出不平衡电压，实现检测作用。

3. 温差火灾报警传感器

温差火灾报警传感器的结构原理图，如图 2-35 所示，它由两个温度传感器组成，一个温度传感器安装在金属板上，利用金属板来检测异常温度；另一个温度传感器安装在塑料壳体内，用来检测正常室温。在无火情时，两温度传感器的温度相同，输出的电压基本相等，无报警信号输出。当有火情时，安装在金属板上的温度传感器受热而温度升高较快，而安装在塑料壳体内的温度传感器温度上升很慢，则输出一个温度差的电压信号。当温差电压达到一定值时，就会发出报警信号。

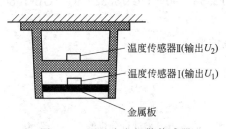

图 2-35　温差火灾报警传感器

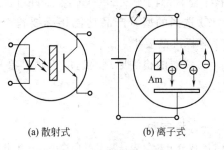

(a) 散射式　　　(b) 离子式

图 2-36　烟雾传感器

4. 烟雾传感器

烟雾传感器是根据烟雾的有无来输出信号的位式传感器，通常有两种类型。

（1）散射式　在发光管和光敏元件之间设置遮光屏，无烟雾时接收不到光信号，有烟雾时借微粒的散射光使光敏元件发出电信号。这种传感器的灵敏度与烟雾种类无关。其原理示意如图 2-36 （a）所示。

（2）离子式　用放射性同位素镅 241Am 放射出微量的 α 射线，使附近空气电离，当平行平板电极间有直流电压时，产生离子电流。有烟雾时，微粒将离子吸附，而且粒子本身也吸收 α 射线，其结果是离子电流减少。若再设置一个密封有纯净空气的离子室作为参比对象，将两者的离子电流比较，就可以清除外界干扰，得到可靠的检测结果。这种传感器的灵敏度与烟雾种类有关。其原理如图 2-36 （b）所示。

四、有害气体报警器特点

① 采用专用的电化学传感器，可靠性高、重复性好、稳定性好且使用寿命长。

② 具有迟滞功能，当可燃性气体浓度接近报警设定值时，避免继电器触点输出不断变化。

③ 多种功能输出，可输出 4～20mA DC 标准信号或 RS—485 总线信号；当有害气体浓度超过报警设定值时，还可以输出开关报警信号。

④ 金属外壳，有较强的抗腐蚀和抗电磁干扰性能。

⑤ 固定式有害气体报警器一般装在现场，一定要注意防尘、防水。

五、有害气体检测报警器选用原则

(1) 明确检测目的，选择仪器类别　简而言之，有害气体的检测有两个目的，第一是测爆，第二是测毒。所谓测爆是检测危险场所可燃气含量，超标报警，以避免爆炸事故的发生；测毒是检测危险场所有毒气体含量，超标报警，以避免工作人员中毒。测爆的范围是 0～100％LEL，测毒的范围是零至几十（或几百）ppm，两者相差很大。危险场所有害气体有三种情况：第一、无毒（或低毒）可燃；第二、不燃有毒，第三、可燃有毒。前两种情况容易确定，第一测爆，第二测毒，第三种情况如果有人员暴露测毒，如无人员暴露可测爆。测爆选择可燃气体检测报警仪，测毒选择有毒气体检测报警仪。

(2) 明确检测用途选择仪器种类（便携式或固定式）　生产或贮存岗位长期运行的泄漏检测选用固定式检测报警仪；其他像检修检测、应急检测、进入检测和巡回检测等选用便携式（或袖珍式）仪器。仪器型号包含了生产厂家、功能指标和检测原理三项主要内容。

(3) 明确检测对象，择优选择仪器型号　选择仪器型号时要考虑以下几点原则。

① 生产厂家讲诚信、信誉好、生产的质量有保证，通过了 ISO9002 质量体系认证，具有技术监督部门颁发的 CMC 生产许可证，具有消防、防爆合格证。

② 选择的型号产品功能指标要符合国标 GB 12358—90，GB 15322—94，GB 16808—1997 等标准的要求。

③ 仪器的检测原理要适应检测对象和检测环境的要求。

习　　题

一、填空题

1. 成分分析仪表是基于混合物中某一组分区别于其他组分的（　　）来进行分析的。

2. 分析部分是仪器的（　　），其中包括（　　）元件。

3. 氧化锆分析仪由（　　）和（　　）两部分组成。

4. 组成氧化锆探头的主要部件是（　　），另外还有（　　）、（　　）和温度控制装置等附加部分。

5. 氧化锆分析仪是依据电解质（　　）的原理来实现氧含量测量的。

6. 原子吸收光谱又称为（　　）。

7. 通常所说的红外光谱是指（　　）。

8. 根据被分析试样（　　），色谱分析仪可分气相色谱分析仪和液相色谱分析仪。

9. 物质的湿度就是物质中（　　）的含量，这种存在于物质中的水分，可能是（　　），也可能是（　　）。

10. 工业 pH 计依据（　　）测定溶液的 pH 值。其组成由（　　）部分和（　　）部分。

11. pH 计的工作电极有（　　）、（　　）和（　　）等

12. 有害气体报警器是用来自动检测生产环境中（　　）或（　　）的分析仪器。

13. 有害气体报警器主要由采样器、（　　）、（　　）、（　　）、显示器和电源等部分组成。

14. 有害气体报警器可输出（　　）标准信号或（　　）总线信号。当有害气体浓度超过报警设定值

时，还可以输出（　　　）报警信号。

15. 检测器也叫（　　　），是报警器的最关键部件，它是由（　　　）和（　　　）组成。

二、选择题

1. 分析部分的作用是将被分析物质成分的变化，转换成某种（　　　）的变化。

 A. 压力信号 B. 气信号 C. 电信号 D. 温度信号

2. 预处理装置是将样品加以适当处理，使其符合（　　　）的要求。

 A. 输入 B. 指示 C. 控制 D. 分析器

3. 热导式分析器是一种最早的（　　　）气体分析器。

 A. 化学式 B. 氢 C. 物理式 D. 氧

4. 原子吸收光谱分析法的优点有（　　　）。

 A. 检出限低 B. 可同时测定多种元素 C. 精度低 D. 应用范围窄

5. 色谱柱是气相色谱仪的（　　　）。

 A. 重要组成部分 B. 心脏 C. 核心 D. 分离部分

三、简答题

1. 工业自动成分分析仪表由哪几部分组成？

2. 热导式气体分析器的使用条件是什么？

3. 原子吸收分光光度计由哪几部分组成？

4. 试述傅里叶变换红外光谱仪的工作原理。

5. 气相色谱分析仪由哪几部分组成？其工艺流程是什么？

6. 氧化锆分析仪有哪些优点？

7. 探头中的陶瓷过滤器具有哪两个作用？

8. 简述氧化锆电解质浓差电池的电动势是如何产生的。

9. 简述微量水分析仪的结构和原理。

10. 微量水分析仪的特点是什么？

11. 湿度如何表示？有哪些测量方法？

12. 有害气体报警器有何特点？

13. 常见有害气体检测器有哪几种类型？简述其工作原理和特点。

第三章　自动控制仪表

生产过程自动化是现代生产技术发展的方向之一，而实现生产过程自动化，一定要具有实现自动化的各种技术工具——各种类型的仪表。在第一章和第二章中已经介绍过一些测量变送仪表和成分分析仪表，本章重点介绍控制仪表。

控制仪表的类型比较多，下面介绍三种主要分类方法。

1. 按控制仪表的能源来分

（1）气动控制仪表　以压缩空气作为能源的仪表，国产气动仪表，气源压力为140kPa。

（2）电动控制仪表　以电能作为能源的仪表。广泛应用于石油、化工工业中。

（3）液动控制仪表　利用液压（油压）作为能源的仪表。广泛应用于冶金、动力、国防工业部门，化工上用得不多。

2. 按控制仪表的控制规律来分

工业用的控制器是由比例、积分、微分三种控制作用经不同组合而构成的，即有比例控制器、比例积分控制器、比例微分控制器及比例积分微分控制器。

3. 按仪表的组合形式来分

（1）基地式仪表　其特点在于仪表的所有部分之间以不可分离的机械结构相连接，把变送、控制、显示等部分组合在一起，装在一个表壳内形成一个整体，利用一台仪表就能完成一个简单的自动控制系统的测量、记录、控制等全部功能。随着工业生产不断发展，生产规模的日益扩大，要求对生产工艺过程进行集中控制，实现生产过程的综合自动化，以便更好地监视和控制整个生产过程，基地式调节仪表不能适应这一要求。

（2）单元组合仪表　其特点在于仪表由各种独立的，相互间采用统一的标准联络信号的单元组合而成。根据不同的要求，可把各单元任意组合成各种简单的或复杂的自动系统。下面以电动单元为例将单元组合仪表的概况做一介绍。

第一节　控制器原理及面板功能介绍

各种控制规律都是通过控制器的不同设计来实现的。有电动控制器和气动控制器之分，电动控制器是目前应用广泛的一大类控制器，随着电子技术的发展、化工生产技术的提高，电动控制器的种类越来越多，功能也越来越多。

DDZ-Ⅲ型控制器单元品种很多，有基型控制器，有与计算机控制联用的控制器，还有为满足各种复杂控制系统要求的特种控制器，DDZ-Ⅲ型控制器中还设有各种附加机构，如偏差报警、输入报警、限制器、隔离器、分离器、报警灯等。

总之，Ⅲ型控制器便于组成各种控制系统，达到模拟控制器较完善的程度，充分满足各生产过程控制的需要。

尽管DDZ-Ⅲ型控制器品种规格颇多，但它们都是围绕基型控制器发展起来的，因此基型控制器是Ⅲ型控制器中用得最多、具有代表性的仪表，本节只介绍基型控制器。

一、基型控制器的原理

图 3-1 是基型控制器的原理框图，由控制单元和指示单元两部分组成。控制单元包括输入电路、比例积分微分（PID）电路、手动电路、保持电路。指示单元有两种，因此基型控制器也分两种，即全刻度指示控制器和偏差指示控制器。

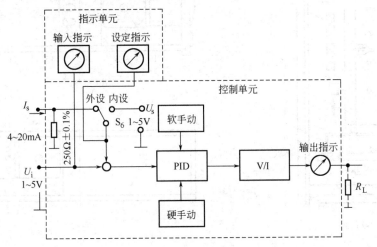

图 3-1　基型控制器原理框图

控制器的输入信号为 1～5V 的测量信号。设定信号有内设定和外设定两种。内设定信号为 1～5V，外设定信号为 4～20mA。

测量信号和设定信号通过输入电路进行减法运算，输出偏差到比例积分微分电路进行比例积分微分运算后，由输出电路转换为 4～20mA 信号输出。

手动电路和保持电路附于比例积分微分电路之中，手动电路可实现软手动和硬手动两种操作，当处于软手动状态时，用手指按下软手动操作键，使控制器输出积分式上升或下降，当手指离开操作键时，控制器的输出值保持在手指离开前瞬间的数值上，当控制器处于硬手动状态时，移动硬手动操作杆，能使控制器的输出快速改变到需要的数值，只要操作杆不动，就保持这一数值不变。

由于有保持电路，使自动⇆软手动，硬手动→软手动的切换，都是无平衡无扰动切换。只有软手动和自动→硬手动的切换需要事先平衡才能实现无扰动切换。

如果是全刻度指示控制器，测量信号的指示电路和设定信号的指示电路分别把 1～5V 电压信号转换成 1～5mA 电流信号用双针指示器分别指示测量信号和设定信号。

当控制器出现故障需要把控制器从壳体中取出检查时，可以把便携式手动操作器插入手动操作插孔，以实现手动操作。

图 3-1 中的 4～20mA 输出信号通过 250Ω 精密电阻转化为 1～5V 电压反馈到控制器的输入端，使控制器形成了自闭系统，提高了控制器的运算精度（即闭环跟踪误差）。

二、DDZ-Ⅲ型控制器的外形结构图

图 3-2 是 DTC-3110 型刻度控制器的外形图，图中各组成部分作用如下。

① 自动/软手动/硬手动切换开关：用来选择控制器的工作状态。

② 双针垂直指示计：在 0～100% 的刻度上，黑针为设定信号指针，红针为测量信号指针。当测量信号与设定信号之偏差小于满度的 ±0.5% 时，测量指针隐藏在设定指针下面。

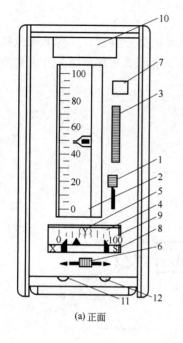 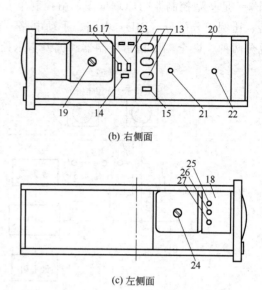

图 3-2 DTC-3110 型刻度控制器外形图

③ 内给定设定轮：内设定时改变设定值。

④ 输出指示针：又称阀位指示针，用以指示控制器输出信号的大小。

⑤ 硬手动操作杆：系统处于硬手动操作状态时，改变硬手动操作杆位置，控制器的输出信号则相应改变。

⑥ 软手动操作扳键：软手动操作时，向右或向左推动软手动扳键，控制器输出信号随时间按一定的速度增加或减少。当扳键处于中间位置时，控制器的输出信号与切换前的瞬时输出相等，并能长期保持下去，即使停电，保持特性也不变。

⑦ 外设定指示灯：控制器处于外设定时指示灯亮。

⑧ 阀门指示器：指示控制阀的关闭（X）和打开（S）方向。

⑨ 输出范围指示：表示阀门的安全开度或与输出限幅单元配合表示输出信号的上、下限。

⑩ 位号牌：用于标明位号，当控制器附有报警单元时，报警状态位号牌的报警灯亮。

⑪ 输入检查插孔：供便携式手动操作器或数字电压表检查输入信号用。

⑫ 手动输出插孔：当控制器需要维护或发生故障时，把便携式手动操作器的输出插塞插入，可以无扰动地转换到用便携式手动操作器控制。

⑬ 比例度、积分时间和微分时间设定盘：用来设定 P、I、D 参数。

⑭ 积分时间切换开关：当处于×1 或×10 时，乘上积分时间设定盘上读数为积分时间，当处于"断"时控制器切除积分作用。

⑮ 正反作用切换开关：控制器处于正向操作时，输出随着测量值的增大而增加，处于反向操作时，输出随着测量值的增大而减少。

⑯ 内外设定切换开关：供选择内设定信号和外设定信号。

⑰ 测量/标定切换开关：当处于"测量"时，双针垂直指示针分别指示输入信号和设定信号，全行程按 0～100％刻度；当处于"标定"时，输入和设定同时指示在 50％。

⑱ 指示单元：包括指示电路和内设定电路。

⑲ 设定指针调零：调整设定指针的机械零点。

⑳ 控制单元：包括输入电路，PID 运算电路和输出电路等。

㉑ 2％跟踪调整：当比例度为 2％时调整闭环跟踪精度。

㉒ 500％跟踪调整：当比例度为 500％时调整闭环跟踪精度。

㉓ 辅助单元：包括硬手动操作电路和各种切换开关。

㉔ 输入指针调零：调整输入指针的机械零点。

㉕ 输入指示量程控制：调整输入指示量程。

㉖ 设定指示量程控制：调整设定指示的量程。

㉗ 标定电压调整："标定"校验时，调整指示电路的输出信号。

三、DDZ-Ⅲ型控制器的操作

1. 通电前的检查及准备

① 通电前应检查电源端子是否短路以及电源极性是否正确。

② 根据工艺要求确定正/反作用开关的位置。

③ 按照控制阀的特性安放好阀位指示方向。

2. 手动操作启动

开车投运时，用软手动操作，即把自动/手动（R）/手动（Y）切换到手动（R）；用设定轮调整设定信号；使输入信号尽可能靠近设定信号。如果用硬手动操作，只需将切换开关切换到手动（Y），操作硬手动操作杆，调整输出，使输入信号尽可能靠近设定信号。

两种手动操作的差别在于软手动控制较精确，但有每 10h 1％的漂移，硬手动控制较粗，但适合于长时间操作。

3. 手动到自动的切换

当手动操作达平衡后，即输入信号与设定信号相一致，可以从手动切向自动，但需确定 P、I、D 三个参数。

P：给出最大或相当大的值（使比例作用最弱）；

I：给出最大或相当大的值（使积分作用最弱）；

D：给出最小或"断"（使微分作用最弱）。

然后把切换开关由手动切换到自动。

如果操作中需要从自动切换到手动，有两种情况：从自动到软手动（R）可以直接切换，从自动切换到硬手动（Y），必须先调整硬手动操作杆，使其与自动时的输出一致后，才能切换。

另外，两种手动之间切换也不同，从手动（R）到手动（Y）也要先平衡再切换，即手动（Y）操作杆与输出一致。从手动（Y）到手动（R）则可一步直接切换。

总之，凡是切换到手动（Y）都要先平衡，而其他切换都是一步直接切换。

4. 自动控制

自动控制主要是如何选定三个操纵变量 P、I、D，这个问题将在第五章讨论。

5. 内设定和外设定的切换

当需要将内设定无扰动地转到外设定时，先将自动切向手动（R），输出保持，然后把内设定切向外设定，调整外设定信号使其和切换前的内设定指示相等，最后转换到自动；当需要将外设定无扰动地切换到内设定时，同样也要先转换到保持，然后切向内设定，调整内设定值与外设定值相等，再把手动（R）转到自动。

技能训练 5：DDZ-Ⅲ型基型控制器的使用

一、实训目的与要求

① 通过校验进一步熟悉Ⅲ型控制器的外形结构及原理；

② 学习正确的使用方法；

③ 了解Ⅲ型控制器的主要技术性能测定方法。

二、实训设备

① DTL-3110 控制器　　　　　　　　　　一台

② 便携式 0～20mA DC 信号发生器　　　二台

③ 0～20mA DC，0.2 级电流表　　　　　二台

④ 精密电阻箱（或 250Ω±0.1％电阻）　二台

⑤ 数字电压表（五位数字 0.01 级）　　　一台

⑥ 秒表　　　　　　　　　　　　　　　一块

⑦ 电源箱（或 24V 稳压电源）　　　　　一台

⑧ 万用表　　　　　　　　　　　　　　一台

三、实训原理

　　Ⅲ型控制器的基型有两种：即全刻度指示控制器和偏差指示控制器。DTL-3110 是全刻度指示控制器。

　　每一台控制器在投运前或维修后必须进行校验。在校验时，先把控制器按图 3-3 和图 3-4 接线，然后用信号发生器的输出信号作为控制器的测量信号，当设定为零，测量信号作阶跃变化时，分别测出比例带、积分时间、微分时间的实际值，然后与标准值进行比较，计算出误差；如果超差，则需进行调整，直到各项技术指标都满足要求为止。

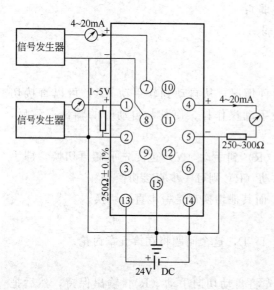

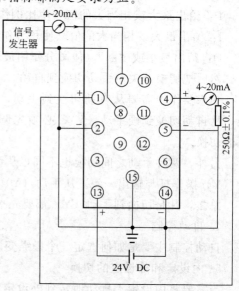

图 3-3　Ⅲ型控制器开环校验接线图　　　　　图 3-4　Ⅲ型控制器闭环校验接线图

四、实训内容

① 熟悉Ⅲ型控制器面板布置，主要可调旋钮及可动开关的用途，主要部件在电路板的位置。

② 检查控制器是否正常。

③ 开环校验。

④ 闭环校验。

五、实训步骤

1. 观察

在确认实验仪表、仪器设备及工具齐全后，观察控制器外形、面板布置。从表壳中小心拉出控制器机芯，当听见响声，控制器不能再往外拉时，可将底盘下定位销托起抽出整个控制器机芯进行观察。注意观察各主要部件及电路板安装位置、正反作用开关、测量/校正开关、内/外设定切换开关。观察后将仪表复原。

2. 测量、设定双针指示表的校验

① 控制器按开环校验接线图如图3-3所示，各切换开关置于"软手动"、"外设定"和"测量"位置。接通电源和测量、外设定信号后，预热30分钟。

② 当输入信号电流为4mA、12mA、20mA，即电压分别为1V、3V、5V时，测量指针应分别指在0%、50%和100%（±1%）。若误差超过±1%（即±40mV）时，应调整双针指示表头左侧的机械零点调整器和指示单元的量程电位器。

③ 当设定信号电流分别为4mA、12mA、20mA时，设定指针应指在0%、50%和100%（±1%）。误差超过±1%（即±40mV）时，应调整双针指示表头右侧的机械零点调整器和指示单元中的量程电位器。

④ 把测量/标定切换开关切到"标定"位置，这时测量指针和设定指针都应指在50%±1%。当误差超过±1%时，应调整指示单元中"标定电压调整器"，使标定电压为3V。调整完毕，重新把开关切到"测量"位置。

注意：读数时，眼、刻度、指针规定在同一水平面上，而不是半径方向上。

3. 手动操作特性和输出指示的校验

① 控制器仍按图3-3接线，并且将各开关置于"软手动"、"外设定"和"测量"位置。

② 当软手动操作扳键向右按时，输出均匀增加；向左按时，输出均匀减少。要注意按动扳键分轻按和重按两种，控制器输出相应有两种变化速度（即慢速和快速）：轻按（即慢速），输出变化速度为100s/满量程；重按（即快速），输出变化的速度为6s/满量程，当松开时，输出值应保持。把输出调节到100%，并使之处于保持状态，经1h后，检查保持特性是否满足每小时少于-0.1%。

③ 把输出调节到输出表的0%、50%和100%的刻度值，用精密电流表检查输出电流是否在4mA、12mA和20mA，绝对误差不应超过±0.4mA（即±2.5%之内）。若超差应调输出电流表（一般不允许轻易调整）。应注意：输出指示表的读数应垂直圆弧方向。

④ 把自动/软手动/硬手动切换开关置于硬手动位置，拨动硬手动操作杆，输出电流应能在4~20mA范围内变化。

把硬手动操作杆置于0%、50%、100%，输出电流应为4mA、12mA、20mA，绝对误差不应超过±0.8mA（即在±5%之内），当误差超过±5%时，取下辅助单元的盖板，调整辅助单元印刷电路板上的"零点调整"和"量程调整"。

4. 自动/软手动/硬手动切换特性校验

① 控制器按图 3-4 接线并在①②端接上数字电压表，正反作用开关置"反作用"位置，自动/软手动/硬手动切换开关拨到"自动"，设定方式置"外设定"，在闭环跟踪（2‰ 或 500‰）稳定下来后进行切换特性校验。

② 自动→软手动：把自动/软手动/硬手动切换开关从"自动"切向"软手动"，控制器输出值的变化量应小于±10mA（即±0.25‰）。

③ 软手动→自动：切换开关处在"软手动"位置，把积分时间旋至最大，这时从"软手动"向"自动"切换所引起的输出变化量同样应小于±10mA。

④ 软手动→硬手动：切换开关处于"软手动"位置，调整硬手动操作杆，使操作杆的位置与控制器输出电流表的指针重合。然后将切换开关从软手动切向硬手动，此时控制器的输出变化量应小于±10mA。

⑤ 硬手动→软手动：当切换开关从"硬手动"位置向"软手动"位置切换时，控制器的输出变化量应小于±10mA。

5. 闭环跟踪特性校验

① 控制器按闭环校验图如图 3-4 所示，将各开关位置置于"自动"、"反作用"、"外设定"、"测量"，微分时间置"关断"，积分时间旋到最小。

② 把比例带 P 放到 2‰，改变设定值分别为 1V、3V、5V，检查输出信号，看 250Ω 电阻上电压是否为 1V、3V、5V，绝对误差不得超过±20mV（即±0.5‰之内）。如果跟踪误差超过±0.5‰，应调整控制单元印刷板上的"2‰跟踪调整"电位器。

③ 把比例带调到 500‰，重复上述实验，检查跟踪精度。当跟踪误差超过±0.5‰ 时，应调整控制单元印刷板上的"500‰跟踪调整"电位器。要注意，这时因跟踪速度较慢，故测量和调整应等跟踪稳定后进行。

六、实训记录及注意事项

1. 实训注意事项

① 注意电源电压标称值，确保仪表设备和人身安全。

② 首次通电前（包括更改接线后）应报告老师。

③ 校验中发现不符合规定指标时应报告老师，不得自行动手调整。凡试验中未涉及的可调元件一律不得擅自调整。

④ 用螺丝刀调整仪表内电位器时，用力不得过大，防止损坏元件。

2. 实训记录

① 测量指针校验。

项目 \ 序号	1	2	3	4	5
刻度值/mA					
实际值/mA					
误差					

② 设定指针校验。

项目 \ 序号	1	2	3	4	5
刻度值/mA					
实际值/mA					
误差					

③ 硬手动操作特性校验。

项目　　　序号	1	2	3	4	5
刻度值/mA					
实际值/mA					
误差					

④ 手动/自动切换校验。

项目　　　切换	手₁/自	自/手₁	手₁/手₂	手₂/手₁
刻度值/mA				
实际值/mA				
误差				

注：手₁—软手动；手₂—硬手动。

⑤ 闭环跟踪校验。

比例带　　序号　项目	2%			500%		
	1	2	3	4	5	6
设定值/V						
输出值/V						
误差						

七、实训报告格式及内容

① 目的及要求。

② 试验装置连接图。

③ 数据处理及试验结果。

④ 实训中出现的现象及其分析。

八、问题与思考

① 无平衡、无扰动切换的控制器有何实际意义？

② 闭环跟踪为什么测量值会跟踪设定值？

第二节　控 制 规 律

控制单元是单元组合仪表中的一个很重要的单元，如图 3-1 所示的控制系统中，控制单元接受偏差信号，经某种运算（即控制规律）后发出控制信号，去改变操纵变量的大小，使被控变量回复到设定值。所以说控制单元在控制系统中的作用相当于人的大脑。

所谓控制器的控制规律，就是指当控制器接受了偏差信号后，它的输出信号的变化规律。

自动控制器是按照人们事先规定好的规律来动作的，控制器的工作原理和结构形式虽然不相同，但基本的控制规律却只有四种：双位控制、比例控制、积分控制、微分控制。实际应用中由这四种基本规律可以组合成多种形式，例如比例积分控制规律和比例积分微分控制规律等。

各种控制规律是为了适合不同的生产要求而设定的，因此，必须根据生产的要求选择合适的控制器和控制规律。

要选好合适的控制器和控制规律，首先必须了解常用控制规律的特点及适用场合，其次必须了解控制规律中的 PID 参数对控制过程的影响，然后，结合对象的特性以及对控制的要求，才能作出正确的选择。本节只介绍控制规律的特点及适用场合，后两个问题放在第五章阐述。

一、双位控制

双位控制是位式控制的最简单形式。双位控制的动作规律是当测量值大于设定值时，控制器的输出为最小，而当测量值小于设定值时，输出则为最大（也可以是相反的，即当测量值大于设定值时，输出为最大，当测量值小于设定值时，输出为最小）。因此，双位控制只有两个输出值，不是最大就是最小，相应的控制机构也只有两个位置，不是开就是关，而且从一个位置到另一个位置在时间上是很快的，如图 3-5 所示。

图 3-6 是利用电极式液位计来控制储槽液位的例子，要求把被控变量液位 h 控制到 h_0 附近。操纵变量是进料流量，执行器是电磁阀。当液位低于 h_0 时，液位与电极脱离，此时，电路断开，电磁阀全开，液体物料以最大流量流入储槽，液位的进料量大于固定的排出量，液位上升。当液位高于 h_0 时，电路又接通，电磁阀又关闭，进料量减为零，液位不再上升，但储槽下部的出口仍在不停地排出物料，所以液位又下降。当液位下降到低于 h_0 时，又重复上述过程，如此循环往复，液位就维持在设定值 h_0 上下很小的一个范围内波动。其理想的控制特性如图 3-6 所示。

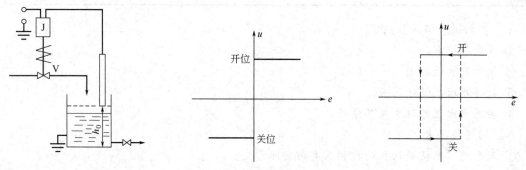

图 3-5　双位控制示例　　　图 3-6　理想的双位控制特性　　　图 3-7　实际的双位控制特性

实际上，双位控制规律按图 3-6 的理想规律动作是很难保证的，而且也没有必要，从上例的双位控制器的动作看来，若要按上述规律动作，则控制阀的动作太频繁，会使系统中运动部件损坏，就很难保证双位控制系统安全、可靠地工作，况且，实际控制定值 h_0 也是允许有一个变化范围的，不过有的允许范围小些，有的允许范围大些。因此，实际应用的双位控制器都有一个中间区（也称不灵敏区）。所谓中间区就是当被控变量上升时，必须在高于设定值某一数值后，阀门才关。而当被控变量下降时，必须在低于设定值某一数值后，阀门才开。在中间区内阀门是不动的。这样既满足了工艺要求，又减少了执行器反复动作引起的磨损，延长了使用寿命，实际的双位控制器的控制特性如图 3-7 所示。

双位控制结构简单，成本较低，易于实现，因此应用很普遍。工厂和实验室中，常用 XCT 型动圈式指示控制仪对一些电加热设备进行双位式温度控制，其工作原理如图 3-8 所示。

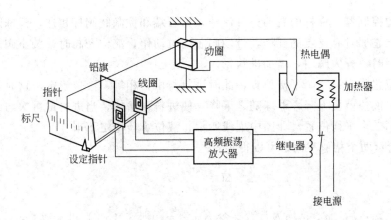

图 3-8   XCT 型动圈式双位指示控制仪工作原理

XCT 型动圈式指示调节仪的指示部分和 XCZ 型动圈式指示仪表完全相同，只在 XCZ 型仪表的基础上，增加了控制电路机构，所增加的部分有设定指针、铝旗、检测线圈、高频振荡放大器和继电器。

对温度的控制过程是这样的：当测量指针没有达到设定指针时，小铝旗处于检测线圈以外，检测线圈中有较大的电感，高频振荡放大器有振荡电流输出，使继电器吸合，加热器通电加热使炉内温度升高。当测量值指针达到设定值时，装在测量指针上的铝旗进入两个平行的检测线圈中间，使检测线圈电感量减少，高频振荡放大器便停振，使输出到继电器上的电流减少，于是继电器释放，加热电路断电，加热器停止加热，炉内温度就会因散热而下降。当测量值又小于设定值时，上述过程又重复开始，如此循环，就实现了温度的双位控制。

二、比例控制

上述双位控制中，执行机构只有两个位置：全开或全关，操纵变量的变化不是最大就是最小，被控变量也始终在波动之中，这对于被控变量要求有较高稳定性的系统是不能满足的。

从生产实践中知道，如果能使执行器的行程（即阀门开度）变化与被控变量对设定值的偏差成一定比例关系，就可能使前述被控对象的输入量等于输出量，从而使被控变量趋于稳定，系统达到平衡状态。这种阀门开度的变化与被控变量的偏差大小成比例的控制，就是比例控制，常用 P 来表示。

1. 比例控制规律及特点

比例控制规律可用下述公式来表示，即

$$\Delta U = K_P e \qquad (3-1)$$

式中 ΔU——控制器输出的变化量；

K_P——控制器的放大倍数；

e——控制器的偏差输入，即设定值与测量值之差。

可见，比例控制就是控制器输出的变化量与输入的偏差大小成比例的控制。

图 3-9 是一个液位比例控制的例子。被控变量是储槽液位，O 为杠杆的支点。杠杆就可

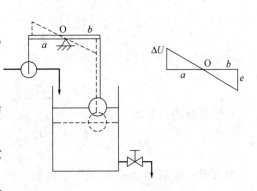

图 3-9   液位比例控制器示意图

以视为一简单的控制器，杠杆的右端连着浮球，另一端和控制阀阀杆相连，浮球随液位的高低变化而升降，它通过有支点的杠杆，带动阀芯同时动作，液位升高时，关小阀门，减少进料量；液位下降时，开大阀门，增加进料量。

图中实线位置代表第一个平衡位置，此时进料与出料相等，液位稳定，这时，如果出料量大于进料量，液位就要下降，浮球随之下降，使进料量增加，当进料量再次与出料量相等时，系统处于第二个平衡位置。如图中虚线所示，液位重新稳定下来。

从图 3-9 所示两个相似三角形可以得出

$$\Delta U = \frac{a}{b} e \qquad (3-2)$$

当杠杆支点确定后，a、b 均为常数。令 $K_P = \frac{a}{b}$，则式（3-2）可写成

$$\Delta U = K_P e \qquad (3-3)$$

可见，它就是一个比例控制。

从上述过程可以看出比例控制有如下三个特点。

① 比例控制及时。因为浮球随液位的变化相当于控制器的输入偏差，阀门开度变化与控制器的输出，二者是同时变化的。

② 比例控制有余差。实线和虚线对应两个平衡位置，说明比例控制过程不能使被调变量回复到原来的设定值。新的稳定值与原来的值之间有一差值，这就是余差。

③ 比例控制作用的强弱由 K_P 大小决定。K_P 越大，即使偏差很小，阀门动作也很大，比例作用就越强。反之，K_P 越小，比例作用就越弱。

2. 比例度

工业中习惯用比例度来表示比例作用的强弱，比例度指仪表的输入相对变化与输出相对变化之比。可用下式表示，即

$$\delta = \frac{\Delta e / (X_{max} - X_{min})}{\Delta U / (U_{max} - U_{min})} \times 100\% \qquad (3-4)$$

式中　$X_{max} - X_{min}$ ——被控变量的最大变化范围；

$U_{max} - U_{min}$ ——控制器输出的最大变化范围。

例如：一个温度控制器，温度刻度范围是 $400 \sim 800℃$，控制器输出变化的工作范围是 $4 \sim 20mA$，当指针从 $600℃$ 转到 $700℃$ 时，控制器相应的输出从 $8mA$ 变化到 $16mA$，其比例度为

$$\delta = \left(\frac{700 - 600}{800 - 400} \cdot \frac{20 - 4}{16 - 8}\right) \times 100\% = 50\%$$

式（3-4）还可写成

$$\delta = \frac{\Delta e}{\Delta U} \frac{U_{max} - U_{min}}{X_{max} - X_{min}} \times 100\%$$

对于具体的控制器，（$U_{max} - U_{min}$）和（$X_{max} - X_{min}$）的值是固定的，故可令

$$\frac{U_{max} - U_{min}}{X_{max} - X_{min}} = K \qquad (3-5)$$

即对于一控制器来说 K 是一个常数。所以 δ 可表示为

$$\delta = \frac{K}{K_P} \times 100\%$$

在单元组合仪表中，控制器的输入信号和输出信号都是统一标准信号，因此 $K=1$。这样在单元组合仪表中，比例度和比例系数互为倒数关系，即

$$\delta = \frac{1}{K_P} \times 100\%$$ (3-6)

可见，比例度的大小也代表了比例控制作用的强弱，比例度越小，比例控制作用越强。反之比例度越大，比例控制作用越弱。

三、积分控制

比例控制的结果存在余差，对于工艺要求不高的场合，可以使用。所以有时把比例控制称作"粗调"。当对控制质量有更高要求时，必须在比例控制的基础上，再加上能消除余差的积分作用。

1. 积分控制规律及其特点

积分控制规律用数学式表示为

$$\Delta U = K_i \int e \, dt$$ (3-7)

式中　K_i——积分速度。

所以说积分控制就是控制器输出的变化量与输入偏差 e 对时间的积分成比例，或者说，积分输出的变化速度与输入偏差成正比。积分控制常用 I 表示。

式（3-7）表明：第一，积分控制的输出，不仅与偏差的大小有关，而且与偏差存在时间长短有关，只要偏差存在，即使很小，如果存在的时间很大，控制器的输出变化也很大；第二，只有当偏差为零（即测量值等于设定值），输出信号才不再继续变化，执行机构才停止动作，系统才稳定下来，余差被克服，这是积分控制的一个显著特点。

积分控制作用的特性可以由阶跃输入下的输出变化来说明。当控制器的输入偏差 e 是一常数 A 时，式（3-7）可分成

$$\Delta U = K_i \int e \, dt = K_i A t$$ (3-8)

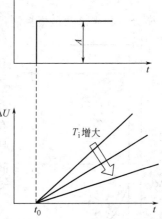

图 3-10　阶跃输入时积分
控制的动态特性

画出式（3-8）对应的输出变化曲线如图 3-10 所示，从图中可以看出：第一，积分控制器的输入是阶跃信号时，输出是一直线，其斜率与 K_i 有关，K_i 越大，则积分作用越强。第二，只要偏差存在，积分控制输出是随时间不断增大（或减小）的。积分作用比较慢，在偏差 e 出现的瞬间是不能立即有控制作用的，只有当偏差延续较长时间才能有较大的控制作用。偏差延续的时间越长，控制作用越强。正是由于这一特点，积分控制不单独使用。

在实际中，常用积分时间 T_i 来表示积分作用的强弱，T_i 越小积分控制作用越强，T_i 越大积分控制作用越弱，在数值上 T_i 与积分速度 K_i 的关系为

$$T_i = \frac{1}{K_i}$$ (3-9)

所以积分控制也可表示为

$$\Delta U = \frac{1}{T_i} \int e \, dt$$ (3-10)

2. 比例积分控制规律

实际应用中，常把积分控制与比例控制组合在一起，构成比例积分控制规律。即 PI 控制规律。用下式表示，即

$$\Delta U = \Delta U_P + \Delta U_i = K_P \left(e + K_i \int e \, dt \right) = \frac{1}{\delta} \left(e + \frac{1}{T_i} \int e \, dt \right) \tag{3-11}$$

式（3-11）中表示控制作用的参数有两个：比例度 δ 和积分时间 T_i，总的来说 PI 控制既具有控制及时，克服偏差有力，又具有能消除余差的性能。

由于 PI 控制是在比例控制的基础上，增加了一个积分作用，所以，又称为再控制或重定控制，在生产中应用很广。

四、微分控制

在生产实际中，对某些惯性大的对象，如聚合釜的温度控制，在氯乙烯聚合阶段，聚合釜的夹套是通水的，工艺要求釜温维持在某一数值。有经验的操作员看到釜温上升很快时，估计很快就会有更大的偏差，于是就过量地开大控制阀，以克服扰动的影响。这种按被控变量变化的速度来操纵阀门的开度，就是微分控制规律。

1. 微分控制规律

微分控制规律用数学式可表示为

$$\Delta U = T_d \frac{de}{dt} \tag{3-12}$$

式中　T_d——微分时间；

$\frac{de}{dt}$——偏差变化的速度。

微分控制规律就是指控制器输出的变化与输入偏差的变化速度成比例的控制规律。

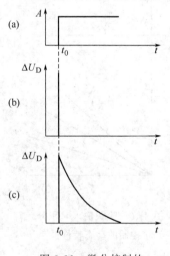

图 3-11　微分控制的
动态特性

从式（3-12）中可以看出：微分输出只与偏差的变化速度有关，与偏差是否存在无关。偏差的变化越大，或微分时间 T_d 越大，则微分控制的输出也越大。如果输入一个固定偏差，不管它有多大，只要不变化，则输出的变化仍为零，即没有控制作用，这就是纯微分作用的特点。如果输入一个阶跃信号，就会出现图 3-11（b）所示的输出，即在输入变化的瞬间，输出趋于无穷大，在这以后，由于输入变化不存在，输出变化立即降为零。这样的输出，既无法实现，也没有实际意义，故式（3-11）称为理想的微分作用。

实际微分作用如图 3-11（c）所示，在阶跃信号输入时，输出突然上升，然后逐渐下降到零，只是一个近似的微分作用。

2. 比例微分控制规律

实际的微分控制器由两部分组成：比例作用和近似的微分作用，而比例度（$\delta = 100\%$）是固定不变的。

当输入一个幅值为 A 的阶跃扰动后，则微分控制器的输出将等于比例输出与微分输出之和，由下式表示，即

$$\Delta U = \Delta U_P + \Delta U_D = A + A(K_d - 1) e^{-\frac{K_d}{T_d}t} \tag{3-13}$$

式中　K_d——微分放大倍数；

　　　T_d——微分时间；

　　　e——自然对数的底，取 2.72。

其输出信号的变化曲线如图 3-12 所示。由图 3-12 可以看出，当输入阶跃信号 A 后，输出立刻升高到 A 的 K_d 倍，然后再逐步按指数曲线规律下降到 A，最后微分作用消失，只剩下比例作用。实际微分放大倍数 K_d 都是在仪表设计时已经确定了的。

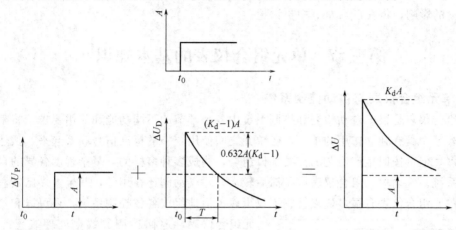

图 3-12　实际微分器输出的变化

由于 K_d 已经固定，所以微分时间 T_d 在实际中是可以调整的，改变 T_d 的大小，便改变了微分作用的强弱。T_d 大则微分作用强，T_d 小则微分作用弱。

实际微分器的比例度固定为 100% 不能改变，微分控制作用也只在被控变量变化时才能出现，所以不单独使用，可与比例积分控制器一起，构成 PID 三作用控制器。

3. 比例积分微分控制

将比例、积分、微分三种作用结合起来，称为比例积分微分三作用控制器，或简称三作用控制器，习惯上用 PID 表示。用数学式表示为

$$\Delta U = \frac{1}{\delta}\left(e + \frac{1}{T_i}\int e\,dt + T_d\,\frac{de}{dt} \right) \qquad (3\text{-}14)$$

当有一个阶跃偏差信号输入时，PID 控制器的输出信号等于比例、积分和微分作用三部分输出之和，如图 3-13 所示。从图中可以看出，在输入阶跃信号后，微分作用立即变化，比例也同时起作用使输出信号发生突然的大幅度变化。接着随时间的累积，积分作用就越来越大，逐渐起主导作用。若偏差不消除，则积分作用可使输出变到最大（或最小）值，直至余差消除，积分才不再变化，而比例作用一直是基本的作用。

在 PID 控制中，有三个操纵变量，就是比例度 δ，积分时间 T_i，微分时间 T_d，适当组合这三个参数，可以获得良好的

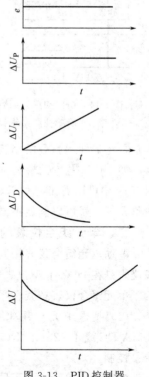

图 3-13　PID 控制器
输出特性

控制质量。

把 PID 控制器的 T_d 调到零，就构成一个 PI 控制器。如果把 PID 控制器的 T_i 调到最大，就构成了一个 PD 控制器，如果把 PID 控制器的 δ 调到最大，T_i 调到最大，T_d 调到最小，就几乎不起任何控制作用了。

三作用控制器综合了各类控制器的优点，因此具有较好的控制性能。但并不意味着在任何条件下，采用这种控制器都是最合适的，关于以上基本控制规律如何实现、如何选择及其对控制质量的影响，将在以后章节中再讨论。

第三节　单元组合仪表的基本知识

一、单元组合仪表与自动控制系统

单元组合仪表是根据自动检测和控制系统中各个环节的不同功能和使用要求，将整套仪表划分为若干个具有独立作用的单元，各单元之间使用统一的标准信号联系起来。虽然单元的品种不多，但可按照生产工艺的需要加以组合，构成多种多样的、复杂程度各异的自动检测和控制系统。气动单元组合仪表由于滞后较大，除气动阀还在用外，其余大多已被淘汰。

电动单元组合仪表有很多优点。它不仅可以灵活地组成各种控制系统，还可以和气动单

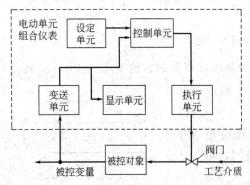

图 3-14　由电动单元组合仪表构成的
简单控制系统框图

元组合仪表，巡回检测、数据处理装置配合使用。更重要的是，便于和电子计算机及其他数字化装置联用，适合于大规模生产的自动化要求。

由电动单元组合仪表构成的简单系统如图 3-14 所示。图中被控对象代表生产过程中的某个环节，被控对象输出的是被控变量如压力、流量、温度等工艺参数。这些工艺参数经变送单元转换成相应的电信号后，一方面送到显示单元供指示或记录。同时又送到控制单元中，与设定单元送来的设定值相比较，设定值是生产工艺对工艺变量提出的要求。控制单元按照比较后得出的

偏差，经某种运算后发出控制信号，控制执行单元动作，将阀门开大或关小，改变操纵变量，如生产工艺中的燃料油、蒸汽等介质流量的多少，直至被控变量与设定值相等为止。从图 3-14 中可以看出，对于不同的被控对象只需更换一个或几个单元，如更换变送单元、控制单元等，就可以满足不同的要求。

二、单元组合仪表的分类

电动单元组合仪表按其发展过程分为 DDZ-Ⅰ 型、DDZ-Ⅱ 型仪表和 DDZ-Ⅲ 型。DDZ-Ⅲ型仪表是在 DDZ-Ⅱ 型仪表的基础上发展起来的，目前已进入智能化发展时代。

单元组合仪表按其在系统中的作用可划分为下面八个单元。

（1）变送单元　用来测量压力、流量、温度、液位等变量。并将测量值转换成 0～10mA DC 或 4～20mA DC 标准信号之后，再送到显示单元或控制单元，以便进行指示、记录、控制。

（2）显示单元　与不同的变送器配合使用，对各种参数进行指示、记录、报警。

（3）控制单元　根据被控变量的测量值与设定值的偏差实现比例、比例积分、比例积分

微分等控制规律，运算后对执行机构输出 0～10mA DC 或 4～20mA DC 的控制信号。

（4）计算单元　根据不同的需要，对其他单元输入的信号进行各种运算，构成各种复杂的自动控制系统。

（5）设定单元　用于提供控制单元所需要的设定值信号。

（6）转换单元　用来把 20～100kPa 的标准气动信号转换成 0～10mA DC 或 4～20mA DC 的统一标准信号，或者把 0～10mA DC 或 4～20mA DC 的统一标准电信号转换成 20～100kPa 的标准气动信号，把电动与气动单元组合仪表联系在一起，从而扩大 DDZ 仪表的使用范围。

（7）执行单元　根据控制单元送来的控制信号或手控信号操作阀门或闸板，以达到控制目的。

（8）辅助单元　配合上述单元完成信号切换、遥控等辅助作用。

根据各单元仪表的功能及结构特点，DDZ-Ⅲ型仪表大体有下列 8 个基型品种。

① 差压型二线制变送器；　　　　　⑤ 指示记录仪；

② 温度变送器；　　　　　　　　　⑥ 计算单元；

③ 安全保持器；　　　　　　　　　⑦ 电/气转换器；

④ 控制器；　　　　　　　　　　　⑧ 电源箱。

按使用场所分为危险场所（现场）和安全场所（控制室）两种仪表。按安装方式可分为现场安装、盘装和架装三种。

三、DDZ-Ⅲ型仪表的特点

由于在Ⅲ型仪表中采用了新型元件和新的结构，使它与Ⅱ型仪表相比又具有许多特点。

1. 采用集成运算放大器

在Ⅲ型仪表中，采用了集成运算放大器，这样既减少了仪表的元件数量，使仪表简化；又改善了仪表的技术性能，使仪表的应用功能扩大。

元件减少，仪表简化，使仪表的稳定性和可靠性提高，耗电量也减少。例如，Ⅱ型仪表的电子放大器是调制放大，而Ⅲ型仪表则应用集成电路直接放大。一个集成电路能代替 3～4 级电放大器，从而减少许多元件和焊点，使元件质量差、虚焊和脱焊等可能造成仪表故障的因素减少，使仪表的可靠性提高，同时也为仪表维修带来了方便。

由于集成电路的性能比分离元件构成的电路优越，这使得Ⅲ型仪表的应用功能得到扩大。例如，Ⅲ型控制器，除了完成 PID 控制运算外，还可附加上、下限输入报警、偏差报警、输出限幅以及同 DDC 直接数字控制机、SPC 监督计算机配用等。

2. 可组成安全火花型防爆系统

在石油化工企业中，常常含有氢气、乙烯、甲烷等能引起爆炸的高度危险气体，生产过程需要远距离集中控制，甚至配用电子计算机形成集散型控制系统。因此，有的仪表工作在安全环境中，有的却要工作在危险场所，这时采用隔爆型的Ⅱ型仪表，就满足不了生产的需要。

Ⅲ型仪表采用安全火花型防爆系统。凡是工作在危险场所的仪表，都采用了安全火花措施，使仪表正常或故障时即使出现火花，也不致使危险气体爆炸。危险场所与控制室之间通过安全单元联接，保证在任何情况下都不会有超过安全火花限制的能量流入危险场所，从而构成了安全火花防爆系统。这样一来，变送器或变送器的部分电路，可以设置在高度危险的场所，不附加隔爆措施就能在其中正常工作，仪表的维护和调整也可以在危险场所带电进行，同时也能节省安装费用。

3. 采用了国际标准信号制

Ⅲ型仪表采用国际标准信号制。即现场传输信号为 4～20mA DC；控制室联络信号为

1~5V DC。信号电流与电压的转换电阻为250Ω，这种信号制给仪表本身及仪表之间的联系都带来很大的变革。

① 由于Ⅲ型仪表的电气零点不是从零开始而是从4mA开始，而且与仪表的机械零点不相重合，当仪表出现断电、断线故障时容易识别。因为信号下限值为4mA，不用采取其他措施就可使非线性元件工作在线性段，因而利于提高仪表性能。

另外，只要更换250Ω转换电阻，控制室仪表可以接受上、下限之比为1∶5的其他电流信号，例如1~5mA、10~50mA等变化信号。

② 由于控制室联络信号为1~5V DC，互相连接的仪表就呈并联状，如图3-15所示，最多可并联4个仪表，同时接受由250Ω转换电阻上得到的1~5V DC电压信号，由于Ⅲ型控制器的输入阻抗高达105MΩ左右，即使同时并联4个仪表，也能保证精度。控制室仪表之间并联，可以实现共同接地，利于提高仪表的抗扰动能力，也为仪表同电子计算机、巡回检测装置等配用提供了必需的条件。

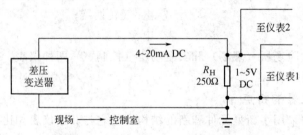

图 3-15   Ⅲ型差压变送器接线图

同时，由于控制室仪表并联，作为变送器的负载，使变送器的负载电阻最多不会超过350Ω，这就使得满载时，差压变送器的输出电压也不会超过7V，因而降低了功率管的反向电压，提高了差压变送器的可靠性。

③ 由于下限信号电流为4mA，变送器可以采用两线制，即两根导线同时输送变送器所需要的直流电源电压和输出的电流信号，如图3-16所示。

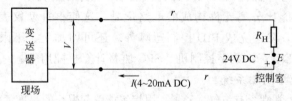

图 3-16   两线制接线图

图中 E 为变送器的直流电源；R_H 为负载电阻；r 是传输导线的电阻；V 为变送器的端电压；I 为信号电流。

从图3-16中不难看出，如果信号电流为0~10mA，那么当电流接近于零时，变送器就会停止工作。因此0~10mA信号只能采用四线制，即两线专门传输电源电压，另两线只传输信号电流。

采用两线制不仅仅是节省两根导线，即一半电缆。因为四线制为了避免电源线与信号线发生混乱，一般采用不同电缆。显然，两线制有一种电缆就可以了，同时，两线制还可以节省安装费用。

4. 集中供电

Ⅲ型仪表采用 24V DC 集中供电，并与备用蓄电池构成无停电装置。这种供电方式有下列两项优点。

① 各单元仪表省掉了电源变压器，也没有工频电源进入单元仪表，这样不但缩小了仪表体积和重量，而且避免了变压器发热带来的影响，有利于仪表的高密度安装。同时，给仪表的防爆也提供了有利条件。

② 各单元省掉了整流滤波装置，减小了大容量滤波电容易击穿的危害。由于使用蓄电池作备用电源，提高了电源可靠性，即使发生停电事故，也能维持供电 30min，以便进行紧急事故处理。

5. 仪表结构有所改进

Ⅲ型仪表吸取了Ⅱ型仪表在生产和运行中的经验，在仪表的机械结构和电子线路的设计上进行了改进，具有一些新特点。

① 差压变送器采用了矢量机构。同双杠杆机构相比，稳定性和抗振性好，装配调整方便，而且安装并不要求严格垂直，在倾斜 15°范围内，精度不受影响。

② 温度变送器带有线性化电路，大大提高了温度与变送器输出电流信号间的线性度。有利于变送精度的提高和直接显示。

③ 控制器具有软手动和硬手动两种手动控制。硬手动控制方式使执行机构按比例规律操纵，迅速快捷。软手动控制可使执行机构以一定速度按积分规律操纵。其速度有两种：慢速-全行程时间为 100s；快速-全行程时间为 6s。

④ 控制器能进行自动/手动无平衡无扰动切换。除自动→硬手动或软手动→硬手动的切换需要事先平衡外，自动⇌软手动的双向切换，硬手动→软手动、硬手动→自动的切换均不用事先平衡就可切换。这就方便了操作，特别有利于紧急事故的处理。

⑤ 控制器具有保持电路。当发生变送器断电、断线或执行机构动作异常等情况时，由于控制器有保持电路，可将控制器切换到保持状态，控制器输出保持不变，以便进行事故处理。

⑥ 控制器有全刻度指示和偏差指示两种，指示表头为 100mm 大表头，指示醒目，造型大方，便于监视和高密度安装。

⑦ 控制器设有手动操作插孔，在接入便携式手动操作器并用它代替控制器以后，可取出控制器进行检修。

四、DDZ-Ⅲ型仪表的命名法

整套仪表以电动、单元、组合三个词的汉语拼音的第一个字母为标志，即 DDZ-Ⅲ型为电动单元组合Ⅲ型仪表。

分类产品的型号和规格命名组成形式如图 3-17 所示，由两大部分组成，中间用短横线分开。

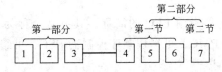

图 3-17　DDZ-Ⅲ型仪表单元型号和规格命名组成形式

第一部分 1、2、3 分别由三个汉字拼音大写字母组成，表示型号。

1 的字母为 "D"，以表示电动单元组合仪表产品。

2 为产品的大类，如变送单元类（B），转换单元类（Z），计算单元类（J），控制单元类

（T），显示单元类（X），安全单元类（A），辅助单元类（F）等。

3为产品的小类，如：毫伏、温度（W）、压力（Y）、差压（C）、流量（L）、浮筒液位（F）、气/电转换（Q）、电/气转换（D）、电/气阀门（F）、加减（J）、乘除（S）、开方（K）、积算（S）、倒相（F）、记录（J）、比率（B）、调节（L）、手操（Q）、报警（B）、限幅（F）、选择（C）、升压（F）、隔离（G）、安全保持器（B）、脉冲发生器（M）、插孔板（K）、分电盘（P）、电源箱（D）、指示（Z）。

第二部分由四位数字组成，表示规格编号。

第一位数为"3"，表示Ⅲ型电动仪表的产品。

第二～第四位数根据不同产品，表示不同的用途及特点。

关于附加规格，根据用途和特点，单独标志。

选用产品时，要明确指定产品型号、规格及附件，以满足生产的实际需要。关于具体产品型号及规格，可参看制造厂提供的产品目录。

第四节 数字控制器概述

数字控制器是电子控制器的一类，计算机控制系统的核心部分，一般与系统中反馈部分的元件、设备相连，该系统中的其他部分可能是数字的也可能是模拟的。数字控制器通常是利用计算机软件编程，完成特定的控制算法。通常数字控制器应具备：A/D转换、D/A转换、一个完成输入信号到输出信号换算的程序。这种以计算机技术为主体，取代仪器仪表的常规电子线路，组成新一代的所谓"智能化测量控制仪表，简称智能仪表。这种新型的智能仪表在测量过程自动化，测量结果的数据处理以及功能的多样化方面，都取得了巨大的进展，其使用范围也日益广泛。近年来，由于它们的功能越来越强，并且普遍增设了数字通信功能，因此在集散型系统的过程控制级中得到了广泛的应用。

一、数字控制器常见类型

1. 数字调节器

用数字技术和微电子技术实现闭环控制的调节器，又称数字调节仪表，是数字控制器的一种。它接受来自生产过程的测量信号，由内部的数字电路或微处理机作数字处理，按一定调节规律产生输出数字信号或模拟信号驱动执行器，完成对生产过程的闭环控制。

2. 直接数字控制器

直接数字控制器也称"DDC控制器"。通常DDC系统的组成通常包括中央控制设备（集中控制电脑、彩色监视器、键盘、打印机、不间断电源、通讯接口等）、现场DDC控制器、通讯网络以及相应的传感器、执行器、调节阀等元器件。

3. 可编程控制器

可编程控制器简称PC，但沿用PLC的简称。其英文全称为Programmable Controller，它经历了可编程矩阵控制器PMC、可编程顺序控制器PSC、可编程逻辑控制器PLC和可编程序控制器PC几个不同时期。

1987年国际电工委员会（International Electrical Committee）颁布的PLC标准草案中对PLC做了如下定义："PLC是一种专门为在工业环境下应用而设计的数字运算操作的电子装置。它采用可以编制程序的存储器，用来在其内部存储执行逻辑运算、顺序运算、计时、计数和算术运算等操作的指令，并能通过数字式或模拟式的输入和输出，控制各种类型的机械或生产过程。PLC 及其有关的外围设备都应该按易于与工业控制系统形成一个整体，易于扩展其功能的原则而设计。"

4. 顺序控制器

根据生产工艺规定的时间顺序或逻辑关系编制程序，对生产过程各阶段依次进行控制的装置，简称顺控器。顺序控制器的控制方式有时序控制和条件控制两种。

二、智能化测控仪表的基本构成

1. 智能化测量控制仪表的基本组成

以单片机为核心的智能化测量控制仪表的基本组成如图 3-18 所示。

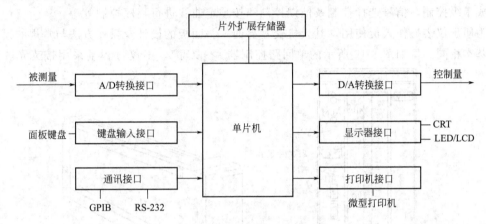

图 3-18　智能化测量控制仪表的基本组成

单片机是仪表的主体。对于小型仪表来说，单片机内部的存储器已经足够。大型的仪表要进行复杂的数据处理，或者要完成复杂的控制功能，其监控程序较大，测量数据较多，这时就需要在单片机外部扩展片外存储器。被测量的模拟信号经过 A/D 转换之后，通过输入通道进入单片机内部，单片机根据由键盘置入的各种命令，或者送往打印机打印，或者经过 D/A 转换后成为能够完成某种控制功能的模拟电压。通讯接口的功能是通过 GPIB 或者 RS-232 接口总线与其他的仪器仪表甚至计算机作远距离通讯，以达到资源共享的目的。智能化测量控制仪表的整个工作过程都是在软件程序的控制下自动完成的。装在仪表内部 EPROM 中的监控程序由许多程序模块组成，每个模块完成一种特定的功能。例如实现某种算法、执行某一中断服务程序、接受并分析键盘输入命令等。编制完善的监控程序中的某些功能模块，能够取代某些硬件电路的功能。需要指出的是，智能化测量控制仪表中引入单片机之后，有可能降低对某些硬件的要求，这绝不是说可以忽略测试电路本身的重要性，尤其是直接获取被测信号的传感器部分，仍应给予充分的重视。有时提高整台仪表性能的关键仍然在于测试电路尤其是传感器的改进上。现在传感器也正在受着微电子技术的影响，不断发展变化，朝着小型、固态、多功能和集成化的方向发展。有许多国家正致力于将微处理器与传感器集成于一体，以构成超小型，廉价的测量仪器的主体。

2. 智能化测量控制仪表的特点

在测量控制仪表中采用单片机（以微处理器为基础）技术使之成为智能化仪表后能够解决许多传统仪表不能或不易解决的难题，同时还能简化仪表电路，提高仪表的可靠性，降低仪表的成本以及加快新产品的开发速度。目前，这类智能化测量控制仪表已经能够实现四则运算、逻辑判断、命令识别、自诊断自校正、甚至自适应和自学习的功能，随着科学技术的发展，这类仪表的智能程度必将越来越高。

第五节 数字调节器

这是一种数字化的过程控制仪表，其外表类似于一般的盘装仪表，而其内部却是由微处理器（可能是8位的CPU如Z80，8085……，亦可能是各种单片机，如8051系列，8098系列……）、RAM、ROM、模拟量与数字量转换输入输出通道与独立的电源等基本组成部分所构成的一个微型的计算机系统。可以说除控制点的区别之外，它的功能与现场控制站大同小异。一般有单回路、2回路、4回路或8回路的控制器。至于控制方式除一般PID之外还可组成串级控制，信号选择控制及前馈控制和按预定曲线进行程序控制等等。

为便于仪表操作人员使用，其人机交互界面——面板的设计及操作方法与常规的模拟控制器基本相同。例如图3-19所示的单回路控制器"SLCD"，不仅过程量采用带荧光屏的线

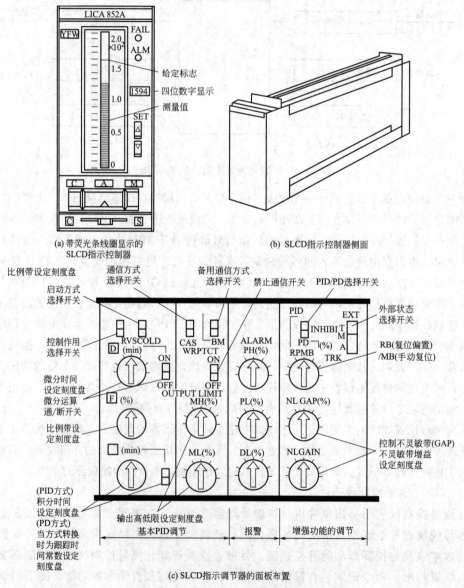

图 3-19 "SLCD"单回路控制器

圈显示器来显示，而且它的 PID 整定也靠转动旋钮改变电位器阻值的方法实现，这与常规的控制器一样。

对于多回路的数字控制器一般都采用数字显示方式，面板上的操作按钮相应也多一些，但基本操作还是与仪表操作更近似，不需要用户进行程序编制工作，如图 3-20 所示。

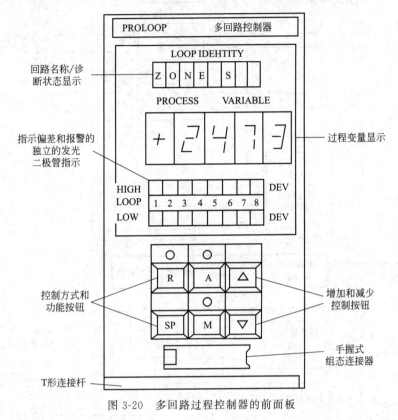

图 3-20　多回路过程控制器的前面板

对控制方式要求较为复杂的控制器，例如对输入信号可进行各种补偿运算（开方、非线性校正等），以及有前馈、串级等控制回路时，需要用生产厂家专门设计的编程器，用专用助记符号编写控制程序。编程器和控制器用电缆连接在一起，即可试运行编写好的程序，程序修改正确后固化到 EPROM，便可正式使用了，如图 3-21（见下页）所示。

智能控制器不仅可接受以 4～20mA 电流信号输入的设定值，还具有异步通信接口 RS-232 或 RS-422 等，可与上位机连成主从式通信网，接受上位机下达的控制参数，并上报各种过程参数。

第六节　可编程控制器

可编程控制器简称 PC（英文全称：Programmable Controller），为与个人计算机（PC）相区别，现在仍然沿用可编程逻辑控制器这个老名字，即 PLC（英文全称：Programmable Logic Controller）。PLC 是一种专门为在工业环境下应用而设计的数字运算操作的电子装置。它采用可以编制程序的存储器，用来在其内部存储执行逻辑运算、顺序运算、计时、计数和算术运算等操作的指令，并能通过数字式或模拟式的输入和输出，控制各种类型的机械或生产过程。PLC 及其有关的外围设备都应该按易于与工业控制系统形成一个整体，易于

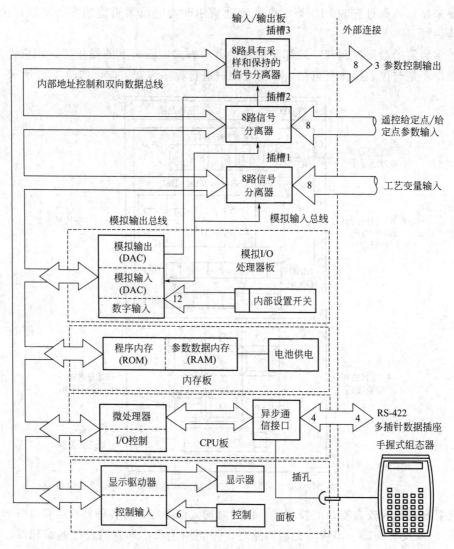

图 3-21　多回路过程控制器框图

扩展其功能的原则而设计。

一、PLC 的特点

1. 可靠性高，抗干扰能力强

传统的继电器控制系统中使用了大量的中间继电器、时间继电器。由于触点接触不良，容易出现故障。PLC 用软件代替大量的中间继电器和时间继电器，仅剩下与输入和输出有关的少量硬件，接线可减少到继电器控制系统的 1/10～1/100，因触点接触不良造成的故障大为减少。

高可靠性是电气控制设备的关键性能。PLC 由于采用现代大规模集成电路技术，采用严格的生产工艺制造，内部电路采取了先进的抗干扰技术，具有很高的可靠性。例如三菱公司生产的 F 系列 PLC 平均无故障时间高达 30 万小时。一些使用冗余 CPU 的 PLC 的平均无故障工作时间则更长。从 PLC 的机外电路来说，使用 PLC 构成控制系统，和同等规模的继电接触器系统相比，电气接线及开关接点已减少到数百甚至数千分之一，故障也就大大降低。此外，PLC 带有硬件故障自我检测功能，出现故障时可及时发出警报信息。在应用软件中，应用者还可以编入外围器件的故障自诊断程序，使系统中除 PLC 以外的电路及设备也获得故障自诊断保护。这样，就使整个系统具有极高的可靠性。

2. 硬件配套齐全，功能完善，适用性强

PLC 发展到今天，已经形成了大、中、小各种规模的系列化产品，并且已经标准化、系列化、模块化，配备有品种齐全的各种硬件装置供用户选用，用户能灵活方便地进行系统配置，组成不同功能、不同规模的系统。PLC 的安装接线也很方便，一般用接线端子连接外部接线。PLC 有较强的带负载能力，可直接驱动一般的电磁阀和交流接触器，可以用于各种规模的工业控制场合。除了逻辑处理功能以外，现代 PLC 大多具有完善的数据运算能力，可用于各种数字控制领域。近年来 PLC 的功能单元大量涌现，使 PLC 渗透到了位置控制、温度控制、CNC 等各种工业控制中。加上 PLC 通信能力的增强及人机界面技术的发展，使用 PLC 组成各种控制系统变得非常容易。

3. 易学易用，深受工程技术人员欢迎

PLC 作为通用工业控制计算机，是面向工矿企业的工控设备。它接口容易，编程语言易于为工程技术人员接受。梯形图语言的图形符号与表达方式和继电器电路图相当接近，只用 PLC 的少量开关量逻辑控制指令就可以方便地实现继电器电路的功能。为不熟悉电子电路、不懂计算机原理和汇编语言的人使用计算机从事工业控制打开了方便之门。

4. 系统的设计、安装、调试工作量小，维护方便，容易改造

PLC 的梯形图程序一般采用顺序控制设计法。这种编程方法很有规律，很容易掌握。对于复杂的控制系统，梯形图的设计时间比设计继电器系统电路图的时间要少得多。

PLC 用存储逻辑代替接线逻辑，大大减少了控制设备外部的接线，使控制系统设计及建造的周期大为缩短，同时维护也变得容易起来。更重要的是使同一设备经过改变程序改变生产过程成为可能。这很适合多品种、小批量的生产场合。

5. 体积小，重量轻，能耗低

以超小型 PLC 为例，新近出产的品种底部尺寸小于 100mm，仅相当于几个继电器的大小，因此可将开关柜的体积缩小到原来的 1/2～1/10。它的重量小于 150g，功耗仅数瓦。由于体积小很容易装入机械内部，是实现机电一体化的理想控制设备。

二、PLC 的应用领域

目前，PLC 在国内外已广泛应用于钢铁、石油、化工、电力、建材、机械制造、汽车、轻纺、交通运输、环保及文化娱乐等各个行业，使用情况大致可归纳为以下几类。

1. 开关量的逻辑控制

这是 PLC 最基本、最广泛的应用领域，它取代传统的继电器电路，实现逻辑控制、顺序控制，既可用于单台设备的控制，也可用于多机群控及自动化流水线。如注塑机、印刷机、订书机械、组合机床、磨床、包装生产线、电镀流水线等。

2. 模拟量控制

在工业生产过程当中，有许多连续变化的量，如温度、压力、流量、液位和速度等都是模拟量。为了使可编程控制器处理模拟量，必须实现模拟量（Analog）和数字量（Digital）之间的 A/D 转换及 D/A 转换。PLC 厂家都生产配套的 A/D 和 D/A 转换模块，使可编程控制器可用于模拟量控制。

3. 运动控制

PLC 可以用于圆周运动或直线运动的控制。从控制机构配置来说，早期直接用于开关

量 I/O 模块连接位置传感器和执行机构，现在一般使用专用的运动控制模块。如可驱动步进电机或伺服电机的单轴或多轴位置控制模块。世界上各主要 PLC 厂家的产品几乎都有运动控制功能，广泛用于各种机械、机床、机器人、电梯等场合。

4. 过程控制

过程控制是指对温度、压力、流量等模拟量的闭环控制。作为工业控制计算机，PLC 能编制各种各样的控制算法程序，完成闭环控制。PID 调节是一般闭环控制系统中用得较多的调节方法。大中型 PLC 都有 PID 模块，目前许多小型 PLC 也具有此功能模块。PID 处理一般是运行专用的 PID 子程序。过程控制在冶金、化工、热处理、锅炉控制等场合有非常广泛的应用。

5. 数据处理

现代 PLC 具有数学运算（含矩阵运算、函数运算、逻辑运算）、数据传送、数据转换、排序、查表、位操作等功能，可以完成数据的采集、分析及处理。这些数据可以与存储在存储器中的参考值比较，完成一定的控制操作，也可以利用通信功能传送到别的智能装置，或将它们打印制表。数据处理一般用于大型控制系统，如无人控制的柔性制造系统；也可用于过程控制系统，如造纸、冶金、食品工业中的一些大型控制系统。

6. 通信及联网

PLC 通信含 PLC 间的通信及 PLC 与其他智能设备间的通信。随着计算机控制的发展，工厂自动化网络发展得很快，各 PLC 厂商都十分重视 PLC 的通信功能，纷纷推出各自的网络系统。新近生产的 PLC 都具有通信接口，通信非常方便。

三、PLC 的硬件构成

PLC 的硬件主要由中央处理器（CPU）、存储器、输入单元、输出单元、通信接口、扩展接口电源等部分组成。其中，CPU 是 PLC 的核心，输入单元与输出单元是连接现场输入/输出设备与 CPU 之间的接口电路，通信接口用于与编程器、上位计算机等外设连接。

对于整体式 PLC，所有部件都装在同一机壳内，其组成框图如图 3-22 所示；对于模块式 PLC，各部件独立封装成模块，各模块通过总线连接，安装在机架或导轨上，其组成框图如图 3-23 所示。无论是哪种结构类型的 PLC，都可根据用户需要进行配置与组合。

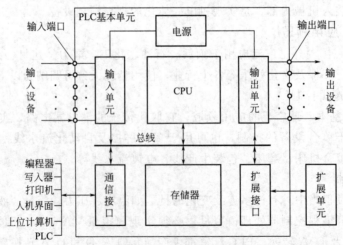

图 3-22　整体式 PLC 组成框图

尽管整体式与模块式 PLC 的结构不太一样，但各部分的功能作用是相同的，下面对 PLC 主要组成各部分进行简单介绍。

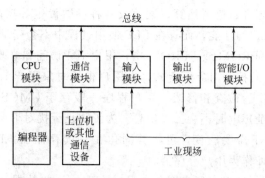

图 3-23 模块式 PLC 组成框图

从结构上分，PLC 分为固定式和组合式（模块式）两种。固定式 PLC 包括 CPU 板、I/O 板、显示面板、内存块、电源等，这些元素组合成一个不可拆卸的整体。模块式 PLC 包括 CPU 模块、I/O 模块、内存、电源模块、底板或机架，这些模块可以按照一定规则组合配置。

1. 中央处理单元（CPU）

同一般的微机一样，CPU 是 PLC 的核心。PLC 中所配置的 CPU 随机型不同而不同，常用的有三类：通用微处理器（如 Z80、8086、80286 等）、单片微处理器（如 8031、8096 等）和位片式微处理器（如 AMD29W 等）。小型 PLC 大多采用 8 位通用微处理器和单片微处理器；中型 PLC 大多采用 16 位通用微处理器或单片微处理器；大型 PLC 大多采用高速位片式微处理器。

目前，小型 PLC 为单 CPU 系统；而中、大型 PLC 则大多为双 CPU 系统，甚至有些 PLC 中多达 8 个 CPU。对于双 CPU 系统，一般一个为字处理器，一般采用 8 位或 16 位处理器；另一个为位处理器，采用由各厂家设计制造的专用芯片。字处理器为主处理器，用于执行编程器接口功能，监视内部定时器，监视扫描时间，处理字节指令以及对系统总线和位处理器进行控制等。位处理器为从处理器，主要用于处理位操作指令和实现 PLC 编程语言向机器语言的转换。位处理器的采用，提高了 PLC 的速度，使 PLC 更好地满足实时控制要求。

在 PLC 中 CPU 按系统程序赋予的功能，指挥 PLC 有条不紊地进行工作，归纳起来主要有以下几个方面：

① 接收从编程器输入的用户程序和数据；

② 诊断电源、PLC 内部电路的工作故障和编程中的语法错误等；

③ 通过输入接口接收现场的状态或数据，并存入输入映象寄存器或数据寄存器中；

④ 从存储器逐条读取用户程序，经过解释后执行；

⑤ 根据执行的结果，更新有关标志位的状态和输出映像寄存器的内容，通过输出单元实现输出控制。有些 PLC 还具有制表打印或数据通信等功能。

2. 存储器

存储器主要有两种：一种是可读/写操作的随机存储器 RAM；另一种是只读存储器 ROM、PROM、EPROM 和 EEPROM。在 PLC 中，存储器主要用于存放系统程序、用户程序及工作数据。

系统程序是由 PLC 的制造厂家编写的，和 PLC 的硬件组成有关，完成系统诊断、命令

· 123 ·

解释、功能子程序调用管理、逻辑运算、通信及各种参数设定等功能，提供 PLC 运行的平台。系统程序关系到 PLC 的性能，而且在 PLC 使用过程中不会变动，是由制造厂家直接固化在只读存储器 ROM、PROM 或 EPROM 中，用户不能访问和修改。

用户程序是随 PLC 的控制对象而定的，由用户根据对象生产工艺的控制要求而编制的应用程序。为了便于读出、检查和修改，用户程序一般存于 CMOS 静态 RAM 中，用锂电池作为后备电源，以保证掉电时不会丢失信息。为了防止干扰对 RAM 中程序的破坏，当用户程序经过运行正常，不需要改变，可将其固化在只读存储器 EPROM 中。现在有许多 PLC 直接采用 EEPROM 作为用户存储器。

工作数据是 PLC 运行过程中经常变化、经常存取的一些数据。存放在 RAM 中，以适应随机存取的要求。在 PLC 的工作数据存储器中，设有存放输入输出继电器、辅助继电器、定时器、计数器等逻辑器件的存储区，这些器件的状态都是由用户程序的初始设置和运行情况而确定的。根据需要，部分数据在掉电时用后备电池维持其现有的状态，这部分在掉电时可保存数据的存储区域称为保持数据区。

由于系统程序及工作数据与用户无直接联系，所以在 PLC 产品样本或使用手册中所列存储器的形式及容量是指用户程序存储器。当 PLC 提供的用户存储器容量不够用，许多 PLC 还提供有存储器扩展功能。

3. 输入/输出单元

输入/输出单元通常也称 I/O 单元或 I/O 模块，是 PLC 与工业生产现场之间的连接部件。PLC 通过输入接口可以检测被控对象的各种数据，以这些数据作为 PLC 对被控制对象进行控制的依据；同时 PLC 又通过输出接口将处理结果送给被控制对象，以实现控制目的。

由于外部输入设备和输出设备所需的信号电平是多种多样的，而 PLC 内部 CPU 的处理的信息只能是标准电平，所以 I/O 接口要实现这种转换。I/O 接口一般都具有光电隔离和滤波功能，以提高 PLC 的抗干扰能力。另外，I/O 接口上通常还有状态指示，工作状况直观，便于维护。

PLC 提供了多种操作电平和驱动能力的 I/O 接口，有各种各样功能的 I/O 接口供用户选用。I/O 接口的主要类型有：数字量（开关量）输入、数字量（开关量）输出、模拟量输入、模拟量输出等。

常用的开关量输入接口按其使用的电源不同有三种类型：直流输入接口、交流输入接口和交/直流输入接口。

常用的开关量输出接口按输出开关器件不同有三种类型：即继电器输出、晶体管输出和双向晶闸管输出。继电器输出接口可驱动交流或直流负载，但其响应时间长，动作频率低；而晶体管输出和双向晶闸管输出接口的响应速度快，动作频率高，但前者只能用于驱动直流负载，后者只能用于交流负载。

PLC 的 I/O 接口所能接受的输入信号个数和输出信号个数称为 PLC 输入/输出（I/O）点数。I/O 点数是选择 PLC 的重要依据之一。当系统的 I/O 点数不够时，可通过 PLC 的 I/O 扩展接口对系统进行扩展。

4. 通信接口

PLC 配有各种通信接口，这些通信接口一般都带有通信处理器。PLC 通过这些通信接口可与监视器、打印机、其他 PLC、计算机等设备实现通信。PLC 与打印机连接，可将过程信息、系统参数等输出打印；与监视器连接，可将控制过程图像显示出来；与其他 PLC

连接，可组成多机系统或连成网络，实现更大规模控制；与计算机连接，可组成多级分布式控制系统，实现控制与管理相结合。

远程 I/O 系统也必须配备相应的通信接口模块。

5. 智能接口模块

智能接口模块是一独立的计算机系统，它有自己的 CPU、系统程序、存储器以及与 PLC 系统总线相连的接口。它作为 PLC 系统的一个模块，通过总线与 PLC 相连，进行数据交换，并在 PLC 的协调管理下独立地进行工作。

PLC 的智能接口模块种类很多，如：高速计数模块、闭环控制模块、运动控制模块、中断控制模块等。

6. 编程装置

编程装置的作用是编辑、调试、输入用户程序，也可在线监控 PLC 内部状态和参数，与 PLC 进行人机对话。它是开发、应用、维护 PLC 不可缺少的工具。编程装置可以是专用编程器，也可以是配有专用编程软件包的通用计算机系统。专用编程器是由 PLC 厂家生产，专供该厂家生产的某些 PLC 产品使用，它主要由键盘、显示器和外存储器接插口等部件组成。专用编程器有简易编程器和智能编程器两类。

简易型编程器只能联机编程，而且不能直接输入和编辑梯形图程序，需将梯形图程序转化为指令表程序才能输入。简易编程器体积小、价格便宜，它可以直接插在 PLC 的编程插座上，或者用专用电缆与 PLC 相连，以方便编程和调试。有些简易编程器带有存储盒，可用来储存用户程序，如三菱的 FX-20P-E 简易编程器。

智能编程器又称图形编程器，本质上它是一台专用便携式计算机，如三菱的 GP-80FX-E 智能型编程器。它既可联机编程，又可脱机编程。可直接输入和编辑梯形图程序，使用更加直观、方便，但价格较高，操作也比较复杂。大多数智能编程器带有磁盘驱动器，提供录音机接口和打印机接口。

专用编程器只能对指定厂家的几种 PLC 进行编程，使用范围有限，价格较高。同时，由于 PLC 产品不断更新换代，所以专用编程器的生命周期也十分有限。因此，现在的趋势是使用以个人计算机为基础的编程装置，用户只要购买 PLC 厂家提供的编程软件和相应的硬件接口装置。这样，用户只用较少的投资即可得到高性能的 PLC 程序开发系统。

基于个人计算机的程序开发系统功能强大。它既可以编制、修改 PLC 的梯形图程序，又可以监视系统运行、打印文件、系统仿真等。配上相应的软件还可实现数据采集和分析等许多功能。

7. 电源

PLC 配有开关电源，以供内部电路使用。与普通电源相比，PLC 电源的稳定性好、抗干扰能力强。对电网提供的电源稳定度要求不高，一般允许电源电压在其额定值 $\pm 15\%$ 的范围内波动。许多 PLC 还向外提供直流 24V 稳压电源，用于对外部传感器供电。

8. 其他外部设备

除了以上所述的部件和设备外，PLC 还有许多外部设备，如 EPROM 写入器、外存储器、人/机接口装置等。

EPROM 写入器是用来将用户程序固化到 EPROM 存储器中的一种 PLC 外部设备。为了使调试好的用户程序不易丢失，经常用 EPROM 写入器将 PLC 内 RAM 保存到 EPROM 中。

PLC 内部的半导体存储器称为内存储器。有时可用外部的磁带、磁盘和用半导体存储器做成的存储盒等来存储 PLC 的用户程序，这些存储器件称为外存储器。外存储器一般是通过编程器或其他智能模块提供的接口，实现与内存储器之间相互传送用户程序。

人/机接口装置是用来实现操作人员与 PLC 控制系统的对话。最简单、最普遍的人/机接口装置由安装在控制台上的按钮、转换开关、拨码开关、指示灯、LED 显示器、声光报警器等器件构成。对于 PLC 系统，还可采用半智能型 CRT 人/机接口装置和智能型终端人/机接口装置。半智能型 CRT 人/机接口装置可长期安装在控制台上，通过通信接口接收来自 PLC 的信息并在 CRT 上显示出来；而智能型终端人/机接口装置有自己的微处理器和存储器，能够与操作人员快速交换信息，并通过通信接口与 PLC 相连，也可作为独立的节点接入 PLC 网络。

四、PLC 软件系统及常用编程语言

PLC 软件系统由系统程序和用户程序两部分组成。系统程序包括监控程序、编译程序、诊断程序等，主要用于管理全机、将程序语言翻译成机器语言，诊断机器故障。系统软件由 PLC 厂家提供并已固化在 EPROM 中，不能直接存取和干预。用户程序是用户根据现场控制要求，用 PLC 的程序语言编制的应用程序（也就是逻辑控制）用来实现各种控制。STEP7 是用于 SIMATIC 可编程逻辑控制器组态和编程的标准软件包，也就是用户程序，用户就是使用 STEP7 来进行硬件组态和逻辑程序编制，以及逻辑程序执行结果的在线监视。

PLC 提供的编程语言有标准语言梯形图语言、语句表语言、逻辑功能图语言。

标准语言梯形图语言也是人们最常用的一种语言，它有以下特点：是一种图形语言，沿用传统控制图中的继电器触点、线圈、串联等术语和一些图形符号构成，左右的竖线称为左右母线；梯形图中接点（触点）只有常开和常闭，接点可以是 PLC 输入点接的开关也可以是 PLC 内部继电器的接点或内部寄存器、计数器等的状态；梯形图中的接点可以任意串、并联，但线圈只能并联不能串联；内部继电器、计数器、寄存器等均不能直接控制外部负载，只能做中间结果供 CPU 内部使用；PLC 是按循环扫描事件，沿梯形图先后顺序执行，在同一扫描周期中的结果留在输出状态暂存器中，所以输出点的值在用户程序中可以当做条件使用。

语句表语言，类似于汇编语言。

逻辑功能图语言，沿用半导体逻辑框图来表达，一般一个运算框表示一个功能，左边画输入、右边画输出。

五、PLC 的工作过程

PLC 的工作方式有扫描方式和中断方式。

扫描方式工作过程如图 3-24 所示，是输入刷新——再运行用户程序——再输出刷新——再输入刷新——再运行用户程序——再输出刷新……永不停止地循环反复地进行着。扫描方式是用计算机进行实时控制的一种方式。此外，计算机用于控制还有中断方式。在中断方式下，需处理的控制先申请中断，被响应后正运行的程序停止运行，转而去处理中断工作（运行有关中断服务程序）。待处理完中断，又返回运行原来程序。哪个控制需要处理，哪个就去申请中断。哪个不需处理，将不被理睬。显然，中断方式与扫描方式是不同的。

但是，PLC 在用扫描方式为主的情况下，也不排斥中断方式。即，大量控制都用扫描方式，个别急需的处理，允许中断这个扫描运行的程序，转而去处理它。这样，可做到所有

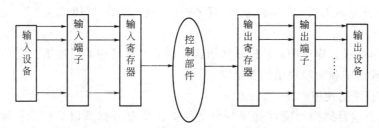

图 3-24 PLC 工作方式框图

的控制都能照顾到，个别应急的也能进行处理。

六、S7 系列可编程控制器简介

SIMATIC S7 系列 PLC 包括 S7-200、300、400 等品种，本节将介绍 S7-300。

S7-300 功能指标：数字量 I/O 通道数为 256～65536，模拟量 I/O 通道数为 64～4096，工作存储器容量为 16～512kB，共有 350 多条指令，位操作指令执行时间为 0.05～0.2μs。

1. S7-300 系统组成

S7-300 系统组成包括：CPU 模块、接口模块（IM）、信号模块（SM）、功能模块（FM）、通信处理器（CP）及电源模块（PS）等。如图 3-25 所示。

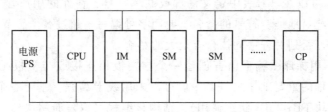

图 3-25 S7-300 系统组成结构框图

模块安装在专用的机架即导轨（RACK）上，模块上集成了背板总线，通过背板总线和总线连接器将各模块相连接。如图 3-26 所示。

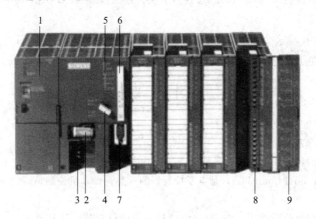

图 3-26 S7-300 系统组成结构图

1—负载电源（选项）；2—后备电池（CPU 313 以上）；3—24V DC 连接；4—模式开关；

5—状态和故障指示灯；6—存储器卡（CPU 313 以上）；7—MPI 多点接口；

8—前连接器；9—前门

2. 编程语言

S7-300 使用 STEP7 编程语言，有指令表（STL）梯形图（LAD）、功能块图（FBD）、结构化控制语言（SCL）、顺序控制（GRAPH）、状态图（HiGRAPH）及连续功能图（CFC）等。

通常使用指令表、梯形图、功能块图语言，以下列举常用的位逻辑、定时器和计数器的指令及相应的梯形图和功能块图的表示法。

3. STEP7 程序的使用

① 创建一个项目结构。项目就像一个文件夹，所有数据都以分层的结构存在于其中，任何时候都可以使用。在创建一个项目之后，所有其他任务都在这个项目下执行。

② 组态一个站。组态一个站就是指定你要使用的可编程控制器，例如 S7300、S7400 等。

③ 组态硬件。组态硬件就是在组态表中指定控制方案所要使用的模板以及在用户程序中以什么样的地址来访问这些模板，地址一般不用修改由程序自动生成。模板的特性也可以用参数进行赋值。

④ 组态网络和通讯连接。通讯的基础是预先组态网络，也就是要创建一个满足控制方案的子网，设置网络特性、设置网络连接特性以及任何联网的站所需要的连接。网络地址也是程序自动生成如果没有更改经验一定不要修改。

⑤ 定义符号。可以在符号表中定义局部或共享符号，在你的用户程序中用这些更具描述性的符号名替代绝对地址。符号的命名一般用字母编写不超过 8 个字节，最好不要使用很长的汉字进行描述，否则对程序的执行有很大的影响。

⑥ 创建程序。用梯形图编程语言创建一个与模板相连接或与模板无关的程序并存储。创建程序是控制工程的重要工作之一，一般可以采用线形编程（基于一个块内，OB1）、分布编程（编写功能块 FB，OB1 组织调用）、结构化编程（编写通用块）。最常采用的是结构化编程和分布编程配合使用，很少采用线形编程。

⑦ 下载程序到可编程控制器。完成所有的组态、参数赋值和编程任务之后，可以下载整个用户程序到可编程控制器。在下载程序时可编程控制器必须在允许下载的工作模式下（STOP 或 RUN-P）。

RUN-P 模式表示，这个程序将一次下载一个块，如果重写一个旧的 CPU 程序就可能出现冲突，所以一般在下载前将 CPU 切换到 STOP 模式。

习　题

一、填空题

1. 基本控制规律有四种：（　　）、（　　）、（　　）、（　　）。

2. 单元组合仪表的特点在于仪表由各种（　　），相互间采用统一的（　　）的单元组合而成。

3. 数字控制器，Digital Controller，是电子控制器的一类，计算机控制系统的（　　），一般与系统中（　　）、设备相连。

4. 智能控制器不仅可接受以 4～20mA 电流信号输入的设定值，还具有（　　）接口 RS-232 或 RS-422 等，可与上位机连成主从式通信网，接受（　　）的控制参数，并上报各种过程参数。

5. PLC 是一种专门为在工业环境下应用而设计的（　　）电子装置。

二、选择题

1. 国际标准信号即现场传输信号为（　　），控制室联络信号为（　　），信号电流与电压的转换电阻为（　　）。

　　A. 250Ω　　B. 24V　　C. 4～20mA　　D. 1～5V

2. 比例控制规律的缺点是（　　　）。

    A. 滞后　　　B. 系统的稳定性降低　　　C. 易使系统产生波动　　　D. 有余差

3. 积分控制规律的优点是（　　　）。

    A. 有超前作用　　　B. 提高系统稳定性　　　C. 消除余差　　　D. 及时

4. DDC 系统的组成通常不包括（　　　）。

    A. 中央控制设备　　　B. 现场 DDC 控制器　　　C. 不间断电源

    D. 通讯网络　　　E. 传感器、执行器、调节阀等元器件。

5. 下列说法错误的是（　　　）。

    A. PLC 可以实现开关量的逻辑控制、模拟量控制、运动控制功能。

    B. PLC 可以实现数据处理。

    C. PLC 不能实现过程控制功能。

    D. PLC 可以实现通讯及联网功能。

三、名词解释

控制规律；比例控制；积分控制；微分控制；单元组合仪表。

四、问答题

1. 什么是余差？为什么单纯比例控制不能消除余差？

2. 单元组合仪表是如何命名的？

3. 单元组合仪表的特点是什么？

4. 简述智能化测量控制仪表的基本组成及各部分的作用。

5. 简述 PLC 的工作过程。

五、应用题

一个 DDZ-Ⅲ型比例控制器的测量范围为 $0 \sim 400 ℃$，当指示变化 $100 ℃$，控制器的比例度为 50% 时，求相应的控制器输出将变化多少？当指示值变化多少时，控制器输出做全范围变化？

第四章 执 行 器

在自动控制系统中，控制器的控制作用是通过执行器完成的。它接受控制器送来的控制信号，去改变生产工艺中调节剂的流量，使生产过程按预定的要求正常进行，实现生产过程的自动化，所以执行器被称为生产过程自动化的"手和脚"。它是自动控制系统中必不可少的重要环节。

按所用能源形式的不同，执行器分为电动、气动和液动三类。

电动执行器具有快速，便于集中控制等优点，但结构复杂，防火防爆性能不好。液动执行器是利用液压原理推动执行机构，它的推力大，适用于负荷较大的场合，但其辅助设备大而笨重。这两种执行器在化工生产中用得较少。

气动执行器由气动执行机构和控制机构两部分组成。气动执行机构又分为薄膜式和活塞式两种，它们都是以压缩空气为能源，具有控制性能好，结构简单，动作可靠，维修方便，防火防爆和价廉等优点，并可以方便地与气动仪表配套使用。即使采用电动仪表或计算机控制时，也仍能采用气动执行器，此时，只要将电信号经电-气转换器或电-气阀门定位器转换成信号即可。所以，在化工生产中普遍使用的是气动执行器。

气动执行器也称为气动调节阀，下面以气动执行器的典型产品——气动薄膜调节阀为例介绍其结构和工作原理。

第一节 气动薄膜调节阀

一、气动薄膜调节阀的结构及工作原理

气动薄膜调节阀的结构如图 4-1 所示，上部是气动执行机构，下部是调节机构。

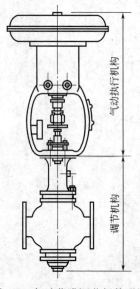

图 4-1 气动薄膜调节阀外形图

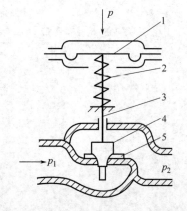

图 4-2 气动薄膜调节阀结构示意图
1—膜片；2—弹簧；3—推杆；4—阀芯；5—阀座

图 4-2 是气动薄膜调节阀的结构示意图。它主要由膜片、弹簧、推杆、阀芯、阀座等零部件组成。

当来自控制器的信号压力通入到薄膜气室时，在膜片上产生一个推力，并推动推杆部件向下移动，使阀芯和阀座之间的空隙减小（即流通面积减小），流体受到的阻力增大，流量减小。推杆下移的同时，弹簧受压产生反作用力，直到弹簧的反作用力与信号压力在膜片上产生的推力相平衡为止，此时，阀芯与阀座之间的流通面积不再改变，流体的流量稳定，可见，调节阀是根据信号压力的大小，通过改变阀芯的行程来改变阀的阻力大小，达到控制流量的目的。

1. 气动执行机构

气动薄膜执行机构主要用作一般调节阀（包括蝶阀）的推动装置，分有弹簧和无弹簧两种。无弹簧的气动薄膜执行机构常用于双位式控制。有弹簧的气动薄膜执行机构按作用形式分为正作用和反作用两种，其结构见图 4-3 和图 4-4。

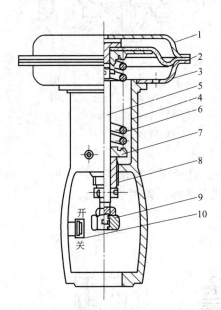

图 4-3　正作用式气动薄膜执行机构
1—上膜盖；2—波纹膜片；3—下膜盖；4—支架；
5—推杆；6—弹簧；7—弹簧座；8—调节件；
9—连接阀杆螺母；10—行程标尺

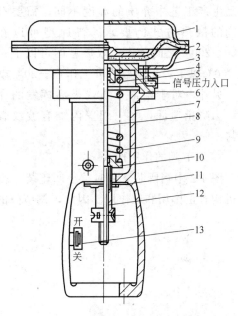

图 4-4　反作用式气动薄膜执行机构
1—上膜盖；2—波纹膜片；3—下膜盖；4—密封膜片；5—密封环；6—填块；7—支架；8—推杆；
9—弹簧；10—弹簧座；11—衬套；
12—调节件；13—行程标尺

当来自控制器或阀门定位器的信号压力增大时，推杆向下动作的叫正作用执行机构，如图 4-3 的 ZMA 型结构；当信号压力增大时，推杆向上动作的叫反作用执行机构，如图 4-4 的 ZMB 型结构。正作用机构的信号压力是通入波纹膜片上方的薄膜气室，而反作用机构的信号压力是通入波纹膜片下方的薄膜气室。通过更换个别零件，两者便能互相改装。

当信号压力通入薄膜气室时，在薄膜上产生的作用力使推杆部件移动，并压缩弹簧，直至弹簧上的反作用力与薄膜上的作用力相平衡。弹簧压缩量即推杆的位移量与输入薄膜气室的信号压力成比例，当信号从 20kPa 变到 100kPa 时，推杆也走完全行程。推杆的位移即为执行机构的直线输出位移，其输出位移的范围为执行机构的行程。行程规格有 10，16，25，

40，60，100（mm）等。

2. 调节机构

调节机构就是一个阀门，即局部阻力可变的节流元件。调节阀的品种很多，为了说明其整体结构，图4-5画出了常用的直通双座调节阀的结构。调节阀阀杆的上端与执行机构的推杆通过螺母相连接，推杆带动阀杆及阀杆下端的阀芯上下移动。流体从左侧进入调节阀，流过上、下阀芯与阀座的间隙从右侧流出。

上阀盖结构形式有普通型、散热片型、长颈型及波纹管密封型四种（图4-6）。以满足生产工艺中介质的温度不同，需要有不同的散热方式的要求。普通型可以在−20～200℃之间工作；散热型的可以工作在200℃以上；长颈型的可工作在−20℃以下。另外，对于剧毒介质或极易挥发的介质，为防止泄漏，在上阀盖内加有波纹管密封。

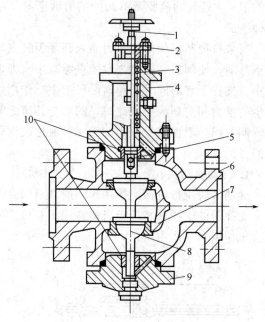

图4-5 直通双座调节阀结构

1—阀杆；2—压板；3—填料；4—上阀盖；
5—圆柱销钉；6—阀体；7—阀座；
8—阀芯；9—阀盖；10—衬套

3. 调节阀的作用形式

图4-2中当阀芯下移时关小叫正装，反之叫反装。这样阀芯有正装和反装两种，加之执行机构有正作用和反作用。因此，调节阀的作用形式有四种，如图4-7所示。

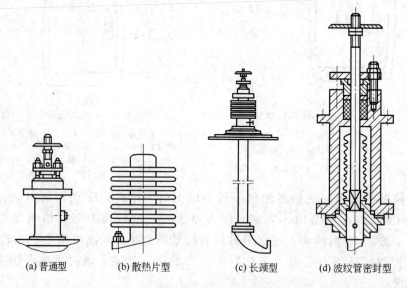

(a) 普通型　　　　(b) 散热片型　　　　(c) 长颈型　　　　(d) 波纹管密封型

图4-6 上阀盖结构形式

这四种形式的调节阀如果从信号的控制作用来看，分为两种，即气开和气关形式，图4-7中（b）和（c）为气开，（a）和（d）为气关，在使用中，大口径的阀门一般都用正作用形式，而用改变阀芯的安装方向来获得气开或气关特性。

气开、气关的选择与生产安全有关，其原则是：一旦信号中断，调节阀的状态能保证人员和设备的安全。例如用来控制进入加热炉的燃料油的控制阀，一般选用气开阀，当控制信号中断，阀就处于关闭状态，保证燃烧停止，不烧坏炉管，而一般的蒸汽锅炉的供水阀则选气关阀，一旦控制信号中断，阀处于全开状态，保证供水，不至于"干锅"而烧坏锅炉，或因为缺水，猛烈汽化而爆炸。但是，如果锅炉本身安全问题不大，而要求供汽不能带液，这时应选气开阀。

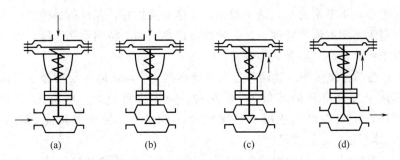

图 4-7　调节阀的作用形式示意图

二、调节阀的种类

根据不同的使用要求，调节阀结构有不同种类，如：直通单座、直通双座、角型、高压阀、隔膜阀、阀体分离阀、蝶阀、球阀、凸轮挠曲阀、笼式阀、三通阀、小流量阀和超高压阀等。

图 4-8（a）是直通单座阀，它只有一个阀座和一个阀芯，结构简单，价格便宜，全关时泄漏少。但由于阀座前后存在压力差，对阀芯产生不平衡力较大，特别是在高压差大口径时更为严重，一般仅适用于小口径的场合（公称直径 DN＜25mm）。

图 4-8（b）为直通双座阀，有两个阀座和两个阀芯，流体在阀前后的压力差同时作用在两个阀芯上而且方向相反，大致可以抵消，所以，阀芯所受的不平衡力小，动作比较灵便，口径也可以做得较大，使用很普遍，但由于有两个阀芯，所以全关时泄漏量较大，流路比单座阀复杂，在高压差状态下阀芯阀体的冲蚀也较严重一些，不宜用在高黏度、含悬浮颗粒和含纤维的场合。

图 4-8（c）为角型阀。流体进出口成直角型，其他结构与单座阀相似，流向一般为底进侧出，但在高压差场合，为减少流体对阀芯的损伤，也可侧进底出，由于流路简单，阻力小，阀体内不易积存污物，有利于高黏度及含有悬浮物和颗粒的流体。高压控制阀也大多为角形阀。

图 4-8（d）和（e）为三通阀。它有三个出入口与管道相连，又分为分流式（d）和合流式（e）。可把一路流体分成两路，或把两路合成一路。阀芯移动时，流体一路减少，另一路就增加，两者成一定比例而总量不变，一般用于代替两个直通阀进行热交换的旁路控制。使用中两流体的温差不应大于 150℃，流体温度一般不应大于 300℃。

图 4-8（f）为蝶形阀又叫挡板阀，它是气压信号通过杠杆带动挡板轴使挡板偏转，改变流通面积，达到改变流量的目的。适用于低压差、大流量的气体，也可用于含少量悬浮物及纤维或黏度不大的液体，但泄漏量大。

图 4-8（g）为隔膜阀。采用了耐腐蚀衬里（如橡胶、陶瓷、聚乙烯等）的阀体和耐腐蚀的隔膜（氯丁橡胶、聚四氯乙烯等），代替阀组件，由阀芯使隔膜上下动作，改变它与阀

体堰面间的流通面积起控制作用。它的流路简单，几乎无泄漏，适用于防腐蚀的场合，也可用于有毒、易燃易爆和贵重的流体，以及真空场合。但由于材料的性质限制，使用温度宜在150℃以下，压力在1MPa以下。

图 4-8（h）为笼式阀，又叫套筒阀，其外形与一般直通阀相似，在阀体内有一个圆柱形套筒（或笼子），其内有阀芯，可以利用笼子作导向上下移动。套筒壁上有多个不同形状的孔（窗口）。阀芯在套筒里移动时，改变了窗口的流通面积，也就改变了流量。笼式阀的可调比大，振动小，不平衡力小，结构简单，套筒互换性好，部件所受的汽蚀也小，更换不同的套筒即可得到不同的流量特性，是一种性能优良的阀。特别适用于降低噪音及差压较大的场合，但要求流体洁净，不含固体颗粒。

图 4-8（i）为凸轮挠曲阀。其阀芯呈扇形球面状，它与挠曲臂及轴套一起铸成，固定在转轴上，阀芯从全关到全开的转角为 50°左右。阀体为直通型，可调比宽可达 50∶1 或 100∶1，流阻小，密封性好，适用于黏度大及一般场合，使用温度也较宽，在 －195～ ＋400℃之间，体积小，重量较轻。

图 4-8（j）为球阀，球阀的阀芯有"V"型和"O"型两种开口形式，适用于高黏度和污秽介质的场合，其可调范围很宽，达到 200∶1 甚至 300∶1。"O"型阀芯的球阀一般用于两位式切断场合；"V"型球阀一般用于连续控制系统，其特性近似于百分比型。

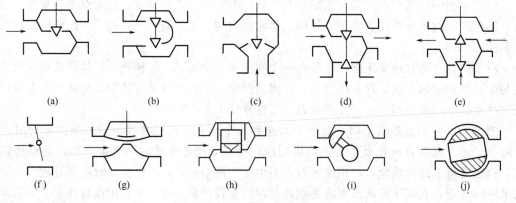

图 4-8　调节阀体主要类型示意图

第二节　阀门定位器

阀门定位器是气动执行机构的辅助装置，与气动执行机构配套使用。按所配执行机构来分，有配薄膜执行机构，配活塞执行机构等。按输入信号来分，有气动阀门定位器和电-气阀门定位器。它主要有以下作用。

① 能克服阀杆与密封腔间的静摩擦力和阀芯前后压力差对阀芯产生的不平衡力的影响，使阀芯动作灵便，保证正确定位，改善静特性。

② 放大了控制器信号功率，减少了长管线、大薄膜气室引起的容量滞后，改善了控制阀的动特性。

③ 选用不同的反馈凸轮和装配形式，可以改善阀的流量特性和正反作用形式。例如：定位器输入信号为 20～100kPa 时，输出可为 20～100kPa（正作用），也可为 100～20kPa（反作用）。这样，正作用的控制阀不用改变阀芯、阀座的位置，只要配阀门定位器便可实现

反作用。

④ 用一个控制信号控制两个控制阀，实现分程控制。如：让一个阀在 20～60kPa 的范围内走完全行程，而另一个阀在 60～100kPa 的范围内走完全行程，就可以在两个阀上通过改变其阀门定位器的放大系数和零位达到目的。

一、配薄膜执行机构的气动阀门定位器

图 4-9 是配薄膜执行机构的气动阀门定位器的原理结构图。它是按力矩平衡原理工作的。从控制器输出的控制信号 p_1 送入波纹管 1 内，当信号压力增大时，主杠杆环绕支点 15 逆时针偏转，挡板 13 靠近喷嘴 14，喷嘴背压，经放大器 16 放大后，通入薄膜气室 8。通入薄膜气室的压力增大使阀杆向下移动，并带动反馈杆 9 绕支点 4 逆时针转动，反馈凸轮 5 也跟着作逆时针方向转动，通过滚轮 10 使副杠杆 6 绕支点 7 顺时针转动并使反馈弹簧 11 拉伸，弹簧 11 对主杠杆 2 的拉力与信号压力通过波纹管 1 对主杠杆的力刚好相反，达到平衡时，仪表工作达平衡状态。此时，一定的压力信号就对应于一定的阀门位置。弹簧 12 的作用是调零的，当仪表信号压力为 20kPa 时，阀杆开始动作。

定位器有正作用和反作用，前者当信号压力增加时，输出压力也增加（图 4-9），后者当信号压力增加时，输出压力则减少。欲将定位器由正作用改为反作用，只要把波纹管从主杠杆的右侧调到左侧，而把弹簧 3 从左侧调到右侧即可。

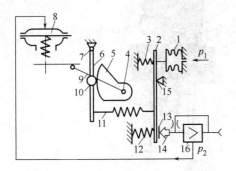

图 4-9　气动阀门定位器的工作原理图

1—波纹管；2—主杠杆；3—量程弹簧；4—反馈凸轮
支点；5—反馈凸轮；6—副杠杆；7—副杠杆支点；
8—薄膜执行机械；9—反馈杆；10—滚轮；
11—反馈弹簧；12—调零弹簧；13—挡板；
14—喷嘴；15—主杠杆支点；16—放大器

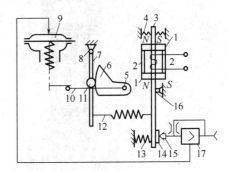

图 4-10　电-气阀定位器原理图

1—永久磁钢；2—导磁体；3—主杠杆（衔铁）；4—平
衡弹簧；5—反馈凸轮支点；6—反馈凸轮；7—副杠
杆；8—副杠杆支点；9—薄膜执行器；10—反
馈杆；11—滚轮；12—反馈弹簧；13—调
零弹簧；14—挡板；15—喷嘴；16—主杠
杆支点；17—放大器

二、配薄膜执行机构的电-气阀门定位器

图 4-10 为配薄膜执行机构的电-气阀门定位器的原理结构图。它也是按力矩平衡原理工作的。由图可见，只要把配薄膜执行机构的气动阀门定位器的波纹管组件换成力矩马达就行了。力矩马达组件是将电流变为力的转换元件，它由永久磁钢 1，导磁体 2，线圈、衔铁（主杠杆）3 和工作气隙所组成。当电流信号通入线圈时，由于电磁场和永久磁钢的相互作用，使主杠杆 3 受到一个向左的力，于是它绕支点 16 偏转，挡板 14 靠近喷嘴 15，以后的动作过程与气动阀门定位器一样，当达平衡后，阀门的行程就与输入的电流信号一一对应。

采用电-气阀门定位器后，可用电动控制器输出的 0～10mA 或 4～20mA（直流）电流信号去操作气动执行机构。一台电-气阀门定位器同时具有电-气转换器和气动阀门定位器的两个作用。

第三节　电动执行器

目前共有两种类型的电动执行机构，一般分为部分回转电动执行机构（Part-Turn Electric Valve Actuator），和多回转电动执行机构（Multi-Turn Electric Valve Actuator），前者主要控制需要部分回转的阀门例如：球阀，蝶阀等，后者需要多圈数旋转的阀门，例如闸阀等。

电力驱动的多回转式执行机构是最常用、最可靠的执行机构类型之一。使用单相或三相电动机驱动齿轮或蜗轮蜗杆最后驱动阀杆螺母，阀杆螺母使阀杆产生运动使阀门打开或关闭。图 4-11 是一种电动单座调节阀，具有结构紧凑、重量轻、动作灵敏、流体通道呈 S 流线型、压降损失小、可调范围宽、流量特性精确，直接接受调节仪表输入的（4～20mA DC 0～10mA DC 或 1～5V DC）控制信号及单相电源即可控制运转，实现对工艺管路流体介质的自动调节控制。

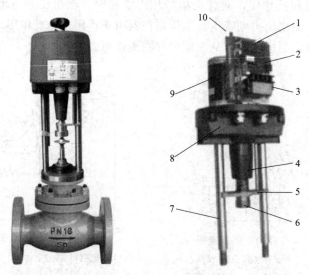

图 4-11　电动单座调节阀

1—显示器；2—控制器；3—功率驱动；4—输出轴；5—行程标尺；
6—联接螺母；7—支架；8—壳体；9—伺服电机；10—传动部分

电机电源是 220V AC，控制信号是 4～20mA，电动执行机构工作原理如图 4-12 所示，阀里面有控制器，控制器把电流信号转换为步进电机的角行程信号，电机转动，由齿轮，杠杆，或者齿轮加杠杆，带动阀杆运动，实现直行程或角行程运动。一般大口径使用伺服电机为闭环，小口径使用步进电机为开环控制。

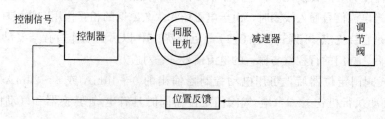

图 4-12　电动执行机构工作原理图

第四节 其他执行器简介

一、液动执行器

当需要异常的抗偏离能力和高的推力以及快的形成速度时，往往选用液动或电液执行机构。因为液体的不可压缩性，采用液动执行器的优点就是较优的抗偏离能力，这对于调节工况是很重要的，另外，液动执行机构运行起来非常平稳，响应快，所以能实现高精度的控制。

液动执行器和气缸相近，如图 4-13 所示，只是比气缸能耐更高的压力，它的工作需要外部的液压系统，工厂中需要配备液压站和输油管路。

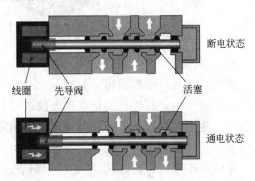

图 4-13　液动执行器

电液执行机构是将电机、油泵、电液伺服阀集成于一体，将标准输入信号（4～20mA，DC.）通过电液转换、液压放大并转变为与输入信号相对应的 0°到 90°转角位移输出力矩或直线位移输出力矩的装置。电液执行机构相对传统的气动执行机构和电动执行机构有较大优势，具有行程大、推力或力矩大、响应时间快、灵敏度高、机构紧凑等特点。

二、疏水阀

疏水阀的基本作用是将蒸汽系统中的凝结水排出；同时最大限度地自动防止蒸汽的泄漏。疏水阀的品种很多，选用疏水阀时，首先应选其特性能满足蒸汽加热设备的最佳运行，然后才考虑其他客观条件，这样选择所需要的疏水阀才是正确和有效的。

疏水阀要能"识别"蒸汽和凝结水，才能起到阻汽排水作用。"识别"蒸汽和凝结水基于三个原理：密度差、温度差和相变。于是就根据三个原理制造出三种类型的疏水阀：分类为机械型、热静力型、热动力型。

① 机械型：依靠蒸汽疏水阀内凝结水液位高度的变化而动作，包括：浮球式，其浮子为封闭的空心球体；敞口向上浮子式，其浮子为开口向上的桶型；敞口向下浮子式，其浮子为开口向下的桶型。图 4-14 是浮球式疏水阀结构图。

② 热静力型：依靠液体温度的变化而动作，包括：双金属片，其敏感元件为双金属片；蒸汽压力式，其敏感原件为波纹管或墨盒，内部充入挥发性液体。

③ 热动力型：依靠液体的热动力学性质的变化而动作，包括：圆盘式，在相同的压力下，液体与气体的流速不同，所产生的不同的动、静压力，驱使圆盘阀片动作；脉冲式，由于不同温度的凝结水通过两极串联节流孔板时，会在两极节流孔板之间形成不同压力，驱使阀瓣动作。

图 4-14　浮球式疏水阀结构图　　　　　　　　　图 4-15　保位阀

三、保位阀

保位阀也叫气动锁止阀，如图 4-15 所示。是气动单元组合仪表辅助元件。当气源系统发生故障时，保位阀能自动切断调节仪表与调节阀的通道，使调节阀的开度保证停在故障前的位置，使工艺过程正常运行。气源故障消除后，又能自动恢复正常工作。因此保卫阀可作为自动控制回路中的安全保护装置。

保位阀是把主气源作为信号压力，当信号压力低于气锁阀设定的压力时，切断保位阀内部气路，阻止空气流动的装置。主要用途是安装在控制阀上，当工厂的主气源压力因停电，泄漏等原因下降到设定压力以下时，自动关闭从定位器通往执行机构的气路，保持当前阀位开度。

四、限流阀

限流阀是一种安全保护阀，使用于油品等非腐蚀性介质。在管道内介质流速超过设定值时即时关闭，在管道或附件损坏流速过大时自动关闭，防止事故的发生或扩大，一般安装于贮罐进出口，或管道出口，保卫下游设备的安全性和可靠性，如图 4-16 所示。

图 4-16　限流阀

五、止回阀

止回阀是指依靠介质本身流动而自动开、闭阀瓣，用来防止介质倒流的阀门，又称逆止阀、单向阀、逆流阀、和背压阀。止回阀属于一种自动阀门，其主要作用是防止介质倒流、防止泵及驱动电动机反转，以及容器介质的泄放。

止回阀按结构划分，可分为升降式止回阀、旋启式止回阀和蝶式止回阀三种，如图 4-17 所示。在连接形式上可分为螺纹连接、法兰连接、焊接连接和对夹连接四种。

(a) 升降式止回阀　　　　　　(b) 旋启式止回阀　　　　　　(c) 蝶式止回阀

图 4-17　止回阀

六、呼吸阀

呼吸阀是维护贮罐气压平衡，减少介质挥发的安全节能产品，呼吸阀充分利用贮罐本身的承压能力来减少介质排放，其原理是利用正负压阀盘的重量来控制贮罐的排气正压和吸气负压；当往罐外抽出介质，使罐内上部气体空间的压力下降，达到呼吸阀的操作负压时，罐外的大气将呼吸阀的负压阀盘顶开，使外界气体进入罐内，使罐内的压力不再继续下降，让罐内与罐外的气压平衡，来保护贮罐的安全装置。

呼吸阀按结构分有紧定式呼吸阀、填料式呼吸阀、自封式呼吸阀、油封式呼吸阀，部分呼吸阀如图 4-18 所示；按选用材质分有铸铁呼吸阀、碳钢呼吸阀、铸钢呼吸阀、不锈钢（304、304L、316、316L）呼吸阀、铝合金呼吸阀、塑料（PVC、PP）呼吸阀。

(a) 填料式呼吸阀　　　　　　　　　　(b) 油封式呼吸阀

图 4-18　呼吸阀

按工作原理分有两种，第一种是达到一定压力时，进行呼或吸；另一种是设计成纯粹只呼不吸，可以理解为用两个适当压力的单向阀代替；第二种呼吸阀类似于单向止逆阀，它只能向外呼气，不能向内吸气，当系统内压力升高时，气体便经过呼吸阀向外放空，保证系统的压力恒定。对于存放有毒物质的贮罐，是没有呼吸阀的，可以加活性碳过滤器等处理装置。

七、排泥阀

排泥阀的适用介质为原生污水，介质的温度一般应小于 50℃，其工作水深小于 10m。排泥阀也用于水处理工厂做为排放水池内的污泥及废水。排泥阀为角型结构，内部的尼龙强化橡胶隔膜，可使排泥阀长期使用。

排泥阀是一种由液压源作执行机构的角式截止阀类阀门。通常成排安装在沉淀池底部外侧壁，用以排除池底沉淀的泥砂和污物。排泥阀由阀体、液压缸、活塞、阀杆、阀瓣组成，液压缸是液体工具。液体作为动力，活塞、阀杆作为开关。排泥阀必须配用手动换方阀或电磁阀可远距离控制排泥阀开关，如图 4-19 所示。

图 4-19　排泥阀

八、圆顶阀

圆顶阀是一种新型的快速起闭阀门，如图 4-20 所示。主要应用于电力、冶金、化工、食品、制药等领域气力输送系统中的干灰、干粉物料的进料口、出料口、排气口、助吹口、排堵口及管道切换的开关控制。

圆顶阀阀芯是一个球面圆顶，如图 4-20 所示，圆顶阀在开关过程中，阀芯与橡胶密封圈间保持有约 2mm 的间隙，使阀芯与橡胶密封圈可以以无接触的方式运动，目的是使阀芯与密封圈之间不产生摩擦，减少磨损。圆顶阀的气动执行元件为全封闭回转推杆式气缸，直接驱动圆顶阀转动，有效地防止了灰尘进入其中造成磨损、泄漏等现象的发生。当圆顶阀处于关闭状态时，橡胶密封圈充气，膨胀后紧紧地压在球面圆顶阀芯上，从而形成一个非常可靠的密封环带，阻止了管道内物料的流动。当圆顶阀开启时，橡胶密封圈排气，圆顶阀阀芯开启，此时阀门打开。圆顶阀阀芯根据使用场合的不同，采用不同材料，表面进行不同硬化处理方式，利用阀芯光滑坚硬的表面，可保证与橡胶密封圈良好的紧密接触以保证密封的可靠。橡胶密封圈采用特种材料制成，具有耐

图 4-20　圆顶阀

高温、耐腐蚀、耐磨损、耐老化等特点，使用寿命长。阀门开启时，料口全流通无阻挡。该阀适用介质：气体，液体，半流体及固体粉末。

圆顶阀的安装形式有四种，如图 4-21 所示。

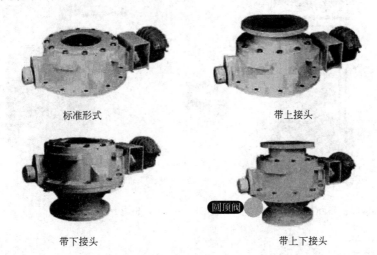

图 4-21 圆顶阀的安装形式

九、自力阀

自力式调节阀是一种无需外加驱动能源，依靠被测介质自身的能量，按设定值进行自动调节的控制装置。它集检测、控制、执行诸多功能于一身，自成一个独立的仪表控制系统。具有以下特点：无需外加驱动能源，节能，运行费用低，适用于爆炸性危险环境；结构简单，维护工作量小，可以实现无人值守；集变送器、控制器及执行机构的功能于一体，价格低廉，节约工程投资。以油田常用的三相分离器为例，使用自力式调节阀工程投资仅为使用电动单元组合仪表的三分之一。

自力式调节阀种类很多，按被控参数可分为自力式压力（差压）调节阀、自力式液位调节阀、自力式温度调节阀、自力式流量调节阀等，如图 4-22 和图 4-23 所示。

自力式调节阀有直接作用式和间接作用式。

① 直接作用式调节阀又称为弹簧负载式调节阀，其结构内有弹性元件：如弹簧、波纹管、波纹管式的温包等，利用弹性力与反馈信号平衡的原理。

② 间接作用式调节阀，增加了一个指挥器（先导阀）它起到对反馈信号的放大作用然后通过执行机构，驱动主阀阀瓣运动达到改变阀开度的目的。

技能训练 6：带阀门定位器的调节阀现场校验

一、实训目的

调节阀在控制系统中是执行机构，阀门的动作受控制器控制，同时阀门的动作也直接影响工艺参数的变化，所以除了现场装有副线的调节阀可以经副线将调节阀切出运行状态进行校准外，其余都只能在停运状态下才能校准。为了提高调节性能，调节阀往往装有阀门定位器，在一般情况下调节阀都是连同阀门定位器一起校准的。阀门定位器分为气动和电动两种。

① 了解调节阀的结构及原理；

(a) 自力式压力(差压)调节阀　　　　　　(b) 自力式液位调节阀

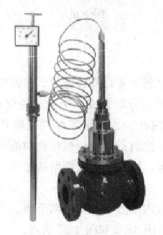

(c) 自力式温度调节阀

(c) 自力式流量调节阀

图 4-22　自力阀种类

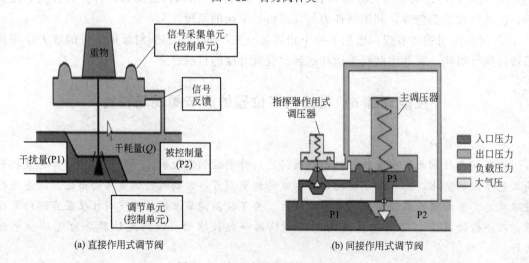

(a) 直接作用式调节阀　　　　　　　　(b) 间接作用式调节阀

图 4-23　自力式调节阀结构示意图

② 了解阀门定位器的结构及原理；

③ 掌握调节阀的校验方法；

二、实训设备、工具与仪器

调节阀带阀门定位器及其他附件，机械结构比较复杂，零部件也比较多，所以要求配置的工具比较齐全。要求有套筒扳手、内六角扳手（200～375mm 或 8～15in）、各种规格的活动扳手以及仪表工日常使用的工具等。主要使用的仪器如下：

① 数字压力计：0～160kPa 2 台

② 气动定值器：1 台

③ 精密电流表：0～30mA 1 台

④ 电流信号发生器：1 台

三、接线图及校准步骤

1. 带气动阀门定位器的调节阀校准

（1）接线　按图 4-24 接配管线。接通气源调整定值器，使其输出（数字压力计 1）为 20kPa，观察阀门行程是否在起始位置。调整定值器输出到 100kPa，观察阀门行程是否达到最大位置。图中数字压力计 2 作为监视定位器输出用。

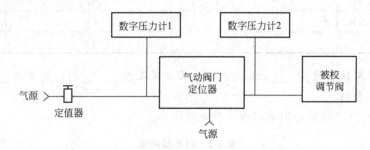

图 4-24　带气动阀门定位器的调节阀校准原理图

（2）步骤

① 选输入信号压力 20kPa、40kPa、60kPa、80kPa、100kPa 5 个点进行校准。

② 对应阀位指示应为 0、25%、50%、75%、100%。

③ 正、反两个方向进行校准。阀位指示如以全行程（mm）乘上刻度百分数，即能得到行程的毫米数。

2. 带电气阀门定位器的调节阀调准

（1）接线　按图 4-25 接配管线。图中数字压力计作监视定位器输出用。

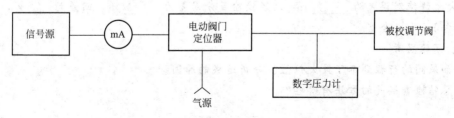

图 4-25　带电气阀门定位器的调节阀校准原理图

先送入 4mA 的输入信号，观察数字压力计是否为 20kPa，阀门行程是否在起始位置。再将输入信号调整到 20mA，观察数字压力计是否为 100kPa，阀门行程是否达到最大位置。

（2）步骤

① 选输入信号为 4mA、8mA、12mA、16mA、20mA 5 个点校准。

② 对应阀门指示应为 0、25%、50%、75%、100%。

③ 正、反两个方向进行校准。阀位指示如以全行程（mm）乘上刻度百分数，即能得到行程的毫米数。

在对调节阀校准中，因是现场校准，阀门已经装在使用位置，所以有的项目如气密性试验等无法进行。在定位器和调节阀联动校准过程中，如发现定位器工作不正常，则应将定位器取下单独校准。

四、数据记录及处理

① 带气动阀门定位器的调节阀校准（见表 4-1）

表 4-1　调节阀校准

被检点压力/kPa		20	40	60	80	100
理论行程/%		0	25	50	75	100
实际行程 /mm	正向行程					
	反向行程					
绝对误差值 /mm	正向行程					
	反向行程					
回差/mm						

最大允许绝对误差为_____mm，经校验百分误差为_____%，回差为____%，以此判断变该阀门____合格。

② 带电气阀门定位器的调节阀调准（见表 4-2）

表 4-2　调节阀调准

被检点电流/mA		4	8	12	16	20
理论输出行程/%		0	25	50	75	100
实际行程 /mm	正向行程					
	反向行程					
绝对误差值 /mm	正向行程					
	反向行程					
回差/mm						

最大允许绝对误差为_____mm，经校验百分误差为_____%，回差为____%，以此判断变该阀门_____合格。

五、问题思考

① 如果阀的行程到不了最大位置？分析造成的原因。

② 总结检查漏气的方法有哪些？

习　　题

一、填空题

1. 在自动控制系统中，控制器的作用是通过（　）完成的。

2. 电动执行器具有（　），便于集中控制等优点。

3. 根据不同的（　　），调节阀结构有不同种类。

4. 选用不同的（　　）和装配形成，可以改善阀的流量特性和正反作用形式。

5. 目前共有两种类型的电动执行机构，一般分为（　　）和多回转电动执行机构。

6. 疏水阀的基本作用是将蒸汽系统中的（　　）排出；同时最大限度地自动防止蒸汽的（　　）。

7. 保位阀是把（　　）作为信号压力，当信号压力低于气锁阀设定压力时，切断保位阀（　　），阻止空气流动的装置。

8. 止回阀是指依靠（　　）而自动开、闭阀瓣，用来防止介质倒流的阀门，又称逆止阀、（　　）、逆流阀、和（　　）。

9. 呼吸阀按结构分有紧定式呼吸阀、（　　）、自封式呼吸阀、（　　）。

10. 排泥阀是一种由液压源作执行机构的（　　）阀门。通常成排安装在沉淀池（　　），用以排除池底沉淀的泥砂和污物。

二、选择题

1. 气动执行器由（　　）和控制机构两部分组成。

A. 气动调节机构　　B. 气动执行机构　　C. 电-气转换机构　　D. 阀门定位器

2. 气开、气关的选择与（　　）有关。

A. 控制器的形式　　B. 管道的位置　　C. 生产安全　　D. 工艺要求

3. 阀门定位器的作用有（　　）。

A. 改善静特性　　B. 改善动特性　　C. 实现分程控制　　D. 改变正反作用

4. 自力式调节阀集（检测、控制、执行）诸多功能于一身，自成一个独立的仪表控制系统。

A. 检测、变送、执行　　B. 检测、控制、显示

C. 检测、控制、执行　　D. 显示、控制、报警

5. 排泥阀的适用介质为原生污水，介质的温度一般应小于（　　）℃，其工作水深小于10m。

A. 50　　B. 60　　C. 80　　D. 100

三、问答题

1. 气动薄膜调节阀的工作原理是什么？

2. 调节阀有哪几种类型？各适用于什么场合？

3. 电-气阀门定位器的工作原理是什么？

4. 圆顶阀的安装形式有哪几种形式？

5. 自力式调节阀按被控参数可分为哪几种？

第五章 化工自动化基础

化工自动化是化工、炼油等化工类型生产过程自动化的简称。前面几章有代表性地介绍了一些实现自动化必不可少的装置：测量仪表、分析仪表、记录仪表、控制仪表、执行器等，这些自动化装置用在生产过程中形成自动控制系统，使生产过程自动地排除各种扰动因素对工艺变量的影响，始终保持在人们预先规定的数值上，保证了生产过程在正常的条件下安全地进行。

第一节 化工自动化的基础知识

一、人工调节和自动控制

自动控制系统是在人工调节的基础上产生和发展起来的，所以，在介绍自动控制系统之前，首先分析人工调节，并与自动控制加以比较，有助于了解和分析自动控制系统。

图 5-1 所示是一个液体储槽，在生产上常用来作为一般的中间容器或成品罐，这一岗位的操作要求储槽液位保持在一定的值，因为液位过高或过低会出现储槽内液体溢出或抽空的现象。克服这个问题的最简单办法是：以储槽液位为操作指标，以改变出口阀门开度为控制手段，即当液位上升时，将出口阀门开大，液位上升越多，阀门开得越大；反之，关小阀门。归纳起来，操作人员所做的工作如下：第一，用眼睛观察玻璃管液位计的指示值；第二，将指示值与工艺中需要保持的液位值在大脑中比较并算出两者的差值；第三，当指示值偏高时，用手去开大阀门；指示值偏低时，则去关小阀门，直到差值为零时为止。此时，说明液位指示值回到所需要的高度。这个过程叫人工调节过程。可见，人工调节过程是通过眼睛观察，大脑分析判断，手进行操作的过程，如果用自动化的装置替代人的眼、脑和手去调节，就形成了自动控制系统。

图 5-2 是储槽液位自动控制示意图。由图可见，上述人工调节的三部分被三种自动化装置所取代。这三部分自动化装置包括：第一部分是测量储槽液位并能将液位的高低转换成对

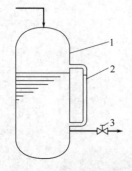

图 5-1 人工调节示意图

1—液体储槽；2—玻璃管液位计；3—出口阀门

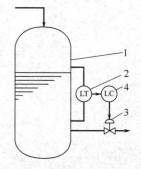

图 5-2 自动控制示意图

1—液体储槽；2—变送器；3—控制阀；4—控制器

应的有特定信号输出的仪表，这就是第一章学过的测量变送仪表；第二部分是控制器，即根据变送器送来的信号，与工艺上需要保持的液位值进行比较，按设计好的控制规律算出结果，然后将此结果用特定的信号发送出去；第三部分是控制阀，它自动地根据控制器送出来的信号值改变阀门的开度。这样，测量仪表相当于人的眼睛，控制器相当于人的大脑，控制阀相当于人的手脚，一个自动控制系统就是对人工调节过程的模拟。

自动控制系统中常用到一些术语，现结合上例加以注明。

• 被控对象：简称为对象，指在自动控制系统中，需要控制的工艺设备的有关部分。如图 5-2 中的液体储槽就是这个控制系统的被控对象。

• 被控变量：指生产工艺中需要保持不变的工艺变量（如液位），通常用字母 y 表示。

• 设定值：指工艺上需要被控变量保持的数值，用字母 x 表示。

• 偏差：被控变量的测量值（用字母 z 表示）与设定值之差，用字母 e 表示。

• 扰动：指引起被控变量偏离设定值的一切因素，用字母 f 表示。图 5-2 中进口流量就是引起液位波动的扰动因素。

操纵变量：用来克服扰动对被控变量的影响，使被控变量回复到设定值，实现控制作用的变量叫操纵变量，用字母 q 表示。图 5-2 中出口流量就是操纵变量。

二、自动控制系统的组成及分类

1. 自动控制系统的组成及方框图

从图 5-2 中看出，一个简单的自动控制系统由被控对象，测量变送单元，控制器，控制阀（执行器）这四个环节组成，为了更清楚地表示各个组成环节之间的相互影响和信号联系，一般都采用方块图来表示控制系统。图 5-2 的自动控制系统用方块图表示其组成见图 5-3。

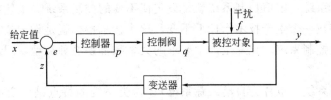

图 5-3 简单控制系统方块图

图 5-3 中，每个方块表示组成系统的一个环节，两个方块之间用一条带箭头的线表示其相互关系，箭头指向方块表示为这个环节的输入，箭头离开方块表示为这个环节的输出，线下的字母表示相互间的作用信号。

图 5-3 中"被控对象"即为图 5-2 中的储槽，○表示比较器，它是控制器的一个部分，不是独立的元件，只是为了说明其作用把它单独画出来了。扰动 f 是储槽的进口流量，作用于被控对象，相当于被控对象的输入信号。当储槽的进口流量改变（即扰动 f 作用）时，被控对象的被控变量 y（即液位）发生变化，测量元件测出其变化值送到比较器与设定值 x 进行比较，得出偏差 $e=x-z$，控制器根据偏差的大小按事先设定好的控制规律运算后输出一个控制信号 p 给控制阀，控制阀根据 p 的大小改变其开度，使控制变量 q（出口流量）产生相应的变化，从而使被控对象的输出——被控变量稳定下来。

方块图中的每一个方块都代表一个具体的实物。方块与方块之间的连接线，只代表方块之间的信号联系，并不代表工艺中的物料联系。方块之间连接线的箭头方向也只代表信号的作用方向，与工艺流程图上的物料流向不一定一致。如图 5-2 中，储槽出口流量方向是离开储槽，而图 5-3 中，控制变量 q（出口流量）是指向被控对象的。

在有的方块图中，方块内会看到有数学表达式，这种以定量的方式表达各环节特性的数学表达式叫传递函数。

2. 反馈

图 5-3 中，控制系统的输出参数是被控变量，它经过测量元件和变送器后，又返回到系统的输入端，与设定值相比较。这种把系统的输出信号返回到输入端的做法叫反馈。返回的信号对原输入有增强作用的叫正反馈，对原输入信号有削弱作用的叫负反馈。显然图 5-3 中 z 是负的，属于负反馈。在自动控制系统中，都采用负反馈。因为当被控变量 y 受到扰动的影响而升高时，反馈信号 z 将高于设定值 x，经过比较而送到控制器去的偏差信号为负值，使控制阀作用方向为负，从而使被控变量回到设定值，这样就达到了控制目的。如果采用正反馈形式，那么不仅不能克服扰动的影响，反而推波助澜，即当被控变量升高时，控制阀反而产生正方向控制作用，使被控变量上升更快，以至于超过安全范围而破坏生产。

图 5-3 中，控制作用至被控变量的信号联系叫控制通道；扰动作用至被控变量的信号联系叫扰动通道；被控变量经测量变送至输入端的信号联系叫反馈通道。其中，任何一个信号只要沿着箭头方向前进，最后又回到原来的起点。所以，自动控制系统是一个闭环的负反馈系统。

3. 自动控制系统的分类

自动控制系统有多种不同的分类方法，可以按工艺参数如压力、流量、温度等分类，也可按控制规律来分类。每一种分类方法都只能反映自动控制系统的某一个特点。一般情况下，在研究自动控制系统的特性时，都按设定值的不同来分类。这样，可将自动控制系统分为三大类，即定值控制系统，随动控制系统和程序控制系统。

（1）定值控制系统　　定值控制系统就是设定值不变的控制系统。工艺生产中要求控制系统的被控变量保持在一个生产技术指标上不变，这个技术指标就是设定值。图 5-2 中的液位控制系统就是定值控制系统。化工生产中要求的大多数都是这种类型，因此，后面主要讨论定值控制系统。

（2）随动控制系统（也称为自动跟踪系统）　　这类系统的特点是设定值不断变化，并要求系统的输出也跟着变化。前面介绍过的自动平衡式仪表就可看成是随动控制系统，它的输出（指示值）应严格、及时地随着输入（被测值）而变化，这样才能测得又准又快。

（3）程序控制系统（顺序控制系统）　　这类系统的设定值也是变的，但它是一个已知的时间函数，即生产技术指标需按一定的时间程序变化。如某些间歇式反应器和聚合、干燥装置等的温度控制就属于这种类型的控制系统。

三、自动控制系统的过渡过程及品质指标

1. 系统的静态和动态

在自动化领域内，把被控变量不随时间变化的平衡状态称为系统的静态，而把被控变量随时间变化的不平衡状态称为系统的动态。

当一个自动控制系统的输入（设定和扰动）和输出均恒定不变时，整个系统就处于一种相对的平衡状态。系统的各个组成环节如变送器、控制器、控制阀都不改变其原先的状态，它们的输出信号都处于相对静止状态，即上述静态。但这里所指的静态与习惯上所讲的静止不同。如图 5-2 的液位控制系统，当流入量等于流出量时，液位就没有变化，此时系统达到静态，但生产还在进行，物料仍然有进有出，各仪表仍在工作，只是各变量（或信号）的变化率为零，即变量保持常数不变。所以系统的静态（平衡）是暂时的、相对的、有条件的。

处于静态的系统，如果受到扰动作用，平衡状态就会破坏，被控变量随之产生变化，从而使控制器等自动化装置改变操纵变量以克服扰动作用的影响，力图使系统恢复平衡。从扰动的发生，经过控制直到系统重新建立平衡期间，整个系统的各个环节和参数都处于变动状态之中，这种状态即为动态。在自动化系统中，了解系统的静态是重要的，了解动态更为重要。因为在生产过程中，扰动是客观存在不可避免的。例如，生产过程中前后工序的相互影响，负荷的改变，电压、气压的波动，气候的影响等等。这些扰动是破坏系统平衡状态，引起被控变量发生变化的外界因素。在一个自动控制系统工作时，时时刻刻有扰动作用于被控对象，使系统处于反反复复的动态过程中。因此，系统的动态（不平衡）是普遍的、绝对的、无条件的。

2. 自动控制系统的过渡过程及基本形式

当自动控制系统处于动态阶段时，被控变量是不断变化的。这种被控变量随时间变化而变化的过程称为自动控制系统的过渡过程，也就是系统从一个平衡状态过渡到另一个平衡状态的过程。

自动控制系统的过渡过程是控制作用不断克服扰动作用影响的过程，这种运动过程是控制作用与扰动作用一对矛盾在系统内斗争的过程。当这一矛盾得到统一时，过渡过程也就完成，系统又达到新的平衡。

在生产过程中，扰动的出现是随机而又没有固定形式的。为了安全和方便，在分析和设计过程中，常选一些定型的扰动形式，其中最常用的是阶跃扰动。如图 5-4 所示，这种扰动比较突然，危险大，它对被控变量的影响也最大。一个控制系统如果能有效地克服这种类型的扰动，那么其他比较缓和的扰动也一定能很好地被克服。

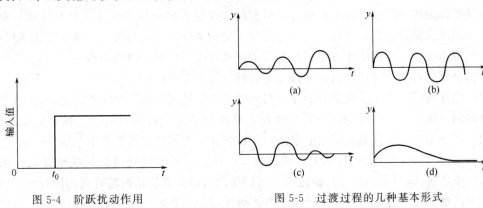

图 5-4　阶跃扰动作用　　　　图 5-5　过渡过程的几种基本形式

当系统受到阶跃扰动后，过渡过程的形式一般有图 5-5 所示的四种形式。

图（a）是发散振荡过程，说明被控变量非但不能调回设定值，反而越来越离开设定值，并激烈地波动着，这显然是人们不希望的；图（b）是等幅振荡过程，被控变量始终在某一幅值上下波动，除位式控制外，这种过程一般不采用；图（c）是衰减振荡过程，它经过一段时间的振荡后，最后能够趋于一个新的平衡状态，这种控制过程可以采用；图（d）是非振荡过渡过程，在生产上被控变量不允许有波动的情况下，这种过程是可以采用的，其他情况下，由于这种过程变化缓慢而多不采用。图 5-5 中（a）和（b）是不稳定的过渡过程，（c）和（d）是稳定的过渡过程。大多数情况下，都希望得到（c）所示的这种过渡过程，所以用它来衡量系统的控制质量。

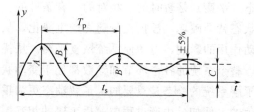

图 5-6 过渡过程品质指标示意图

3. 过渡过程的品质指标

为了定量地评价过渡过程的质量，习惯上用下面几个品质指标。

（1）最大偏差 前面已经讲过偏差是被控变量与设定值之差。对于衰减振荡过渡过程，最大偏差就是第一个波的峰值，图 5-6 中以 A 表示，它表示系统瞬时偏离设定值的最大程度。有时也用超调量来表示被控变量的偏离程度，图中以 B 表示，它是第一个峰值与新稳定值之差，即 $B = A - C$。

在生产过程中，希望最大偏差在安全范围内小一些为好。因为最大偏差越大，偏离就越大，偏离的时间也越长，系统离开规定的生产状态就越远。同时考虑到扰动会不断出现，偏差有可能叠加，这就更加需要限制最大偏差的允许值，以免那些有约束条件的系统造成爆炸等不安全事故。

（2）衰减比 希望的过渡过程是衰减振荡。表示衰减程度的指标是衰减比，也就是前后两个峰值的比。图 5-6 中衰减比为 $B : B'$，习惯上表示为 $n : 1$。n 越小，过渡过程的衰减程度越小，越接近等幅振荡过程，振荡过于频繁不够安全，一般不采用；n 越大，过渡过程越接近非振荡过程，操作人员可能在很长时间内无法确定被控变量是否会稳定下来，很可能导致错误的操作，使系统处于难以控制的状态。多年的生产经验总结出，衰减比 n 在 $4\sim10$ 之间比较合适。

（3）余差 余差就是过渡过程终了时的残余偏差，图 5-6 中以 C 表示。即被控变量的稳定值与设定值之差，其值可正也可负。在生产过程中，设定值是生产的技术指标，所以被控变量越接近设定值（即余差越小）越好。但实际生产过程中余差的大小要视具体情况而定。比如，一般液位储槽系统，往往允许液位有较大变化范围，余差就可大一些；而化学反应器的温度控制系统中，对温度变量的控制要求较严格，应当尽量消除余差。

根据余差是否允许存在，控制过程分为有差控制和无差控制。

（4）过渡时间 从阶跃扰动开始作用起到被控变量达到新的平衡状态为止，这一段时间叫过渡时间，图 5-6 中以 t_s 表示。严格地讲，被控变量完全达到新的稳定状态需要无限长的时间。实际上，由于仪表灵敏度的限制，当被控变量靠近稳定值的某个范围（一般定为稳定值的 $\pm5\%$）时，指示值就基本上不再改变了。所以，过渡时间就是从扰动开始作用起，直到被控变量进入稳定值的 $\pm5\%$ 的范围内所经历的时间。显然，过渡时间越短越好。

综上所述，过渡过程的品质指标主要有：最大偏差、衰减比、余差及过渡时间。此外还有振荡周期，振荡次数等。这些指标在不同系统中各有其重要性，且相互之间有影响。因此，评价一个自动控制系统质量的好坏，不能一概的追求高指标，应根据具体情况区分主次，优先满足主要的品质，另外还要考虑控制系统的先进程度，是否以最少的仪表和最简单的方法满足了生产的需要，即是否既经济又实用。

四、影响控制系统的过渡过程的主要因素

前面讲过，一个简单的自动控制系统由 4 个环节组成，可以概括为由被控对象和自动化装置两个部分组成。影响控制系统过渡过程的主要因素来自这两部分。下面分别介绍。

1. 被控对象的特性对过渡过程的影响

在化工自动化系统中，常见的被控对象是各类换热器、精馏塔、流体输送设备和化学反

应器等，此外，在一些辅助系统中，能源及动力设备（如空压机、电动机等）也可能是需要控制的对象。

各种被控对象千差万别，有的被控对象很稳定，容易操作，有的被控对象则不然。要实现自动控制，获得高产、优质、低消耗，就必须深入了解被控对象的特性，了解它的内在规律，才能设计出合理的控制系统，选用合适的控制器，以及选定合理的控制器参数，使控制系统正常地运行。

所谓被控对象的特性就是指被控对象在受到扰动作用或控制作用后，被控变量是如何变化的，变化的快慢及最终变化的数值等。图 5-7 是一个水槽，工艺上要求水槽的液位 L 保持一定数值。在这里水槽就是被控对象，液位 L 就是被控变量。如果阀门 2 的开度保持不变，而阀门 1 的开度变化是引起液位 L 变化的扰动因素，那么，这里所指的被控对象特性就是指当阀门 1 的开度发生变化时，液位 L 是如何变化的。图 5-8 记录了液位 L 随时间 t 变化的曲线，为了研究问题的方便，常用下面三个物理量来定量地表示被控对象的特性。

（1）放大系数 K　从图 5-8 中可以看出，当流量 Q 有一定变化后，液位 L 也会有相应的变化，但最后会稳定在某一数值上。如果将流量 Q_1 的变化看作被控对象的输入，而液位 L 的变化看作被控对象的输出，那么，在稳定状态时，被控对象一定的输入就对应着一定的输出，这种特性称为被控对象的静态特性。

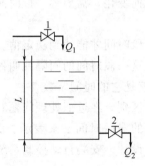

图 5-7　简单水槽液位对象

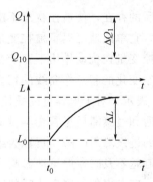

图 5-8　水槽液位的变化曲线

假定以 ΔQ_1 表示 Q_1 的变化量，以 ΔL 表示 L 的变化量，令 K 为 ΔL 和 ΔQ_1 的比值，则数学表达式为

$$K = \frac{\Delta L}{\Delta Q_1} \quad \text{或} \quad \Delta L = K \Delta Q_1$$

K 在数值上等于被控对象的输出变化量与输入变化量之比，它的意义为：如果有一定的输入变化量 ΔQ_1，通过被控对象就被放大了 K 倍，变为输出变化量是 ΔL。所以，称 K 为被控对象的放大系数。对同样大小的一个扰动量，由于被控对象的放大系数不同，最终的变化结果就不一样，K 大的被控对象，输出变化大；K 小的被控对象，输出变化小。这说明，放大系数大的被控对象控制作用就很显著，即比较灵敏，但稳定性要差一些；相反，放大系数小的被控对象，控制起来不够灵敏，但稳定性好。实际生产中，尤其是化工生产过程中，往往为了过程的稳定性，希望被控对象的放大系数 K 小一些好，至于灵敏度的要求，可以通过提高控制器的放大倍数来实现。

（2）被控对象的滞后 τ　被控对象在受到扰动作用后，被控变量不是立即变化的，总要滞后于扰动的变化，这种现象叫滞后。滞后可分为两种，即纯滞后和过渡滞后。

图 5-9 是具有纯滞后的溶解槽被控对象及响应曲线，如果料斗至溶解槽加料口处有一段距离 l，在某一时刻，当料斗口开度突然有一阶跃变化后，设皮带输送机的传递速度为 ω，则需要经过时间 l/ω 后才能使固体物料落入槽内，影响溶液浓度。所以即使料斗口开度有了大幅度的变化，但在 $\tau_0 = l/\omega$ 这段时间内仍不能从被控变量溶液浓度上反映出来，而要延迟 τ_0 时间后才有响应，这种由于距离与速度引起的滞后时间称为纯滞后时间 τ_0。

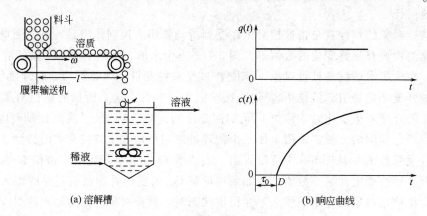

(a) 溶解槽　　　　　　(b) 响应曲线

图 5-9　溶解槽及其响应曲线

纯滞后的存在，使被控变量不能立刻跟随负荷的变化而变化，需要等一段时间以后，才开始变化，它单纯地延迟了被控变量开始变化的时间。

当被控变量在扰动作用下开始变化时，也需要经过一段时间才能达到稳定值。我们从被控变量开始变化的起点作曲线的切线，与新的稳定值相交这一段时间的间隔就叫做过渡滞后时间用 τ_n 表示。对于单容量的被控对象，它的过渡滞后就是它的时间常数 T。

纯滞后和过渡滞后尽管在本质上不同，但实际上很难区别。在近似处理问题时，可以将被控对象的过渡滞后时间，折算为纯滞后时间，用一个总的滞后时间 τ 来表示。滞后时间 τ 越大，控制越不及时，严重地影响了控制质量。所以，在设计、安装自动控制系统以及仪表的选型时，应考虑如何减小滞后的问题。

（3）时间常数 T　从大量的生产实践中发现，有的被控对象受到扰动作用后，被控变量变化很快，较迅速地达到了稳定值，有的被控对象在受到扰动作用后，惯性很大，被控变量经过很长时间才能达到新的稳定值。从图 5-10 中可以看出，截面很大的水槽与截面很小的水槽相比，当进口流量改变同样一个数值时，截面小的水槽液位变化很快，并迅速稳定在新的数值。而截面大的水槽惯性大，液位变化慢，需经过很长时间才能稳定。这一特性通常用时间常数 T 来表示（对于单容量被控对象应是前面的 τ_n）。时间常数越大，表示被控对象受到扰动后，被控变量变化得越

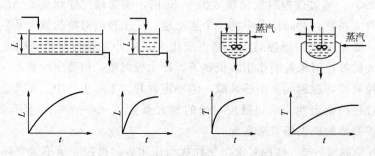

图 5-10　不同时间常数的响应曲线

慢，到达新的稳定值所需的时间也就越长。在化工生产中，温度被控对象的时间常数一般较大，压力与液位被控对象的时间常数比较小，流量被控对象的时间常数最小。

时间常数 T 和滞后时间 τ 都是用来表示被控对象受到扰动后被控变量变化的情况，它们都是描述被控对象动态特性的参数。

2. 控制器的 PID 参数对过渡过程的影响

对于一个自动控制系统来说，过渡过程品质的好坏，在很大程度上取决于被控对象的特性。自动化装置应按被控对象的特性加以选择和调整，两者需要很好地配合。自动化装置选择和调整不当，也会影响控制质量，这在有关自动化装置部分（即测量变送，控制器和控制阀）已经分别做了一些介绍。在设计系统时，考虑到被控对象的特性对系统过渡过程的影响，可以进行一些选择和改进，但要从工艺设备的实际状况出发，不能任意改变。因此，实际工作中通常采用改变控制器的特性来改善系统的控制质量。这就要求操作者必须掌握控制器的参数以及控制规律的不同对过渡过程的影响。

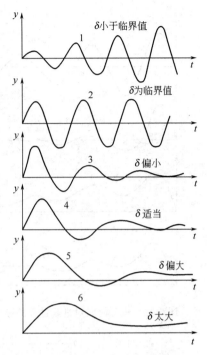

图 5-11　比例度对过渡过程的影响

（1）比例度对过渡过程的影响　图 5-11 是比例度对过渡过程的影响曲线。从图中可以看出，比例度很小（小于临界值），即控制器的放大倍数很大时，控制作用很强，以至产生发散振荡，使被控变量偏离设定值越来越远，过程无法稳定。增大比例度 δ 到临界值时，控制过程由发散振荡变为等幅振荡。这两种情况对实际生产来说，都不能采用。再增加 δ 值，控制过程振荡随之减少，最合适的值就是使曲线产生两个波峰，系统很快稳定下来，这时最大偏差和余差都不太大，过渡过程也稳定得快。但 δ 太大时，比例作用就没有了。

（2）积分时间对过渡过程的影响　图 5-12 是积分时间 T_i 对过渡过程的影响曲线，可以看出：T_i 越小表示积分作用越强，振荡剧烈，稳定程度低；如果 T_i 无穷大，此时积分作用已消失，对于比例积分控制器来说，此时相当于纯比例控制器。

（3）微分时间对过渡过程的影响　图 5-13 是微分时间 T_d 对过渡过程的影响曲线，可以看出：T_d 太大，易引起系统振荡，T_d 选择适当，可以使微分作用强，动偏差小，余差也较小，但系统的稳定性较差；如果 T_d 太小，以至到零，则微分作用不明显，不但动偏差大，而且波动周期长。

（4）不同的控制规律对过渡过程的影响　选用不同的控制规律，在同一扰动作用下得到的过渡过程曲线也不一样，图 5-14 是各种调节规律下过渡过程曲线的比较。

从图 5-14 中可以看出，曲线 2 代表的 PID 三作用控制质量最好，曲线 4 代表的 PI 控制第二，曲线 1 代表的 PD 控制就有余差，曲线 3 代表的纯比例调节虽然波动偏差比 PI 控制小，但也有余差存在，而曲线 5 代表的纯积分控制质量最差，所以一般不单独使用。

3. 过渡过程质量的改善

要获得一个好的控制质量，首先取决于控制方案本身是否合理，即选择什么作为被控变

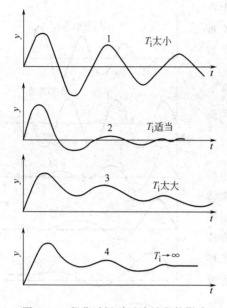

图 5-12　积分时间对过渡过程的影响

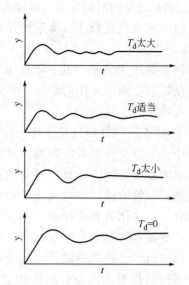

图 5-13　微分时间对过渡过程的影响

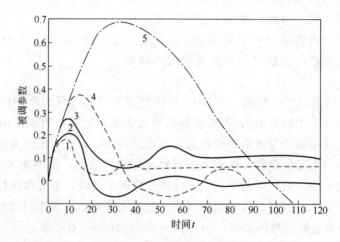

图 5-14　各种控制规律比较

1—比例微分作用；2—比例积分微分作用；3—比例作用；4—比例积分作用；5—积分作用

量，什么作为操纵变量，选择哪些自动化装置，构成怎样的控制系统。这些问题由设计人员确定，这里不做介绍。操作人员可以做的只是如何将控制器的参数操作在合适的值，这就要通过控制器的参数整定来解决。所谓控制器参数的整定，就是求取最好的过渡过程中控制器的比例度 δ、积分时间 T_i、微分时间 T_d 的具体数值的工作。

整定控制器参数的方法可分为两大类：一类是理论计算整定法；另一类是工程整定法。

理论计算整定法需要获得被控对象的动态特性。而化工对象特性复杂，其理论推导和实验测定比较困难。有的不能得到完全符合实际被控对象特性的资料；有的方法繁琐，计算复杂；有的采用近似方法忽略了一些因素，最后所得的数据可靠性不高，还需要拿到现场去修改。因此在工程上不采用。

工程整定法，可以避开被控对象特性曲线和数学描述，直接在控制系统中整定。其方法简单，计算简便，容易掌握。当然，这是近似的方法，所得控制器的参数不一定是最佳值，但是相当实用，可以解决一般实际问题，下面介绍三种工程整定的方法。

（1）经验试凑法　此法是根据经验先将控制器参数放在一个数值上（这些经验数据见表 5-1，特殊情况时可适当超过此范围），直接在闭合控制系统中，通过改变设定值施加扰动，在记录仪上看过渡过程曲线。运用 δ、T_i、T_d 对过渡过程的影响为指导，按照顺序，对比例度 δ，积分时间 T_i 和微分时间 T_d 逐个整定，直到获得满意的过渡过程为止。

表 5-1　各控制系统 PID 参数经验数据

控制系统	比例度 $\delta/\%$	积分时间 T_i/min	微分时间 T_d/min	说　明
流量	40～100	0.1～1		被控对象时间常数小，并有杂散扰动，δ 应大，T_i 较短，不必用微分
压力	30～70	0.4～3		被控对象滞后一般不大，δ 略小，T_i 略大，不用微分
液位	20～80	1～5		δ 小，T_i 较大，要求不高时可不用积分，不用微分
温度	20～60	3～10	0.5～3	被控对象多容量，滞后较大。δ 小，T_i 大，加微分作用

整定过程的顺序有以下两种。

① 以比例作用为基本的控制作用，先把比例度试凑好，待过渡过程基本稳定后，再加积分作用消除余差，最后加入微分作用提高控制质量。

② 先确定积分时间 T_i，然后调整比例度，由大到小试凑到满意的过渡过程，如果需要再加入微分作用，可取 $T_d = \left(\dfrac{1}{3} \sim \dfrac{1}{4}\right) T_i$，也可先放好 T_i 和 T_d，整定好 δ 之后，再改动一下 T_i 和 T_d，直到得出满意结果为止，这是因为比例度和积分时间在一定范围内可以匹配。

（2）临界比例度法　此法是先求出临界比例度 δ_k 和临界周期 T_k，根据经验公式求出各参数。

具体做法是先将控制器变为纯比例作用，即将 T_i 放在"∞"位置上，T_d 放在"0"位置上。加扰动后，调整 δ 使过渡过程产生等幅振荡，记下此时的临界比例度 δ_k，再由曲线上求取临界周期 T_k，如图 5-15 所示，取得 δ_k 和 T_k 后，按表 5-2 中的经验公式计算出控制器的各参数值。

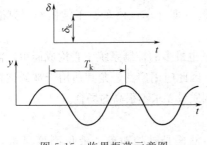

图 5-15　临界振荡示意图

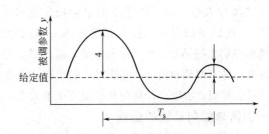

图 5-16　4：1 衰减曲线示意图

（3）衰减曲线法　此法是在纯比例作用下，调整 δ 得到 4：1 或 10：1 衰减的过渡过程曲线，如图 5-16 和图 5-17 所示，记下此时的比例度 δ_s 和 δ_s'，并在曲线上求取振荡周期 T_s 和 T_s'，根据表 5-3 和表 5-4 中的经验公式，求出控制器的参数值。

表 5-2　临界比例度数据表

控制作用	比例度 $\delta/\%$	积分时间 T_i/min	微分时间 T_d/min
比　例	$2\delta_k$		
比例积分	$2.2\delta_k$	$0.85T_k$	
比例微分	$1.8\delta_k$		$0.1T_k$
三作用	$1.7\delta_k$	$0.5T_k$	$0.125T_k$

表 5-3　4：1 衰减曲线法数据表

控制作用	$\delta/\%$	T_i/min	T_d/min
比　例	δ_s		
比例积分	$1.2\delta_s$	$0.5T_s$	
三作用	$0.8\delta_s$	$0.3T_s$	$0.1T_s$

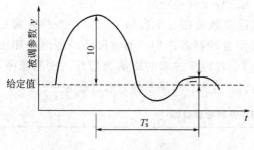

图 5-17　10：1衰减曲线示意图

表 5-4　10：1衰减曲线法数据表

控制作用	$\delta/\%$	$T_i/\min$	$T_d/\min$
比例	δ_s'		
比例积分	$1.2\delta_s'$	$2T_s'$	
三作用	$0.8\delta_s'$	$1.2T_s'$	$0.4T_s'$

以上三种工程整定方法各有优缺点，分别适合于不同的生产过程。当工艺操作条件改变引起被控对象的特性改变时，控制器参数就得重新整定。由此可见，整定控制器参数是经常要做的工作，对于操作人员来说也需掌握。现将三种方法比较如下，以便选用。

•经验试凑法　方法简单，能广泛应用于各种系统，特别是记录曲线不规则、外界扰动很频繁的系统用这种方法很合适，但是时间上有时很慢，而且要有相当的操作经验才行。此法对 PID 三作用控制器的三个参数不容易找到最佳的数值。

•临界比例度法　比较简单方便，容易掌握和判断，一般适合于流量、压力、液位和温度控制系统。对于临界比例度很小的系统不适用，容易超出允许范围，影响生产的正常运行。

•衰减曲线法，能适用于一般情况下的各控制系统，但在扰动频繁和记录曲线不规则，不断有小摆动时，不宜使用。

第二节　简单控制系统

前面分别对自动控制系统中的各个环节做了介绍，并对自动控制系统有了一定的了解，对于工艺操作人员来说，更重要的是会操作这些控制系统（即开车、停车、正常操作、判断故障等）。所以以下面对简单控制系统作进一步的介绍。

简单控制系统是化工生产中最常见，应用最广泛，数量也最多的控制系统。它构成简单，需要设备少，易于调整和投运，能满足一般生产过程的要求，因此应用广泛，尤其适用于被调被控对象纯滞后时间常数较小，负荷和扰动变化不太大，对控制质量要求不很高的场合。

一、简单控制系统的组成

图 5-18 的液位控制系统是个典型的简单控制系统。储槽是被控对象，液位高度是被控变量，通过改变输出量（操纵变量）维持液位稳定。可见，简单控制系统是指由一个测量变送器，一个控制器，一个控制阀和一个被控对象构成的闭环控制系统。因此也称为单回路控制系统。

二、简单控制系统的投运

控制系统的投运是指系统设计、安装就绪，或者经过停车检修后，使控制系统投入使用的过程。无论采用什么样的仪表，控制系统的投运一般都要经过准备工作，手动遥控，投入自动三个步骤。

1. 准备工作

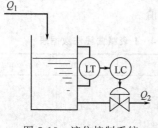

图 5-18　液位控制系统

（1）**熟悉情况** 熟悉工艺过程，了解主要工艺流程，主要设备的性能，控制指标和要求；熟悉控制的方案，全面掌握设计意图，熟悉各控制方案的构成，对测量元件和控制阀的安装位置、管线走向、测量变量、操纵变量、被控变量和介质的性质等等都要心中有数；熟悉自动化装置的工作原理和结构，使用方法，并整定好控制器的 PID 参数。

（2）**全面检查** 对测量元件、变送器、控制器、控制阀和其他仪表装置，以及电源、气源、管路和线路进行全面检查，尤其是气压信号管路的试压和试漏检查，如情况有问题，则应立即消除。

（3）**确定好各环节的方向** 由于自动控制系统是具有被控变量负反馈的系统，必须使控制作用与扰动作用的影响相反，才能克服扰动的影响。这里，就有一个作用方向的问题。所谓作用方向，就是指输入变化后，输出的变化方向。

在自动控制系统中，不仅控制器，而且被控对象、测量变送器、控制阀都有各自的作用方向。它们如果组合不当，使总的作用方向构成正反馈，则控制系统不但不能起控制作用，反而破坏了生产过程的稳定。所以在投运之前必须检查各环节的作用方向，看整个控制系统是否是被控变量为负反馈的系统。

对于控制器，它的输出是随着被控变量的增加而增加的，称为"正"方向，如果它的输出是随着被控变量的增加而减少的，则称为"负"方向。同一控制器，其被控变量和设定值的变化对输出的影响是相反的。

对于变送器，其作用方向一般都是"正"的，因为被控变量增加时，变送器的输出也应当是增加的。

对于控制阀，它的方向取决于是气开阀还是气关阀，当控制器输出信号增大时，气开阀的开度增大，是"正"方向，而气关阀是"反"方向。注意，这里的"正反"概念与控制阀的正作用、反作用形式的概念不一样，不要混淆。

被控对象的作用方向，随具体被控对象不同而不同。当控制阀开度增大时，被控变量也增大，则为"正"作用方向，否则为"反"作用方向。

当系统在设计和安装时，已经按负反馈的要求和工艺的安全要求，定好了控制器的方向，但在安装、调整时，可能把控制器的正、反作用开关动过了，所以必须重新检查。

现举例说明。图 5-19 是一个简单的液位控制系统，控制阀选用了气开阀，在一旦停止供气时，阀门自动关闭，以免物料全部流出的损耗，是"正"方向；当控制阀开大时，液位是下降的，所以被控对象的作用方向为"反"；变送器始终为"正"。这时，控制器的作用方向必须为"正"才行。

图 5-20 是一个加热炉出口温度控制系统，为了在控制阀气源突然中断时炉温不继续升高而烧坏炉体，采用了气开阀，是"正"方向，变送器为"正"方向，炉温是随燃料的增多而升高的，所以被控对象为"正"方向。而控制器必须取"反"方向。

总之，确定控制器作用方向，就是要使控制系统中各环节总的作用方向为"反"，即各环节方向相乘为"负"，也就是有奇数个"反"作用环节。从而才能满足负反馈的要求，起到稳定控制的目的。

在一个安装好的控制系统中，被控对象、变送器、控制阀的作用方向都是确定了的，所以主要是确定好控制器的作用方向。控制器上有"正"，"反"作用开关，在系统投运前，一定要确定好控制器的方向。

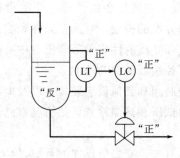
图 5-19　液位控制系统

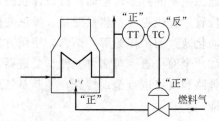
图 5-20　加热炉出口温度控制系统

2. 手动遥控

准备工作完毕，先投运测量仪表观察测量是否准确，再按控制阀投运步骤用手动遥控使被控变量在设定值附近稳定下来。

3. 投入自动

待被控变量稳定后，由手动切换到自动，实现自动操作。无论是气动仪表或电动仪表，所有切换操作都不能使被控变量波动，即不使控制阀上的气压发生跳动。在切换时为了不使新的扰动"乘机"起作用，也要求切换操作迅速完成。所以，总的要求是平稳、迅速。

三、控制系统中常见问题及处理方法

自动控制系统投运后，经过长期运行，还会出现各种问题。在实际操作中，应具体问题具体分析，下面从控制方面举几种情况作为分析问题的启发。

1. 被控对象特性变化

长期运行后，被控对象特性可能变化，使控制质量变坏。如所用的催化剂老化或中毒，换热器的管壁结垢而增大热阻、降低传热参数等等，分析结果确实被控对象特性已有变化，则可重新整定控制器参数，一般仍可获得较好的过渡过程。因为控制器参数值是针对被控对象特性而确定的，被控对象特性改变，控制参数也必须改变。

2. 测量系统的问题

假如运行中虽然被控变量指示值变化不大，但可由参考仪表或其他参数判断出被控变量测量不准确时，就必须检查测量元件有无被结晶或被黏性物包住，遇此类情况应及时处理。还有工作介质中的结晶或粉末堵塞孔板和引压管；引压管中不是单相介质，如液中带气，气中带液，而未及时排放等等，都会造成测量信号失灵。至于热电偶和热电阻断开，指针达到最大或最小指示值，这是容易判断和处理的。为避免测量元件出故障，或因测量错误带来错误的操作，对重要的温度变量往往采用双支测量元件和两个显示仪表。其他变量也有用两套测量仪表的，以确保测量正确，又便于对比检查。如发现确属测量系统有问题，应由仪表人员进行处理。

3. 控制阀使用中的问题

控制阀在使用中问题也不少，有腐蚀性的介质会使阀芯阀座变形，特性变坏，便会造成系统的不稳定。这时应关闭切断阀，人工操作旁路阀，由仪表人员更换控制阀。其他如气压信号管路漏气，阀门堵塞等问题应按维修规程处理。

4. 控制器故障

控制器如果出现故障，可转入气动遥控板或电动手操器进行手动遥控，待换上备用表后即可投入运行，仪表控制器都必须有适量的备用件和备用品。

5. 工艺操作的问题

工艺操作如果不正常，也会给控制系统带来很大的影响，情况严重时，只能转入手动遥控。例如，控制系统原来设计在中负荷条件下运行而在大负荷或很小负荷条件下就不相适应了；又如所用线性控制阀在小负荷时特性变坏，系统无法获得好质量，这时可考虑采用对数特性控制阀，情况会有所改善。

技能训练7：简单控制系统的投运和参数整定

一、目的及要求

① 熟悉简单控制系统的组成。

② 掌握简单控制系统的投运方法。

③ 掌握用 4∶1 衰减法整定控制器参数的方法。

二、实训装置

试验装置连接图如图 5-21 所示。

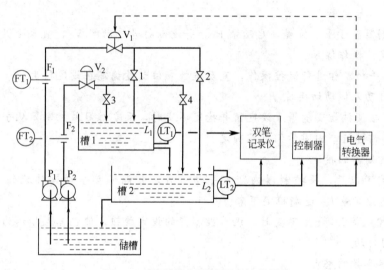

图 5-21　简单控制系统原理接线图

三、实训原理

当一个简单控制系统设计并安装完成后，控制质量的好坏与控制器参数的选择有很大关系。合适的控制器参数可以带来满意的效果。因此，当一个简单控制系统组成之后，如何整定控制器参数是一项很重要的实际问题。

控制器参数的最佳整定，在已知对象特性的基础上，可以通过理论计算获得。但因对象特性的数学模型的建立比较困难，加上计算方法繁杂，工作量大，所以目前控制器参数的理论整定方法未能在实际工作中大量推广。为此，产生了工程上便于应用的简单的工程整定方法。这些方法不需要获得对象的动态特性，直接在闭合的调节回路中整定，方法简单，容易掌握，适合在工程上实际应用。

通过控制系统的工程整定，使控制器获得最佳参数，即过渡过程有较好的稳定性、快速性和准确性。一般希望调节过程具有合适的衰减比，超调量要小一些，调节时间越短越好，余差尽量小。对于定值控制系统，一般希望有 4∶1 的衰减比，即过渡过程曲线振荡一个半波就大致稳定下来。

常用的工程整定方法有经验试凑法、临界比例度法、衰减曲线法、反应曲线法等。这些方法在本章中已做介绍，这里不再重复。

简单控制系统的工程整定是复杂控制系统工程整定的基础，因此，应该牢固地掌握它。

四、实训内容

① 用控制器手动旋钮进行遥控操作练习。

② 练习做控制器从手动到自动的无扰动切换。

③ 进行自动控制器的投运。

④ 进行控制器参数整定。

五、实训步骤

1. 准备工作

① 按试验图 5-21 连接好试验线路。

② 熟悉控制器上各旋钮和各开关的用途，并将控制器内外设定开关、正-反作用开关置于正确位置，并试运行正常，调节记录仪。

预热 30min 后试验。

③ 将控制器置于手动位置，启动泵 P_1，并逐渐打开手动阀 V_1，直至全开。

2. 手动遥控操作练习

用控制器手操旋钮进行遥控操作，直至被控液位变量稳定在设定值上。

3. 手动自动无扰动切换练习

当手动遥控使被控变量等于设定值并稳定不变时，反复练习做控制器从手动到自动的无扰动切换。如何进行，由同学们自己确定。

4. 自动控制器的投运

① 练习完了以后，将控制器恢复到手动位置，并调节其手动操作旋钮，使其输出为 5mA，等待被控变量 L_2 逐渐稳定下来。

② 当被控变量 L_2 稳定不变时，调节控制器的设定旋钮，使偏差表指示为零，这时迅速将控制器打到自动。

5. 控制器参数的整定

① 将控制器的微分时间置于零，积分时间置于∞，根据液位控制系统控制器的比例度的大致范围是 20%～80%，将比例度放在中间偏大的某一数值上，然后用 4:1 衰减法整定控制器参数。方法是：观察在该比例度下过渡过程曲线的情况，增大或减小控制器的比例度，在每改变一个比例度时，利用改变设定值的方法给系统施加一个扰动，看被控变量 L_2 的过渡过程曲线变化的情况，直至在某一个比例度时系统出现 4:1 衰减振荡，那么此时的比例度则为 4:1 衰减比例度 δ_S，而过渡过程振荡周期即为操作周期 T_S。

有了 δ_S 和 T_S 后，根据经验公式计算出系统所要求的控制器的参数 δ^*、T_I^* 和 T_D^* 值，然后再根据所选用的控制器类型和扰动系数 F，计算出相应的控制器参数的刻度值 δ、T_I、T_D。

② 根据计算求得的控制器参数的刻度值，设置到控制器上。方法是：先将比例度放到比计算值大一些的数值上，然后把积分时间放到求得的数值上，再慢慢放上微分时间，最后把比例度减小到计算值上，观察调节过程曲线，如果不太理想，可作适当调整，获得满意的调节效果为止（注意：若要调整 T_I 和 T_D 时，应保持 T_D/T_I 比值不变）。

六、实训数据记录

① 对应于不同比例度下的各过渡过程曲线。

② 过程呈现 4 : 1 衰减时的比例度 δ_S 和振荡周期 T_S。

七、实训报告格式及内容

1. 数据处理

① 根据 δ_S、T_S 按经验公式计算控制器参数 δ^*、T_I^*、T_D^* 整定值。

② 根据选用的控制器类型和扰动系数 F 计算相应的控制器参数刻度值 δ^*、T_I、T_D。

2. 试验报告内容

① 试验目的及要求。

② 试验线路及方案。

③ 整理试验原始数据及记录曲线，并进行数据处理计算。

④ 试验结果的分析和总结。

⑤ 试验中出现的现象及其分析。

八、问题与思考

① 何谓无扰动切换？对电动Ⅲ型控制器来说，如何试验无扰动切换？

② 调节阀的工作点为什么要定在 0.06MPa？

③ 整定时所加扰动幅度根据什么要求决定？一般扰动幅度加多大为宜？为什么要求在工艺操作稳定时加扰动？

④ 在 4 : 1 衰减法整定时，当比例度为 δ_S 时就出现 4 : 1 衰减振荡过程，为什么在选用比例加积分控制器时，加上积分作用后，比例度要扩大 1.2 倍，才能出现 4 : 1 衰减振荡过程？而在选用三作用控制器时，加上微分作用后，比例度可以缩小 0.8 倍？

第三节 复杂控制系统

简单控制系统是目前化工自动化中最基本、最广泛使用的系统，满足了大量定值控制的要求。但是随着生产的发展，工艺的更新，新技术的推广，多个变量作用下进行生产的情况也日益增多，简单控制系统已不能满足需要，这就对自动化提出了更高的要求，于是产生了复杂控制系统。

复杂控制系统是相对于简单控制系统而言的，它仍然是用常规仪表装置构成的控制系统。不过所采用的测量元件、变送器、控制器、执行器等自动化仪表装置数量较多，构成的系统也比较复杂，功能更齐全一些。常见的复杂控制系统有串级、均匀、比值、前馈、分程、取代等系统。

随着工业生产水平的提高与自动控制理论的发展，在简单与复杂控制系统的基础上，又出现了许多新的控制策略、控制系统结构和控制算法，这些新的控制系统主要有：自适应控制系统、预测控制系统、智能控制系统、模糊控制系统、最优控制系统等等。这些系统的结构与控制算法一般都比较复杂，其概念与观点要用比较复杂的数学才能讲明白，所以本节只介绍常见的复杂控制系统。

一、串级控制系统

1. 串级控制系统的概念

前面图 5-20 是一个加热炉出口温度简单的控制系统。它是根据被加热介质出口温度的变化来控制燃料油流量从而进行温度控制的。这个系统的特点是把所有的扰动都包括在控制回路里，由温度控制器来克服。被控对象的控制通道长，时间常数大，容量滞后大，控制作用不及时，系统克服扰动的能力差，如果要求出口温度控制在±(1～2)℃，这个系统就不适用了，这就需要改变控制方案。

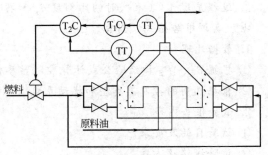

图 5-22　加热炉出口温度与炉膛温度串级控制系统

经过分析，发现介质出口温度的大小和变化直接受炉膛温度变化的影响，而炉膛温度变化比出口温度变化快得多。因此，如果把炉膛温度测量出来，用一个控制器抢先把它控制稳定，那么出口温度的稳定也就有保障了。如果其他扰动因素对出口温度仍有影响，还要用原来的单回路控制去克服。这就组成了串级控制系统。如图 5-22 所示，把出口温度控制器的输出作为炉膛温度控制器的设定值，与炉膛温度比较后的偏差，作为炉膛温度控制器的输入。炉膛温度控制器据此发出控制信号，去操作比例阀门，改变控制变量（燃料流量），以控制出口介质温度的稳定。

所以，凡用两个控制器串联工作，主控制器的输出作为副控制器的设定值，由副控制器输出去操纵阀门（为了稳定一个主要工艺指标），结构上形成了两个闭合回路，这样的控制系统叫串级控制系统。

2. 串级控制系统的组成

上述加热炉的串级控制系统可用图 5-23 的方块图表示。由图可以看出，串级控制系统有两套测量变送器和两个控制器，总的目标是为控制一个主要参数。为了更好地控制这个主参数，才引入了一个辅助的参数，在控制系统中形成了两个闭合回路。下面介绍有关术语。

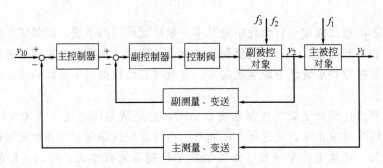

图 5-23　串级控制典型方块图

• 主参数——是工艺控制指标，在串级系统中起主导作用的被控变量，如上例中介质的出口温度；

• 副参数——为了稳定主参数，或因某种需要而引入的辅助参数，如上例中的炉膛温度；

• 主被控对象——为主参数表征其特性的生产设备，如上例中出口油料管段；

• 副被控对象——为副参数表征其特性的生产设备，如上例中炉膛；

• 主控制器——按主参数与工艺规定值（设定值）的偏差工作，其输出作为副控制器的设定值，在系统中起主导作用；

• 副控制器——按副参数与主控制器设定值的偏差工作，其输出去操纵控制阀的动作；

• 主回路——是由主测量、变送，主副控制器，控制阀和主副被控对象构成的外回路，也称外环或主环；

• 副回路——是由副测量、变送，副控制器，控制阀和副被控对象所构成的内回路，也称内环或副环。

3. 串级控制系统的特点

串级控制系统的主回路是一个定值控制系统，副回路是一个随动控制系统。主控制器根据负荷和操作条件的变化，不断调整副控制器的设定值，使副回路自动适应不同负荷和操作条件，归纳起来，串级控制系统以下有三个特点。

① 在系统结构上组成两个闭合回路，主、副控制器串联，主控制器的输出作为副控制器的设定值，系统通过副控制器操纵控制阀动作，实现对主参数的定值控制。

② 在系统特性上，由于副回路作用，改善了被控对象的特性，使控制过程反应加快，具有超前控制作用，从而有效地克服滞后，提高控制质量。

③ 主、副控制器协同工作，克服扰动能力加强，可用于不同负荷和操作条件变化的场合。

4. 串级控制系统的投运

串级控制系统的投运和简单控制系统一样，要求投运过程保证做到无扰动切换。其投运方法有两种：先副后主和先主后副。一般多采用前者，由于采用的仪表不同，投运的具体方法也不同，但大致方法是一样的。

① 先把各开关或旋钮置于正确位置（正反作用的确定与简单控制系统一样）。主、副控制器均置于"手动"，主控制器"内外"设定开关置于"内"，副控制器则置于"外"。PID控制可置于预定位置。

② 用副控制器的手操旋钮或手轮手动遥控，在主参数接近设定值，副参数也较平稳时，用手操控制器的输出，来控制副控制器的外设定值，使其等于副参数的值。当偏差为零时，即可把副控制器的切换开关切向"自动"，完成副控制器的手动向自动的无扰动切换。

③ 当副回路稳定，副参数等于它的设定值，控制主控制器的内设定旋钮或手轮，当手操作的值与主参数相等时，也就是表上的设定值与测量值相等时，即可将主控制器切向"自动"。至此，完成了串级控制。串级控制是为更好地保证主参数的控制质量而设计的。快而有力的副回路是"粗调"，作为主导的主回路是进行最后的"细调"，两者结合就产生了很好的控制效果。这就是最常用和最重要的复杂控制系统——串级控制系统的投运操作。

二、均匀控制系统

均匀控制系统也是一种常见的自动控制系统。"均匀"的含义是指系统的功能而不是指系统的结构。

1. 均匀控制系统的概念

在化工生产中，有的生产过程前后联系"紧密"，前一设备的出料，往往是后一设备的进料。如图5-24所示，是连续精馏的多塔分离过程。甲塔的出料为乙塔的进料。甲塔的液位上升，则液位控制就要开大出料阀门1，这将引起乙塔进料的增大，于是乙塔的流量控制系统又要关小阀门2。可见，两塔的供求关系是矛盾的。

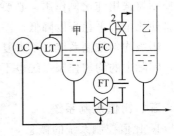

图 5-24　前后塔的供求
关系及错误的控制

为了使生产能正常进行，就必须解决它们物料的供求矛盾，操作上要前后兼顾，使液位和流量均匀变化，为此组成的系统叫均匀控制系统。在具体实施时，要根据工艺生产的实际需要，哪一个参数要求高就多照顾一些，而不存在绝对平均的意思。如：工艺要求下一进料流量稳定是主要指标，则将进料流量尽量调得平稳些，允许液位稍有波动，反之亦然。两参数的变化需预先按工艺确定主次，但不能成为任一个参数的定值控制，这个分寸应很好掌握。

均匀控制是指一种控制目的。从其控制质量要求来看，有如下特点。

① 两个参数在控制过程中都应当是变化的，不是恒定的。

② 两个参数在控制过程中的变化应当是缓慢的。

③ 两个参数的变化应在各自允许的范围之内。

所以，均匀控制与一般的定值控制不同，不能用对定值控制的要求来衡量它。

2. 均匀控制系统方案

(1) 单回路均匀控制系统　图 5-25 所示为单回路均匀控制系统，外表看起来与普通的单回路定值控制系统相同。但在实际上却是有差别的。

其差别在于控制目的不同，即控制器的参数整定不同。由于不要求液位保持在设定值，只需控制在规定的范围之内，并使排出流量作缓慢变化，可以选纯比例控制器。比例度整定得很大。在扰动作用下，液位如果超出范围可以加入积分作用。至于微分作用，是和均匀控制的目的背道而驰的，故不采用。

这种单回路均匀控制系统，结构简单，但控制缓慢不及时，只适用于扰动不大或要求不高的场合。

(2) 串级均匀控制系统　图 5-26 为串级均匀控制系统，它在构成上保持了串级控制的特点，但在控制器选择和控制器参数整定上，是按均匀控制的要求，达到的控制过程是液位和流量的均匀变化。这里不存在主副参数的实际意义，仅是名称区别而已，主参数不一定起主导作用，主次地位按工艺要求确定。整个系统控制过程要求缓慢，与串级系统要求的快速刚好相反。

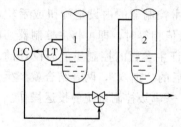

图 5-25　单回路均匀控制系统

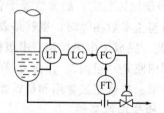

图 5-26　串级均匀控制系统

一般情况下，副控制器选用比例作用，如果对流量要求较高时，可选用比例积分作用。主控制器选用纯比例作用，必要时为防止偏差过大超出允许范围，可加入一点积分作用，但这将使流量的平稳程度降低。

串级均匀控制系统并不太复杂，而控制质量较高，故广泛应用在工业生产过程中。

实际中的均匀控制系统也不只两种，只要能完成均匀控制系统任务的系统都叫均匀控制系统。

三、比值控制系统

1. 比值控制系统的概念

在化工生产过程中，经常需要几种物料按一定的比例混合或参加化学反应。如果一旦比例失调，轻者降低转化率，重者可能造成生产事故或发生危险。例如以重油为原料生产合成氨时，造气炉的氨气和重油量应该保持一定的比例。若氨油比过高，可能使喷嘴和造气炉的耐火砖破坏，甚至引起炉子爆炸；反之，如果氨油比过低，生产的炭黑将增多，还会发生堵塞现象。又如丁烯洗涤塔，要求含乙腈的丁烯馏分和洗涤水量成比例的入塔，以洗去微量乙腈。制造聚乙烯醇时，要求树脂和氢氧化钠以一定比值流量进入混合机等。因此，对比值控制提出了各种要求。

总之，凡使两个以上参数保持规定比值关系的控制系统，称为比值控制系统。通常是指流量之间的比值控制，被控对象就是两个流量管道。一般以生产中主要物料的流量为主动信号，以另一物料的流量为从动信号；或者以不可控物料流量为主动信号，以可控物料流量为从动信号。

2. 比值控制系统方案

因系统的结构和控制目的各不相同，构成比值控制系统的方案较多，下面仅介绍其中三种。

(1) 开环比值控制　开环比值控制系统如图 5-27 所示。F_1 为主动流量，F_2 为从动流量。当 F_1 变化时，要求 F_2 赶上 F_1 变化，使 $F_2/F_1 = K$，保持一定的比值关系，由于测量信号取自 F_1，而控制信号送到 F_2，所以是开环。

这种方案的优点是结构简单，只用一台比例作用控制器就可以实现。但 F_2 无抗扰动能力，因此，只适用于 F_2 很稳定的场合。否则不能保证比值关系，实际上很少使用。

(2) 单闭环比值控制系统　单闭环比值控制系统如图 5-28 所示。与前一种相比，增加了一个从动物料流量 F_2 的闭环控制系统，并将主动流量控制器的输出作为副控制器的设定。形式上有点像串级控制，但主回路不闭合，主控制器仅接收主动物料的流量测量信号，却不控制它，主参数是可以任意变化而不受控制的。因此，主控制器实际上是个比例控制器，或者用一个比值器来代替；而副环的任务是快速精确地随主参数而动作。所以，副控制器可选用比例积分控制器。

如图 5-29 表示丁烯洗涤塔的单闭环比值控制。该装置的任务是用水洗去丁烯馏分中的乙腈，为保证质量并节约用水，设置了比值控制。含有微量乙腈的丁烯馏分流量为生产负荷，是主动流量，洗涤用水是从动流量。它上面设闭环控制，所以水量控制平稳，又随丁烯馏分的变化而变化，保持比值关系。

这种方案实施方便，两物料量的比值较为精确，但主动流量不可控，使总物料量不固定，对某些直接参与化学反应的过程含有不利的影响。

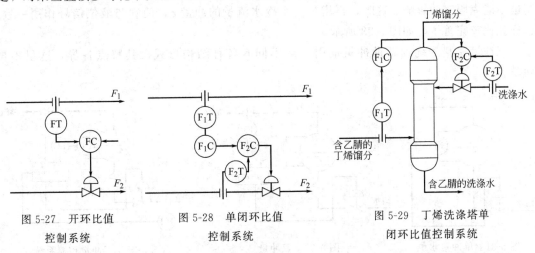

图 5-27　开环比值　　　　图 5-28　单闭环比值　　　　图 5-29　丁烯洗涤塔单
　　控制系统　　　　　　　　　控制系统　　　　　　　　闭环比值控制系统

(3) 变比值控制系统　以上两种均为定比值控制系统，但有的生产过程要求两物料的比值关系依生产中条件的变化而变化，以达到最好的效果。例如变换炉的生产运行中，要求半

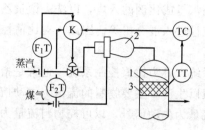

图 5-30　变比值控制系统

1—变换炉；2—喷射泵；3—触媒层

水煤气的流量和蒸汽流量有一定比值，但当一段触媒温度变化时，这个比值要求变到一个新的比值。图5-30所示为变比值控制系统，又叫串级比值控制系统，一般比值控制为副回路，而比值由另一个控制器来设定，所以形成串级的形式。比值的变化由温度控制器依据催化剂温度的变化而向副控制器输出设定值，使原来的比值随新的要求变化。这种变比值控制系统精度较高，应用较广。

比值控制不限于以上方案，还有其他形式。总而言之，比值控制要求从动物料流量迅速跟上主动物料流量的变化，而且越快越好，故又称为随动控制。控制过程也不应振荡，一般情况下希望它是一个没有振荡或有微弱振荡的过程。

四、多冲量控制系统

多冲量是多参数的意思。这只是一种习惯叫法，不是物理学中定义的"冲量"。为了说明多冲量控制的概念及特点，下面分析蒸汽锅炉汽包水位的控制系统。

工业蒸汽锅炉是化工生产的重要设备，锅炉汽包水位的控制是极其重要的。如果水位过低容易使水加速汽化，以至于锅炉烧坏或爆炸；水位过高则影响汽水分离效果，使蒸汽带水，影响后面设备的安全。

影响汽包水位的因素除了加热汽化这一正常因素之外，还有蒸汽负荷和给水流量的波动。当负荷突然增大（用户需要量增大），汽包压力突然降低，水就会急剧汽化，出现大量气泡，测量误以为水的体积大了许多。如果用图5-31所示简单的单冲量控制系统，一旦负荷急剧变化，虚假液体出现，控制器就会误以为液位升高而关小供水阀门，结果，使急需供水的汽包反而减少供水，影响了生产甚至造成危险。

针对虚假液位产生的原因，在单冲量的基础上，再加一个蒸汽冲量，以克服虚假液位，就形成了图5-32所示的双冲量控制系统。当负荷突然变化时，蒸汽的流量信号通过加液器，使它的作用与水位信号作用相反，假水位出现时，液位信号 a 要关小给水阀，而蒸汽信号 b 要开大水阀，从而克服了"虚假液位"的影响。但是，如果给水压力本身有波动，双冲量控制也不能克服它的影响。这时，再增加一个冷水流量的冲量 c，使它与液位信号作用一致，这样就比较完善了，如图5-33所示。

三冲量控制系统因辅助冲量的引入点不同有各种结构形式，其特点各异，这里不再列举。

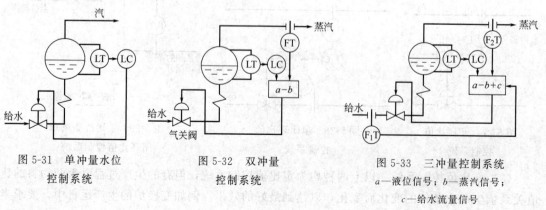

图 5-31　单冲量水位
控制系统

图 5-32　双冲量
控制系统

图 5-33　三冲量控制系统

a—液位信号；b—蒸汽信号；

c—给水流量信号

第四节 典型控制系统方案介绍

化工单元设备很多，控制方案各种各样，这里选择一些典型单元，仅就其控制方案做简单的介绍，不作过多地分析。

一、流体传送设备的自动控制方案

生产过程中流体的传送，是借助于泵和压缩机等设备进行的。泵和压缩机的控制方案比较成熟，应用广泛，下面以泵为例来介绍。

泵有两大类，即离心泵和位移式泵。位移式泵又分为往复泵与齿轮泵。

1. 离心泵的控制

离心泵是常见的液体输送设备。它以提高液体的压头为目的，由旋转翼作用于液体产生离心力向外输出流量。实用中工艺要求离心泵输出的流量保持恒定。它一般有三种控制方法，如图 5-34 所示。

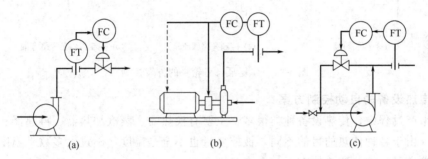

图 5-34 离心泵的控制

（1）改变泵出口阀门的开度　如图 5-34（a）所示，在泵出口加装控制阀，通过改变控制阀的开启程度，达到改变出口管路阻力，改变泵输出总压头，实现流量控制的目的。

这种方案简单，使用广泛，但通过改变管路阻力，让泵供给的部分压头消耗在阀门上，故能量消耗大，效率低，不经济。并且要注意，控制阀不应装在吸入管线上。否则，由于泵的入口处易形成负压，可能使液体部分汽化。当汽化不断发生时，就会使泵出口压头降低，流量下降，甚至送不出去液体。同时，液体在吸入端汽化后，到排出端受到压缩，可能重新冷凝，这时会产生冲击，甚至损坏叶轮和泵壳。

（2）改变泵的转速　由于离心泵的转速与泵的排出量近似成正比，所以以改变泵的转速就可以改变流量。如图 5-34（b）所示，要实现这种方案，可以直接对原动机（电动机）进行调速，也可以在电动机与泵轴连接的变速机构上进行控制。

这种方案不必在液体输送管路上装设控制阀，不存在阀门阻力损耗，效率较高，但这种调速装置比较复杂，因此可在功率较大的情况下使用。

（3）改变回流量　在泵的出口加装旁路控制阀，使一部分回流量至入口处，用改变旁路阀开启度的方法来控制实际排出量，如图 5-34（c）所示。

这种方案简单，而且控制阀的口径要比图 5-34（a）方案小得多。但由于阀门前后压差较大，不易采用直通单座阀。另外，对于旁路那部分液体来说，由泵所供的能量完全消耗在控制阀上，因此总的效率较低。

在液体输送过程中，时常会遇到以泵的出口压力作为被控变量的情况，控制方案也不外乎上述几种，只需把流量测量元件改为压力测量元件即可。

2. 往复泵与齿轮泵的控制

往复泵多用于流量较小，压头较高的场合。它的排液量取决于冲程的大小、活塞的往复次数及气缸截面积。

上述离心泵的控制方案，除了直接控制流量的方案不能用于往复泵与齿轮泵的控制外，其余两种方案基本上都能采用。如图 5-35 所示，（a）为改变原动机（多以蒸汽机或汽轮机为原动机）转速的控制方案；（b）为改变旁路回流量的控制方案；（c）为齿轮泵旁路控制方案。

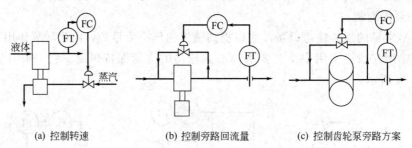

(a) 控制转速　　　　　　(b) 控制旁路回流量　　　　(c) 控制齿轮泵旁路方案

图 5-35　往复泵与齿轮泵的方案控制

二、传热设备的自动控制方案

化工生产过程中，传热设备种类很多，主要有换热器、蒸汽加热器、再沸器、冷凝器及加热炉等。由于各种传热的目的不同，被控变量也不全是温度，不过大多数是温度。下面以温度为被控变量，按两侧流体有无相变来分别介绍。

1. 无相变换热器的温度控制方案

换热器是对工艺介质进行热交换的工艺设备，其被控变量一般是被加热介质的出口温度，操纵变量为供（吸）热的另一介质的流量（称为载热体流量）。其控制方案有控制载热体流量控制方案和将工艺介质分流的控制方案。

（1）控制载热体流量　图 5-36 是应用最普遍的控制方案，它以介质出口温度为被控变量，以载热体流量为操纵变量。

当载热体是利用工艺介质回收热量时，它的总流量是不好控制的，可以将载热体分路一部分，以控制冷流体的出口温度。分路一般可采用三通阀来实现。图 5-37（a）为载热体在进入换热器之前用分流阀，图（b）为在换热之后用合流阀。

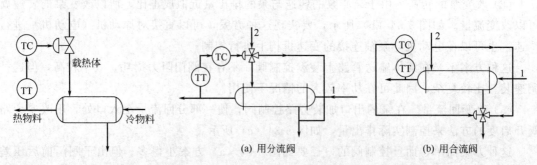

(a) 用分流阀　　　　　　　　　(b) 用合流阀

图 5-36　换热器常用控制方案　　　　　　图 5-37　将载热体分流的控制方案

这种方案的优点是简单可靠，缺点是载热体一直是高负荷运行，其中一部分热能放掉未被利用，因此经济效果差，而且要求换热器有足够的换热面裕量。

（2）将工艺介质分流的控制方案　图5-38表示将工艺介质分流的控制方案。它以三通分流阀对工艺介质进行分路，一部分经换热器，另一部分经旁路通过，然后两端混合起来。这种方案的优点是缩短了控制通道的滞后，改善了控制质量。缺点是要求传热面积有足够的裕量，而且载热体一直是在最大流量下工作，经济效率低。但如果载热体是利用回收热量的系统，这就不成其为缺点了。

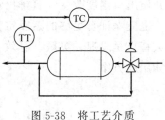

图5-38　将工艺介质
分流的控制方案

2. 载热体冷凝换热器的控制方案

利用蒸汽加热的换热器是最常见的方案。当用蒸汽加热时，蒸汽被冷凝成水而放出大量汽化潜热。由于蒸汽潜热很大，这类加热器往往有很大的传热裕量。因此，控制方案也有两种。

（1）控制蒸汽流量的方案　以工艺介质出口温度为被控变量，控制蒸汽流入量，如图5-39（a）所示。这种方案控制较灵敏，应用很广。但如果被加热的介质温度很低，蒸汽冷凝很快，压力下降迅速，一旦形成负压，则冷凝液不易排出，减少了传热面积，待压力升高后才又恢复排液。这样排排停停会引起出口温度的周期振荡。

（2）改变传热有效面积的控制方案　这种控制方案如图5-39（b）所示。将控制阀装在冷凝液管路上，如果温度高于设定值，控制阀将关小，于是冷凝液会积聚起来，减少有效的冷凝面积，结果使传热量减少，介质出口温度降低，反之亦然。此方案中控制阀可以小一些，传热量的变化比较平稳，对热敏性介质有好处。但由于冷凝液流量至传热面积变化这个过程滞后很大，从而降低了控制质量，而且控制器参数不好整定。一般在低压蒸汽作热源时，介质出口温度又较低，加热器传热面积裕量大，对于易出现（a）方案中的问题时才用。

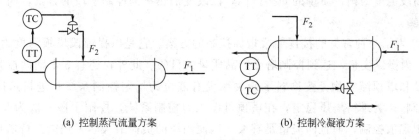

(a) 控制蒸汽流量方案　　　　　　　　　(b) 控制冷凝液方案

图5-39　蒸汽加热器常用方案

3. 载热体汽化的换热器控制方案

氨冷器是常见的载热体汽化的换热器。这类换热器也称为低温换热器，由于载热体有相变，要先吸热才能汽化，可见保持一定的蒸发空间是十分重要的。

（1）改变载热体流量的控制方案　这种方案与上述蒸汽加热器一样，依据介质出口温度来控制液氨的进入流量，如图5-40所示，此方案简单直观，但传热面积要保证有裕量，进入多少液氨就能汽化多少。一旦液位过高，蒸发空间不足，达不到冷却效果，再加液氨不但不能降温，反而液氨积聚，出口汽氨带液，引起氨压缩机的液击事故。所以要有液位的测量报警装置。液氨的液位合适时，温度控制系统才能正常运行。

（2）改变汽化压力的控制方案　为了控制汽化压力，将控制阀装在气氨出口管道上。根据介质出口温度改变气氨排出量，就改变了蒸发空间的气相压力，相应改变了汽化温度。同样，也应保证有足够的蒸发空间，应有辅助的液位控制系统。如图 5-41 所示。这种方案的最大特点是迅速、灵敏、有效，但要求设备耐压，如果氨压力要求稳定不能随便变动时，则不能用此方案。

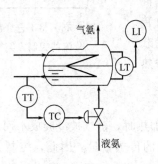

图 5-40　氨冷器出口温度控制方案

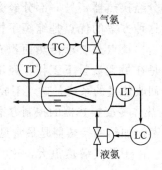

图 5-41　改变汽化压力的控制方案

三、精馏设备的自动控制方案

精馏过程是把混合物分离使其达到规定纯度的传质过程。精馏塔是精馏过程的关键设备。在精馏的操作中，被控变量多，可选用的操纵变量也多，被控对象的通道多，内在机理复杂，变量又互相关联，而要求一般又较高，所以，控制方案也非常多。

以塔产品的成分或物性为直接控制指标似乎最好，但目前的技术手段使过程响应缓慢，滞后大，可靠性不够。所以一般最常用的方法是以温度作为间接指标进行控制。在塔压稳定的条件下，以塔顶或塔底某块对温度变化反应较灵敏的"灵敏板"温度为检测点。常见的方案如下。

1. 提馏段温度的控制方案

用提馏段温度为衡量质量的间接指标，以改变加热量为控制手段的方案，叫做提馏段温度控制方案。

图 5-42 表示一种常见的按提馏段指标控制的方案。它是以提馏段塔板温度为被控变量，蒸汽量 W_S 为操纵变量，达到控制塔底产品质量的目的。此外，还有 5 个辅助控制系统：对塔底采出量和塔顶馏出物，按物料平衡关系设有液位的均匀控制系统；进料量按定值控制（或均匀控制）；为维持塔压稳定，在塔顶可设压力控制系统，控制手段一般为改变冷剂量；回流量采用定值控制，而且回流量足够大，以便当塔的负荷最大时，仍能保持塔顶产品质量指标在规定的范围内。

这种方案主要用于以塔底为主要产品，对塔釜的成分要求比馏出液高时。此外，对塔顶和塔底产品质量要求相近，在液相进料时，也往往采用此方案。因为液相进料流量 F 的变化先影响到釜液成分，故用提馏段控制较及时，同时用蒸汽量作为操纵变量比用回流量控制迅速。

2. 精馏段温度的控制方案

用精馏段温度为衡量的间接指标，以改变回流量为控制手段的方案叫作精馏段温度控制方案。

图 5-43 所示是常见的精馏段温度控制的一种方案。它是以精馏塔板温度为被控变量，以回流量 L_R 为操纵变量，从而达到控制塔顶产品的目的。此外，还有 5 个辅助控制系统。

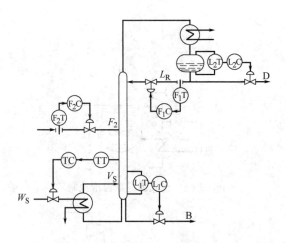

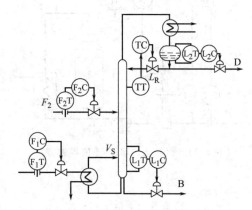

图 5-42　提馏段温度的控制方案　　　　　图 5-43　精馏段温度的控制方案

对进料量、塔压、塔底采出量、塔顶馏出液的采出量和塔顶馏出液的回流量与提馏温度控制方案相同。

这种方案主要用于以塔顶馏出液为主要产品，并对其纯度要求比塔釜液高时。此外，如果进料为气相，以及在其他扰动首先进入精馏段的情况下，采用精馏段温度控制就比较及时。采用此方案时，再沸器的回流量应维持一定，而且足够大，以使塔底产品在最大负荷仍能保持良好的质量。在操作时，必须注意对调节器参数的整定，应使回流量 L_R 平稳为好，它可防止局部塔板发生液泛或降低效率。一般认为，控制器只需加比例积分控制规律，不必加微分作用，在参数整定时也要防止出现振荡。

以上两种方案以温度为被控变量，在一般的精馏塔中是常见的。如果要达到高纯度的精密蒸馏，还需用其他的控制方案，如温差、双温差控制等。

四、反应器的自动控制方案

化学反应器是化工生产过程中的重要设备之一。它在结构、物料流程、反应机理和传热情况等方面差异很大，自动控制的难易程度也相差很大。有的应用常规控制仪表即可满足控制要求，有的要采用计算机控制。下面介绍几种常规仪表的控制方案。

1. 改变进料浓度的控制方案

在硝酸生产过程中，氨氧化制取一氧化氮的过程，是一个不可逆过程，其反应式为

$$4NH_3 + 5O_2 \longrightarrow 4NO + 6H_2O + 热量$$

为了使氨的浓度低于爆炸极限，空气需过量。当氨的浓度在 $9\% \sim 11\%$ 范围之内时，氨含量每增长 1%，反应温度将升高 $60 \sim 70℃$。

图 5-44 是常用的控制方案。它以氧化炉温度为被控变量，温度控制作为主环，氨和空气的比值控制系统为副环，构成串级控制系统。控制阀装在氨管道上，可使总气体流量稳定。而且当空气中断时，可把氨气切断，保证安全。

2. 改变进料温度的控制方案

图 5-45 是釜式反应器的温度控制方案。以反应釜温度为被控变量，以加热剂为控制手段。用改变进料温度的方法使反应器温度稳定。

3. 分程控制方案

在间歇操作釜式反应器中，开始时物料需加热，待聚合反应进行后，又需要把热量移走。可采用图 5-46 所示的分程控制方案。

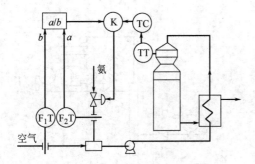

图 5-44　氨氧化炉串级-比值控制方案

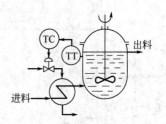

图 5-45　釜式反应器温度控制

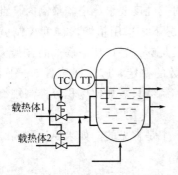

图 5-46　反应器温度分程控制方案

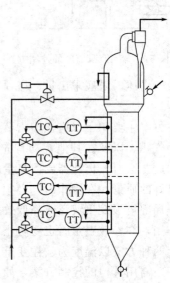

图 5-47　反应器温度分段控制方案

4. 分段控制方案

在用催化接触反应器中，反应温度随深度不同而有差异，无论它是绝热反应或非绝热反应，都可采用分段控制。图 5-47 是丙烯腈生产中丙烯进行氨氧化的沸腾床反应器，为使反应器中的温度分布能够接近最适宜情况，可用四个独立的简单控制系统分段控制。

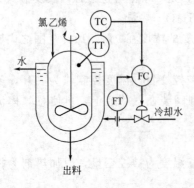

图 5-48　氯乙烯聚合串级控制之一

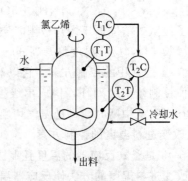

图 5-49　氯乙烯聚合串级控制之二

5. 串级控制方案

在夹套式反应釜中，反应热由夹套中的冷水带走，反应温度控制较高，被控对象容量滞后较大，反应速度较快，用简单控制系统不能达到控制目的。如果冷却水压力经常波动为主要扰动，则可以反应釜温度为主环，冷却水流量为副环构成温度-流量串级控制方案。如图 5-48 所示，如果冷却水压力波动不大，则可以夹套水温为副环构成温度-温度串级控制方案，如图 5-49 所示。

技能训练 8：差压变送器校验与串级控制回路联校

一、实训目的

工程要求对 EJA 差压变送器进行校验后，根据赛场提供的设备组成加热炉出口温度对燃料油压力串级控制系统的模拟联校系统，要求：

① 会使用压力校验仪；

② 掌握差压变送器的校验方法；

③ 会确定控制器的正反作用；

④ 会对数字控制器进行组态；

⑤ 了解串级控制方案的组成及特点；

⑥ 掌握回路联校的方法。

二、实训设备名称及型号

1. 设备清单（见表 5-5）

表 5-5　设备清单

序号	名称	型号规格	单位	数量
1	智能差压变送器	EJA110A-DMS	台	1
2	压力校验仪	CWY300，精度 0.05 级，0～0.16MPa	台	1
3	阀门定位器	EPP1111-AI	台	1
4	数字万用表	FLUKE17B	台	1
5	智能温度转换器	MTL5575	块	1
6	精密电阻箱			
7	数字控制器	DDCH-34DINN2/mV	台	1
8	数字控制器	DDCH-34DI3N2/mV	台	1
9	电源	220V 交流电源　24V 直流电源		
10	仪表气源	根据调节阀需求（一般为 140Pa）		

2. 工具清单（见表 5-6）

表 5-6　工具清单

名称	单位	数量	名称	单位	数量
十字螺丝刀	把	1	镊子	把	1
一字螺丝刀	把	1	电笔	把	1
组合螺丝刀	套		剥线钳	把	1
尖嘴钳	把	1	导线	根	若干
开口扳手	把	2	线卡	个	若干
垫片	个	5	生料带	卷	1

三、差压变送器校验

差压变送器已组态完成，压力测量范围 0～100kPa，要求用提供的设备，画出校验原理图，完成对该变送器的校验。

（1）填写变送器型号规则（变送器精度允许 0.2 级）

名称	
型号选项	
模式	
电源	
输出	
最大工作压力	
出厂量程	
编号	

（2）校验单

被检点压力/MPa					
理论输出电流值/mA					
第一次实际 输出值/mA	正向行程				
	反向行程				
第一次绝对 误差值/mA	正向行程				
	反向行程				
回差/mA					

变送器最大允许绝对误差为 _____ mA，经校验变送器百分误差为 _____ %，回差为 ____ %，以此判断变送器 ____ 合格。

四、串级控制回路联校

1. 仪表接线

根据现场提供的设备按施工要求组成串级控制模拟回路，出口温度检测元件 Pt100，使用电阻箱代替，调节阀气开、气关形式以现场提供的阀门为准。

（1）控制回路原理图　如图 5-50 所示。

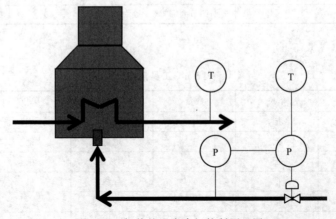

图 5-50　加热炉温度串级控制原理图

（2）控制回路接线原理图（气路连接按第三步校验所画图连接） 如图 5-51 所示。

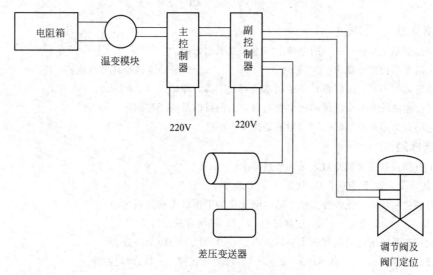

图 5-51 加热炉温度串级控制接线原理图

要求：认真阅读各个仪表的说明书，理解上述温度串级控制系统，按照控制原理连接电路和气路。

2. 控制器参数设置

确定控制器的正反作用，填写下表

项目	主控制器	副控制器
信号类型	电流	电流
小数点位数	1 位	1 位
量程下限	0	0
量程上限	200	100
设定值	60°	—
正反作用		
P	50	50
Ti	300s	50s
Td	50s	—

3. 主回路测试

压力给 0.020MP；电阻箱电阻增加 1Ω，温度改变_____度。观察阀门动作_____；电阻箱电阻减少 1Ω，温度改变____度，观察阀门动作_____。

4. 副回路测试

调整压力使主控制器测量值与设定值为 60°左右，副控制器显示值是_____；压力给 0MP，阀门_____；压力给 51kg，副控制器显示值是_____，阀门_____。

五、问题与思考

① 串级控制系统的特点是什么？

② 如何确定控制器正反作用？

③ 为什么要进行回路联校？

习　题

一、填空题

1. 自动控制系统是在（　　）的基础上产生和发展起来的。

2. 一个简单的控制系统由（　　）、（　　）、（　　）、（　　）这四个环节组成。

3. 按设定值的不同，可以将自动控制系统分为三类，即（　　）、（　　）、（　　）。

4. 串级控制系统有两个测量和两个控制器，总的目的是为了控制（　　）。

5. 均匀的含义是指系统的（　　）而不是指系统的（　　）。

二、选择题

1. 一个自动控制系统就是对人工调节过程的（　　）。

　　A. 仿真　　B. 研究　　C. 仿造　　D. 模拟

2. 在自动化领域内，把被控变量不随时间变化的平衡状态称为系统的（　　）。

　　A. 动态　　B. 静态　　C. 过渡过程　　D. 平衡过程

3. 影响控制系统的过渡过程的主要因素有（　　）和（　　）两个部分。

　　A. 控制器的参数　　B. 被控对象　　C. 自动化装置　　D. 阀门特性

4. 串级控制系统的主回路是一个（　　），副回路是一个（　　）。

　　A. 均匀系统　　B. 定值系统　　C. 随动系统　　D. 程序系统

三、名词解释

被控变量；被控对象；设定值；偏差；扰动；过渡过程。

四、问答题

1. 什么叫反馈？为什么在自动控制系统中通常采用负反馈？

2. 什么叫自动控制系统的过渡过程？有哪几种基本形式？

3. 自动控制系统的品质指标有哪些？

4. 比例度、积分时间、微分时间对过渡过程有什么影响？

5. 什么叫控制器的参数整定？有哪几种方法？

6. 试述简单控制系统的投运步骤？

7. 为什么要考虑控制器的方向？如何考虑？试举例说明。

8. 串级控制有何特点？

9. 简单控制系统与简单均匀控制系统有何区别？

五、应用题

为了确保精馏塔提馏段重组分的产品质量，采用了以加热蒸汽流量为副参数的串级控制方案。如图 5-52 所示，工艺要求当控制阀供气中断时切断蒸汽，试确定各环节的正反作用方向。

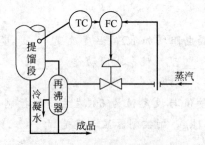

图 5-52　某塔提馏段温控

第六章　集散型控制系统

现代科学技术领域中，计算机技术和自动化技术被认为是发展最快的两个分支。计算机控制技术是两个分支相结合的产物，它是工业自动化的重要支柱。

前面介绍的由被控对象和自动化仪表组成的自动控制系统称为常规控制系统。而由被控对象和电子数字计算机组成的自动控制系统称为计算机控制系统。用于工业控制用的计算机称为工业控制机简称控制机。

随着计算机技术、超大规模集成电路技术和通信网络技术的发展，工业控制逐步地从单机监控，直接数字控制（DDC）发展到集散型控制系统（DCS）和计算机集成制造系统（CIMS）。今天，DCS已广泛应用于工业过程控制，而CIMS是在已有自动化技术基础上发展起来的新型工厂自动化系统。它把孤立的工厂局部自动化技术和子系统，在新的管理模式与工艺指导下，综合运用信息技术、自动化技术，并通过计算机及其软件有机地综合起来，构成一个完整的信息系统，对生产、管理、决策过程进行有效的控制和协调，以适应市场经济的要求。

为了满足复杂机器和工业控制系统开发的需要，中国领先的自动化厂商们开发出了下一代工业控制器PAC，即可编程自动化控制器。PAC结合了PLC的可靠性以及PC强大的软件能力。使用PAC，可以进一步提升现有系统的性能，将最新电子技术及工业高级模拟与控制等功能集成到现有的机器和设备中。

第一节　集散型控制系统概述

一、集散型控制系统的基本概念

1. 直接数字控制（DDC）

直接数字控制是计算机控制技术的基础，已广泛地应用于工业过程控制。DDC技术就是在控制系统中，用一台计算机代替多个常规控制器工作。其系统结构如图6-1所示。DDC的控制过程是：计算机首先通过模数输入转换器（A/D）按一定周期，循环实时采集多个生产过程被控参数的信息，然后按照控制算法运算后，其结果通过数模转换器（D/A）依次进入控制执行器，构成一个闭环回路。

DDC比起模拟仪表控制的主要优点在于很容易在计算机中实现PID和其他复杂的运算规律，并且保持了数字化的精度。

2. 集中型计算机控制系统

集中型计算机控制系统是把几十个甚至几百个控制回路以及上千个过程参数的显示、操作和控制集中在单一计算机上来实现。即在一台计算机上实现下面的功能：过程监视、数据收集、数据处理、数据存储、报警和登录、过程控制。此外，还可以实现生产调度和工厂管理的部分功能，如图6-2所示。

集中型计算机控制比常规仪表控制系统其控制功能齐全，而且可以实现模拟仪表难以实现的功能。大量的模拟仪表盘被一个操作站CRT显示来代替了人机接口，便于实现整个系统的最优化控制。

但是，集中型计算机控制系统将大量功能集于一身，把危险也集中了。一旦计算机发生故障，将导致生产过程的全面瘫痪。为了增强可靠性，一方面要设计高可靠性的计算机，一方面引入双重计算机概念，因此，集中型计算机控制系统对于小型工厂或小规模生产装置在今天还可应用。

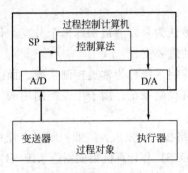

图 6-1　基本 DDC 系统结构

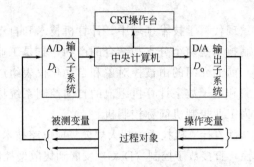

图 6-2　集中型计算机控制系统

3. 分层计算机控制系统

集中型计算机控制系统暴露了集中控制的重大缺陷，促使控制系统向分散化发展。出现了分层计算机控制系统，有以下两种模式。

(1) 计算机、控制器混合控制系统　如图 6-3 所示，将计算机与模拟仪表结合起来。现场的控制功能由传统的模拟仪表来实现，模拟仪表的信号也送入计算机，最后以最优工艺参数给模拟仪表设定值。

这种方案，对于老工厂技术改造尤为可取。特别随着可编程控制器的发展，可编程控制器与计算机形成的混合控制系统已普遍应用于老企业中，关于可编程控制器在后面专门讲述。

(2) 监督计算机控制系统 SCC　上述计算机、控制器混合控制系统中，用一台计算机代替模拟仪表，实现 DDC，这就是监督计算机控制系统。如图 6-4 所示。

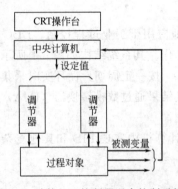

图 6-3　计算机、控制器混合控制系统

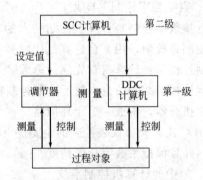

图 6-4　监督计算机控制系统

SCC 控制由二级计算机组成。第一级计算机与生产过程连接，并承担测量和控制任务，即完成 DDC 控制。第二级计算机是按照生产过程工况，操作条件的变化信息和数学模型进行必要的转换，给第一台计算机提供最佳设定值和最优控制参数等各种控制信息。

在第一级计算机与第二级计算机之间的数据通信，一般采用串行数据链路规程，传送速率都比较低。

4. 集散型控制系统

集中分散型计算机控制系统又称为分布式计算机控制系统，简称集散型控制系统（DCS）。其实质是四 C 技术，即计算机（Computer）、控制器（Controller）、通信（Communication）和 CRT 显示技术相结合的产物。它以微处理机为核心，把微型计算机、工业控制计算机、数据通信系统、显示操作装置、过程通道、模拟仪表等有机地结合起来，采用组合组装式结构组成系统，对生产过程进行集中监视、操作、管理和分散控制的一种新型控制技术。它既不同于分散的仪表控制系统，又不同于集中式计算机控制系统，而是吸收了两者的优点，在它们的基础上发展起来的一门系统工程技术，具有显著的优越性。

图 6-5 是集散控制系统的组成框图，从图中可以看出，它是一种分布式控制系统。从整体逻辑结构上看，又是一个分支树结构，这与工业生产过程的行政管理结构相一致。管理计算机完成制订生产计划、产品管理、财务管理、人员管理以及工艺流程管理等功能，以实现生产过程的静态最优化。监控计算机通过协调各基本控制器的工作，达到过程的动态最优化。基本控制器则完成过程的现场控制任务。CRT 操作站是显示操作装置，完成人与控制系统过程的接口任务。数据采集器用来收集现场控制信息和过程变化的信息。这样，系统中的现场控制任务，不但可以由带有通信装置的基本控制器来完成，而且可以由一般仪表或逻辑箱来完成，从而可以形成多样的集散控制系统的组态形式。数据采集器和基本控制器在现场对信号进行预处理后经数据高速通道再送入上一级计算机，不但减少了上级计算机的负荷，而且减少了现场电缆铺设。

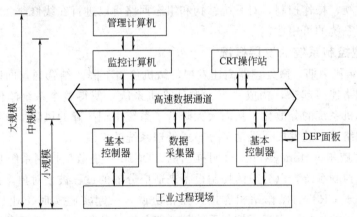

图 6-5　集散控制系统的组成框图

集散型控制系统具有通用性好，系统组态灵活，控制功能完善，数据处理方便，显示操作集中，人机界面友好，安装简单规范化，调试方便，运行安全可靠的特点。它能够适应工业生产过程的各种需要，提高生产自动化水平和管理水平，提高产品质量，降低能源消耗和原材料消耗，提高劳动生产率，保证生产安全，促进工业技术发展，创造最佳经济效益和社会效益。

二、集散型控制系统的特点

集散型控制系统采用标准化、模块化和系列化设计，由过程控制级、控制管理级和生产管理级所组成的一个以通信网络为纽带的集中显示操作管理，控制相对分散，具有配置灵活，组态方便的多级计算机网络系统结构。

1. 自主性

系统上各工作站是通过网络接口连接起来的，各工作站独立自主地完成合理分配给自己的规定任务，如数据采集、处理、计算、监视、操作和控制等等。

2. 可靠性

高可靠性、高效率和高可用性是集散控制系统的生命力所在。制造厂商在确定系统结构的同时进行可靠性设计，采用可靠性保证技术，如容错设计、双重化设计、"电磁兼容性"设计、在线快速排除故障设计等。使得控制功能分散、负荷分散从而危险分散，提高了系统的可靠性。

3. 协调性

采用 MAP/TOP 标准通信网络协议，将集散型控制系统与信息管理系统连接起来，便于组成综合工厂自动化系统，极大地便利了管理工作。

4. 友好性

集散型控制系统软件是面向工业控制技术人员和生产操作人员设计的，采用了实用而简捷的人机会话系统，即画面和窗口图形操作系统，其使用界面非常友好。

5. 适应性、灵活性和可扩充性

硬件和软件采用开放式、标准化和模块化设计，系统技术或结构具有灵活的配置，可适应不同的用户需要。在工厂改变生产工艺、生产流程时，可以根据生产要求的需要改变某些配置和控制方案，不需要修改或重新开发软件，只是使用组态软件，填写一些表格即可实现。

6. 在线性

通过人机接口和输入/输出（I/O）接口，对过程被控对象的数据可以进行实时采集、分析、记录、监视、操作控制，对系统结构和组态回路可以进行在线修改、局部故障的在线维护等，提高了系统的可用性。

三、集散型控制系统的发展概况

20 世纪 70 年代中期，微处理器高速发展，微机价格下降。结合通信网络技术，出现了若干微机通过网络连接起来，构成一个大型计算机系统，使得整个系统的任务可以分散进行，实现了计算机系统的分散化，从而大大降低了系统出现故障的风险。分散化思想的日益成熟，计算机网络技术的发展，推动了分布式处理系统的发展。

1975 年霍尼威尔（Honeywell）公司推出的 TDC2000 集散型控制系统是一个具有许多微处理器的分级控制系统，以分散的控制设备来适应分散的过程被控对象，并将它们通过数据高速公路与基于 CRT 的操作站相连接，互相协调，一起实施实时工业过程的控制和监视，达到掌握全局的目的。实现了控制系统的功能分散，负荷分散，从而危险也分散，克服了集中型计算机控制系统的一个致命弱点。

在此期间，世界各国也相继推出了自己的第一代集散型控制系统。比较著名的有美国福克斯波罗（Foxboro）公司的 Spectrum 系统，贝利公司的网络 90，英国肯特公司的 P4000，德国西门子公司的 Teleperm，日本东芝公司的 TOSDIC，日立公司的 UUITROLB，以及横河公司的 CENTUM。

20 世纪 80 年代，随着微处理运算能力的增强，超大规模集成电路集成度的提高和成本的不断下降，给过程控制的发展带来了新的面貌，使得过去难以想象的功能付诸了实施，推动着以微处理器为基础的过程控制设备和集散型控制系统、可编程控制器和过程变送器等同步更新发展。

这一时期，集散型控制系统经历了两代产品。第一代 DCS 产品刚被第二代产品所代替，紧接着又推出了第三代产品。其代表产品有：

| TDC 3000/PM | Honeywell | I/A Series | Foxboro |
| Centum-XL | YOKOGAWA | INFI-90 | Bailey Control |

进入 20 世纪 90 年代，计算机等新技术的发展，特别是开放式结构和集成技术将深刻地影响着 DCS 的发展。使集散型控制系统进入一个新的阶段，产生了生产过程控制系统与信息管理系统紧密结合的管控一体化的新一代集散型控制系统。具体表现为：

① DCS 向综合化、开放化发展；

② 大型 DCS 进一步完善和提高的同时，发展小型集散控制系统；

③ 采用人工智能技术；

④ 采用虚拟的真像技术。

随着微电子技术的发展，结合现代控制理论，应用人工智能技术，以微处理器为基础的智能设备已相继出现。如智能变送器，可编程控制器，智能 PID 自整定控制，智能人机接口，智能集散控制系统等。

中国为了满足国内急需，从国外引进了几百套 DCS 来装备石化、冶金、电力、化肥和轻工行业。同时坚持自力更生，自主开发与引进技术相结合的方针，把引进国外先进技术与对其及时消化、吸收与创新，作为发展中国科学技术的重要途径。另一方面，国家组织了精悍的队伍，联合攻关，建立了自己的 DCS 总体体系结构，独立自主地开发了自己的 DJK-7500 分散型控制系统，友力-2000 集散型控制系统，HS-DCS-1000 分布式控制系统等。

第二节 集散型控制系统的体系结构

一、集散型控制系统的体系结构

自从 1975 年霍尼威尔（Honeywell）公司宣布第一套集散型控制系统（TDC2000）诞生之后，工业控制自动化进入了一个崭新的时期。经过二十多年的发展，结构体系不断更新，功能不断加强，已经向着计算机集成综合制造系统方向发展。到了 20 世纪 80 年代，开始提出开放系统结构，而各制造厂商都宣称自己的产品朝开放系统发展，但其产品在硬件的兼容性，软件的可移植性，应用的互可操作性上很难达到统一，所以体系结构上有很大的差异。因此只能从功能上、一般意义上讲解，以便于学习和理解。对具体产品要考察其特点，以便正确应用。

今天，集散型控制系统体系结构的主要特点是层次化，使之体现集中操作管理、分散控制的思想，一般由四级层次组成，如图 6-6 所示。

1. 现场装置管理层次的直接控制级（过程级）

在这一级上，过程控制计算机直接与现场各类装置（如变送器、执行器、记录仪表等等）相连，对所连接的装置实施监测、控制。同时它还向上与第二层的计算机相连，接收上层的管理信息，并向上传递装置的特性数据和采集到的实时数据。

2. 过程管理级

在这一级上的过程管理计算机主要有监控计算机、操作站、工程师站。它综合监视过程各站的所有信息，集中显示操作，控制回路组态和参数修改，优化过程处理等。

3. 产品管理级（生产管理级）

在这一级上的管理计算机根据产品各部件的特点，协调各单元级的参数设定，是产品的总体协调员和控制器。

4. 工厂总体管理和经营管理级

这一级居于中央计算机上，并与办公室自动化连接起来，担负起全厂的总体协调管理，包括各类经营活动，人事管理等等。

二、集散型控制系统体系结构中各层的功能

从图 6-6 可以看出，新型的集散型控制系统是开放的体系结构，可方便地与生产管理的上位计算机相互交换信息，形成计算机一体化生产系统，实现了工厂的信息管理一体化。图 6-7 列出了各层所实现的功能。

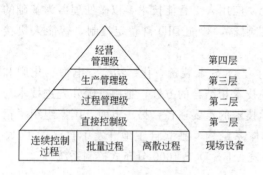

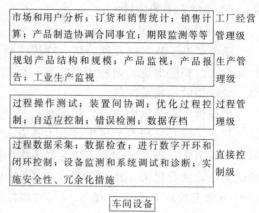

市场和用户分析；订货和销售统计；销售计算；产品制造协调合同事宜；期限监测等等	工厂经营管理级
规划产品结构和规模；产品监视；产品报告；工业生产监视	生产管理级
过程操作测试；装置间协调；优化过程控制；自适应控制；错误检测；数据存档	过程管理级
过程数据采集；数据检查；进行数字开环和闭环控制；设备监测和系统调试和诊断；实施安全性、冗余化措施	直接控制级

车间设备

图 6-6　集散型控制系统四层结构模式　　　图 6-7　集散型控制系统体系结构的功能

1. 直接控制级

直接控制级是集散型控制系统的基础，其主要任务如下。

（1）进行过程数据采集　即对被控设备中的每个过程量和状态信息快速采集，使进行数字开环控制、闭环控制、设备监测、状态报告的过程等获得所需要的输入信息。

（2）进行直接数字的过程控制　根据控制组态数据库，控制算法模块来实施实时的过程量（如开关量，模拟量等）控制。

（3）进行设备监测和系统的测试和诊断　把过程变量和状态信息取出后，分析是否可以接受和是否可以允许向高层传输，进一步确定是否对被控装置实施控制。并根据状态信息判断计算机系统硬件和控制板件的性能，在必要时实施报警、错误或诊断报告等措施。

（4）实施安全性、冗余化方面的措施　一旦发现计算机系统硬件或控制板有故障，就立即实施备用件的切换，保证整个系统安全运行。

2. 过程管理级

过程管理级主要是应付单元内的整体优化，并对其下层发出命令，在这一层可完成的功能如下。

（1）优化过程控制　这可以根据过程的数学模型以及所设定的被控对象来进行。

（2）自适应回路控制　在过程参数希望值的基础上，通过数字控制的优化策略，当现场条件发生改变时，经过过程管理级计算机的运算处理就得到新的设定值和控制值，并把控制值传送到直接过程控制层。

（3）优化单元内各装置，使它们密切配合　这主要是根据单元内的产品、原材料、库存以及能源的使用情况，以优化准则来协调相互之间的关系。

（4）通过获取直接控制层的实时数据以进行单元内的活动监视，故障检测存档，历史数据的存档，状态报告和备用。

3. 生产管理级

根据用户的订货情况、库存情况、能源情况来规划各单元中的产品结构和规模，并且可使产品重新计划，随时更改产品结构。为此，一些复杂的工厂在这一控制层就实施了协调策略。此外，综观全厂的生产和产品监视，以及产品报告也都在这一层来实现，并与上层交互传递数据。中小企业中，这一层可充当最高一级管理层。

4. 工厂经营管理级

经营管理级居于工厂自动化系统的最高一层。它管理的范围很广，包括工程技术方面、经济方面、商业事务方面、生产经营、财务、人事等各个方面。把这些功能都集成到软件系统中，通过综合的产品计划，在各种变化条件下，结合多种多样的材料和能量调配，最优地解决这些问题。在这一层中，通过与公司的经理部、市场部、计划部以及人事部等办公室自动化相连接，来实现整个制造系统的最优化。

三、集散型控制系统体系结构示例

上面讲述了集散型控制系统体系结构各层的功能，但对于某一具体集散型控制系统的应用来说，并不一定非具有四层功能不可。大多数应用于中小规模的控制系统则只有第一、二层，少数情况使用到第三层的功能，在大规模的控制系统中才应用到完全的四层模式。就目前世界上优秀集散型控制系统产品来看，多数局限在第一、二、三层，第四层的功能只附带在第三层的硬件基础上。

TDC-3000 是霍尼威尔（Honeywell）公司 1983 年 10 月发表的，目前应用较广且有四层体系结构。如图 6-8 所示。它的直接控制层由基本控制器和多功能控制器组成，可以进行基本回路控制，模拟量 I/O 和顺序控制，可与单回路仪表、模拟开关等现场装置相连。

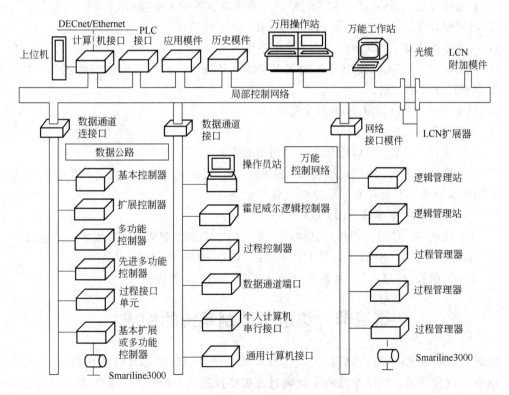

图 6-8　TDC-3000 集散型控制系统分层结构图

1. TDC-3000 有三种通信链路

① 局部控制网络（LCN）是 TDC-3000 的主干网，通过计算机接口与 DECnet/Ethernet 相连，同 DEC-VAX 系统计算机联系构成综合管理系统；与个人计算机构成范围更广泛的计算机综合网络系统。从而将工厂所有计算机系统和控制系统联为一体，实现优化控制、优化管理的目的。

② 万能控制网络（UCN）是 1988 年开发的以 MAP（通信标准化）为基础的双重化实时控制网络。支持了 32 个冗余设备，应用层采用 RS-511 标准。

③ 数据公路（DH）是第一代集散型控制系统的通信系统，采用串行、半双工方式工作，优先存取和定时询问方式控制，DH 上设置了一个通信指挥器（HTD）来管理通信。任何 DH 之间的通信必须由 HTD 指挥，从 HTD 获得使用 DH 的权利。

2. TDC-3000 提供三个不同等级的分散控制

① 以过程控制设备为基础，并对控制元件进行控制的过程控制级。

② 先进的控制级包括比过程控制级更加复杂的控制策略和控制计算，通常称为工厂级。

③ 最高控制级提供用于高级计算机的技术和手段，例如适用于复杂控制的过程模型，过程最优控制及线性规划等称为联合级。

3. TDC-3000 的过程控制站

主要包括：基本控制器（BC），多功能控制器（MC）、先进多功能控制器（AMC）、逻辑控制器、过程控制器、逻辑管理站（LM），过程管理站（PM）、单回路控制器（KMM）和可编程控制器（PLC）等。

4. TDC-3000 有四种 CRT 操作站

① 万能操作站（US）是全系统的窗口，是综合管理的人机接口。

② 增强型操作站（EOS）是 TDC2000CRT 操作站的改进型。

③ 本地批量操作（LBOS）主要用于小系统。

④ 新操作站（US*）使用开放的 X-WINDOW 技术，操作员能够同时观察工厂信息、网络数据和过程控制数据。

5. TDC-3000 在 LCN 上挂接多种模块

① 万能操作站（US）。

② 历史模件（HM）可以收集和存储历史数据。

③ 应用模件（AM）用于连续控制、逻辑控制、报警处理和批量历史收集等等。其控制策略可用标准算法，此外还有优化用工具软件包等。

④ 可编程逻辑控制接口（PLCG）。

⑤ 计算机接口（CG），提供与其他厂家如 DEC、IBM、HP 等计算机之间的连接。

⑥ 网络接口模件（NM），提供 UCN 和 LCN 之间的连接。

⑦ 数据公路接口（HG），将数据公路（DH）与 LCN 相连。

第三节　集散型控制系统的构成

集散型控制系统由硬件和软件两大部分构成，硬件和软件都具有灵活的组态和配置能力。DCS 的硬件是通过网络系统将不同数目的现场控制站、操作员站和工程师站连接起来，共同完成各种采集、控制、显示、操作和管理功能。

目前，世界上有名的 DCS 厂家就有上百家，其构成系统差异很大，从广义上讲，DCS 有仪表型、PLC 型和 PC 型三种，下面仅从功能上介绍一下最简单的 DCS 的构成。

一、DCS 系统的构成

1. 基本型 DCS 系统的构成

最基本的 DCS 系统由一个操作站、一个控制站和一个工程师站构成，如图 6-9 所示，各种现场检测仪表送来的过程信号均由控制站进行实时的数据采集，消除噪音信号，进行非线性校正及各种补偿运算，运算成相应的工程量。根据组态要求还可进行下限报警及累积量计算，所有测量值和报警值经通信网络传送到操作的数据库，供实时显示、优化计算、报警打印等。显示和操作功能集中于操作站，正常运行过程在过程控制站一般不设 CRT 显示器和操作键盘。但有的系统备有袖珍型现场操作器，在开停车或检修时可直接连接控制站进行操作，也有的系统在前面板上有小型按钮开关与数字显示器的智能模件，可进行一些简单的操作。

2. 以智能仪表作为控制站的 DCS 系统

当前，越来越多地采用各种智能数字控制器与可编程控制器（PLC）构成 DCS 的过程控制站。新型的数字控制器与 PLC 不仅容量更大，速度更快，而且都增设了较强的联网通信能力。可以采用以廉价的双绞线为传输介质的现场总线网，将作为主结点的现场控制站与作为从结点的数十个数字控制器、PLC 或数字化智能变送器连接在一起，也可以将数台 PLC 通过网络直接接入高速数据公路，组成过程控制级的顺序控制站。这样一来，DCS 的控制功能进一步分散，控制速度与功能及系统的可靠性又得以进一步提高，如图 6-10 所示。

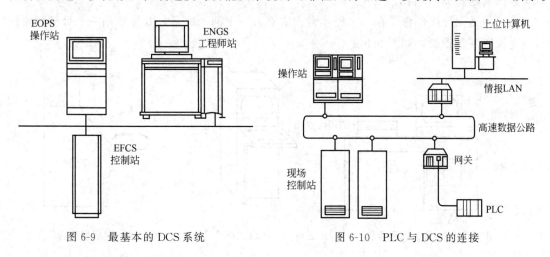

图 6-9 最基本的 DCS 系统　　　　　图 6-10 PLC 与 DCS 的连接

3. 以个人计算机为管理级的 DCS 系统

在一些小型集散系统中，也有一些是以数字控制器与 PLC 为过程控制级，用个人计算机为管理级构成的系统，如图 6-11 所示。

二、人-机接口的构成

人-机接口是以操作站为中心，由处理机系统、显示设备、操作键盘、打印设备、存储设备，以及一个支撑和固定这些设备的台子构成，下面仅介绍操作台、操作键盘和操作站的显示功能。

1. 操作台

目前流行的操作台有三种。

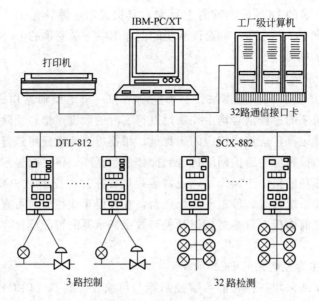

图 6-11 小型集散系统

　　第一种是办公桌式操作台　即操作台做成一台桌子形式，台面上放置显示器和操作键盘，而处理机系统放在桌下或桌上，如图 6-12。

　　第二种是集成式操作台　这种操作台是一个金属整体，将处理机系统，显示器和操作键盘等嵌在其内，如图 6-13。

　　第三种是双屏操作台　在一个操作台内嵌有上、下两个屏幕，双屏幕用一个处理机系统和一个操作键盘控制，如图 6-14。

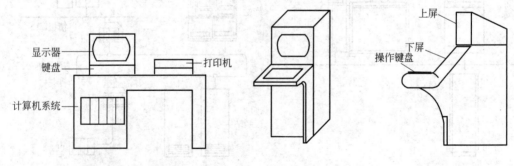

图 6-12　办公桌式操作台　　　　图 6-13　集成式操作台　　　　图 6-14　双屏操作台

　　2. 操作员键盘和工程师键盘

　　(1) 操作员键盘　当今的 DCS 操作员键盘多采用有防水、防尘能力，有明确图案（或名称）标志的薄膜键盘。这种键盘在分配和布置上充分地考虑到操作直观、方便。在键体内装有电子蜂鸣器，以提示报警信息和操作响应。

　　一般的操作键盘根据其功能可以分为以下几个部分。

　　① 系统功能键。这些键定义了 DCS 的标准功能，如状态显示，图形拷贝，分组显示，趋势显示，修改点记录，主菜单显示等等。

　　② 控制调节键。这组键定义了系统常用的控制调节功能，如控制方式切换（手动、自动、串级等），设定值、输出值的调整，控制参数的整定等。

③ 翻页控制键。这些键定义了图形或列表显示时的翻页控制功能。

④ 光标控制键。用来控制参数修改和选择时的光标位置。

⑤ 报警控制键。用来控制报警信息的列表、回顾、打印及确认等。

⑥ 字母数字键。用来输入字母和数字。

⑦ 可编程功能键。这组键是用户可以自己定义的键，它可以在任何显示画面下起作用。

⑧ 用户自定义键。用来定义那些常用的操作，使得在任何情况下，只要按下某自定义键，就可切换到预先指定的功能。大部分的操作键盘上都留有一定数目的用户自定义键。操作键盘的布局多种多样，如图 6-15 是 CENTUM 的操作键盘盘面。

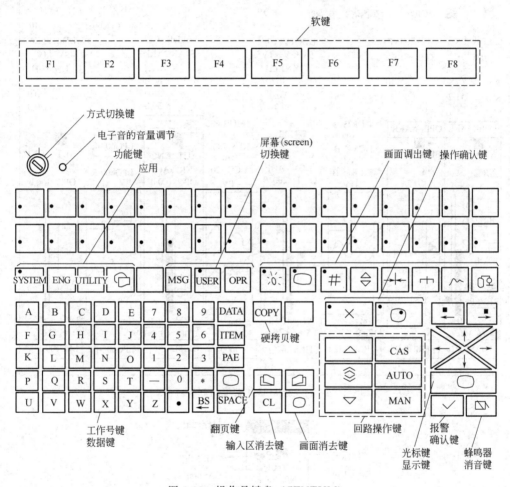

图 6-15 操作员键盘（CENTUM）

随着显示技术的发展，现在许多 DCS 厂家引入触摸屏显示技术，这样可以省略操作员键盘，而是直接在屏上设有敏感区，操作员只要用手指触一下该点就可以达到操作的目的。这一技术发展很快，估计在不久的将来会被越来越多的 DCS 系统所使用。

（2）工程师键盘　DCS 的工程师键盘是系统工程师用来编程和组态用的键盘。该键盘通常采用大家较熟悉的击打式键盘。

3. 操作站的显示管理功能

在 DCS 系统中，CRT 显示器基本上可以取代过去的常规仪表显示和模拟屏显示系统。通常，一个 DCS 系统的操作站上应该显示以下几个方面内容。

（1）标准显示功能　标准显示功能在不同厂家的 DCS 系统中有很大的区别，但大多数的 DCS 系统一般提供以下几种标准功能。

① 系统总貌显示。它用来显示系统的主要结构和整个被控对象的主要信息，同时，还可以提供操作、指导作用，使操作员可以在总貌显示下切换到任一组他有兴趣的画面。

② 分组显示功能。分组显示是为了给操作员提供某个相关部分的详细信息，以便监视和控制。在分组显示画面中，单个的模拟量、闭环回路、顺序控制器、手动/自动控制等，以组的形式（通常 8 个为一组），同时在屏幕上显示出来。如图 6-16 所示。

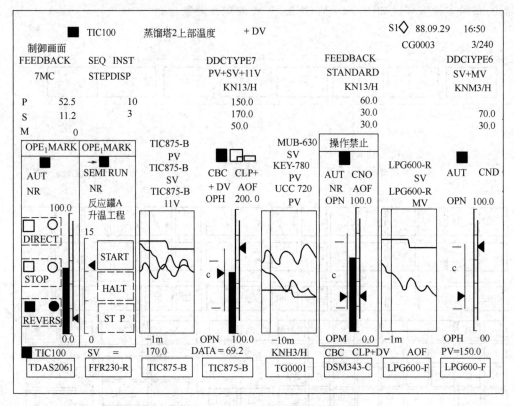

图 6-16　CENTUM 系统的分组画面

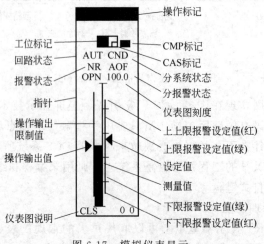

图 6-17　模拟仪表显示

基于分组显示，操作员可以进行下列操作：控制设定，控制方式的切换，手动方式下的输出控制，启动和停止一个控制开关，显示一个回路的详细信息。其中，每一个部分是一个模拟仪表盘，可以显示出一个常规仪表的信息如图 6-17 所示。

③ 回路显示。很多 DCS 系统提供了单回路显示功能，此功能提供了该回路的三个相关值（设定、被控变量、操纵变量）的棒图，数值跟踪曲线，以及该控制回路的控制参数，如图 6-18 所示。操作员在此画面下可以完成下列操作：改变控制设定值；改变操纵变量；改变控制方式；修改回路的变量。

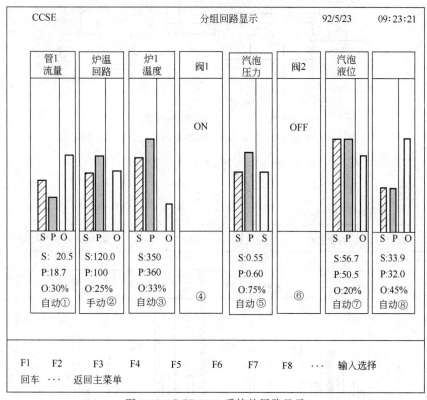

图 6-18 DCS-1000 系统的回路显示

④ 详细显示。DCS 系统中的每一个点对应一记录。例如，一个模拟量点包含很多信息：点名、汉字名称、单位、显示上限、显示下限、报警优先级、报警上限、报警下限、报警死区、转换系数 1、转换系数 2、转换偏移量、硬件地址等。在点的详细显示中可以列出所有内容，并允许操作员修改某一项内容，图 6-19 是点详细显示的例子。

⑤ 报警显示功能。工业自动控制系统的最重要要求之一，就是在任何情况下，系统对紧急的报警都应立即作出反应。在 DCS 系统中，不但能对一些重要的报警立即作出反应，而且能对近期的报警作出记录，以便于分析报警的原因。一般 DCS 系统具有以下几种报警显示功能。

• 强制报警显示　不论画面上正在显示何种画面，只要此类报警发生，则在屏幕上端强制显示出红色的报警信息，闪烁、并启动响铃，如图 6-20 所示。

• 报警列表显示功能　在 DCS-1000 系统中存有一个报警列表记录，该记录中保留着近期 100 个报警项，每项的内容为：报警时间、点名、汉字名称、报警性质、报警值、极限、

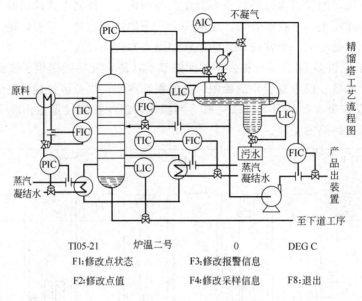

精馏塔工艺流程图

TI05-21	炉温二号		0	DEG C
F1:修改点状态		F3:修改报警信息		
F2:修改点值		F4:修改采样信息	F8:退出	

图 6-19　点详细信息显示

报警窗口显示

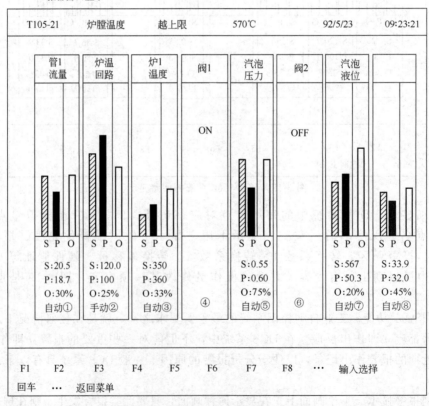

图 6-20　强制报警显示

单位、确认信息。图 6-21 是一幅报警列表画面，操作员可以按下"报警列表"键调出报警列表画面，将此报警记录列表分页显示出来。

参数列表显示			93年1月4日9时5分1秒		
点名	汉字名称	点状态	点值	单位	
T105-21	炉温二号	0000000000000100	100.9	DEG C	
T105-22	炉温三号	0000000000000001	0	DEG C	
T105-23	炉温四号	0000000000000000	21.8	DEG C	
COM-21	计算量二号	0000000000000001	0	T	
COM-22	计算量三号	0000000000000000	1	T	
COM-23	计算量四号	0000000000000000	0	T	
COM-24	计算量五号	0000000000000001	0	T	
进页：上一页		第0页		退页：下一页	

图 6-21 报警列表显示

• 报警确认功能 在报警列表时，已确认的和未确认的报警用不同的颜色进行显示。操作员可以在此画面上确认某一报警项。

⑥ 趋势显示功能。DCS 系统的一个突出特点是计算机系统可以存储历史数据，并可以曲线形式显示出来。一般的趋势显示有两种：一种是跟踪趋势显示，也称为实时趋势，这种显示刷新周期较短，通常用来观察某些点近期变化情况；另一种是长期记录趋势显示，这种显示一方面用来长期趋势显示，另一方面可以进行一些管理运算和报表。

同时，系统中还设有一个标准的长期历史趋势显示画面，如图 6-22 所示，在该画面上操作员通过键入要显示的若干点的点名，以及要显示的时间等信息，就可以看到这些曲线。

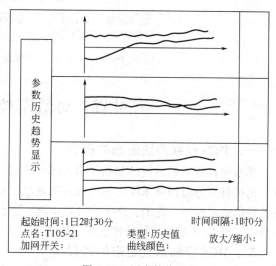

图 6-22 历史趋势显示

⑦ 系统状态显示。有些 DCS 的操作员站上可以显示系统的组成结构和各站及网络干线的状态信息。

（2）用户定义显示功能 DCS 系统通常是面向一类用户系统而设计的，因此，DCS 系统厂家不可能完成用户所需要的所有显示要求。所以，一般 DCS 都提供一些设施使用户可以自己生成自己特定的与应用有关的显示功能。通常有两种显示要求。

① 生产流程模拟显示。每个 DCS 应用系统都有此要求，而且也是主要的显示功能，由于大多应用对系统流程不可能在一幅画面上完全显示出来，因此，显示过程中通常采用分级分层显示和分块显示。操作员可以配合提示菜单应用操作键或协能键浏览生产流程，图 6-23 是 DCS-1000 系统的分块显示画面。

② 批处理控制画面。此类画面应用于设计、监视或执行时间或事件驱动的顺序控制过程。

DCS 操作站上除上述显示功能外，还配有打印功能，可以打印生产过程记录报表，系统运行状态信息、生产统计报表、报警信息等。

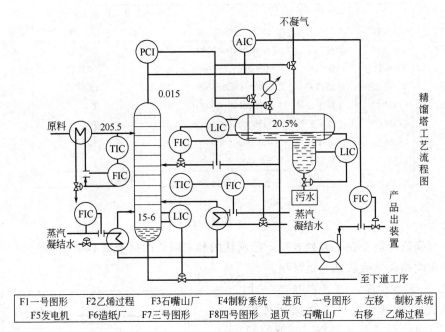

| F1一号图形 | F2乙烯过程 | F3石嘴山厂 | F4制粉系统 | 进页 | 一号图形 | 左移 | 制粉系统 |
| F5发电机 | F6造纸厂 | F7三号图形 | F8四号图形 | 退页 | 石嘴山厂 | 右移 | 乙烯过程 |

图 6-23　DCS-1000 系统生产流程画面显示

第四节　集散型控制系统的组态

一、DCS 控制系统组态的概念

集散型控制系统由硬件和软件两大部分构成，硬件和软件都具有灵活的组态和配置能力。DCS 的硬件是通过网络系统将不同数目的现场控制站、操作员站和工程师站连接起来，共同完成各种采集、控制、显示、操作和管理功能。所谓组态就是按照软件提供的工具和方法及工程的要求，对 DCS 系统进行硬件配置和软件定义。本节用实际的案例重点讲述软件的定义。

二、DCS 控制系统组态的过程

尽管 DCS 控制系统的具体结构各异，组态的软件也多种多样，但组态的基本过程是一致的，下面以浙江中控的 CS2000DCS 系统为例，说明组态的过程。

1. 分析工艺流程

熟悉工艺流程，了解工艺指标的要求，熟悉控制方案及控制回路的各个变量关系。将所有的工艺变量按类别列表，以供定义 I/O 卡点需要。列表分类即要考虑工艺的岗位不同，也要考虑变量的不同类别。

2. 了解 DCS 的构成及控制站上卡件的配置情况

对具体的 DCS 结构，搞明白控制站上卡件的配置，并将卡件列表分配具体的地址。

3. 按照工艺操作要求设置用户权限

根据工艺岗位的人员配置和分工要求，确定人员的权限。比如，谁是工程师，有哪些工作权限。谁是操作员，有哪些工作权限，按照企业的人员分工划分，兼顾到权、责、利相结合的原则。

4. 组态设置

打开组态软件，按照软件的窗口提示功能配置系统。

5. 绘制工艺流程图

在组态软件里绘制工艺流程图，尽量使用软件本身提供的工具，这样绘图的一致性要好，注意在图上设置变量时，一定要用添加功能，将之前定义的变量添加上，避免二次输入错误。

有时根据需要，要画弹出式流程图，选择主要需观察的部位画弹出式流程图，画法与流程图一样，注意保存的位置。

6. 编译修改，重复 5、6 两步，直到编译通过。

回答完所有的问题后，保存，但是保存的文件是原始代码程序，需要经过编译才能变换成计算机可执行的目标代码程序，而且在编译的过程中，系统会检查发现错误，帮助程序员修改。所以保存后的组态要编译，编译过程发现错误，要认真分析，想清楚原因，返回到该功能的制作窗口去修改，修改后保存，再编译，直到编译通过为止。（注意，不是所有的组态软件都要编译，例如，Emerson 的组态软件就无需编译。）

7. 仿真运行及实际运行测试

编译过的组态，可以仿真运行调试。所谓仿真运行，是用计算机存储器上的数据库中的数据，对组态软件进行程序的正确性和模块之间的连接关系的正确性进行测试。

如果能通过，就可以实际运行测试。实际运行测试，是对数据的采集、数据库的功能、程序的正确性、程序之间的衔接、输出画面功能等做全面的测试，如果有问题，重复修改—编译—运行，直到运行正确为止。

第五节　中控集散型控制系统的组态案例分析

案例： 精馏塔工艺的 DCS 系统组态，以中控 CS2000DCS 为例。

一、【工艺分析】

分馏是化工、石油化工、炼油生产过程中应用极为广泛的传质传热过程，精馏的目的是根据溶液中各组分挥发度（或沸点）的差异，使各组分得以分离并达到规定的纯度要求。精馏工艺的流程如图 6-24 所示。

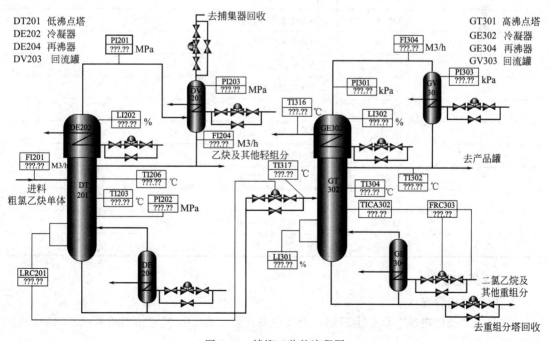

图 6-24　精馏工艺的流程图

二、【DCS 硬件组成】

CS2000DCS 的硬件组成如图 6-25 所示。控制站的功能及控制台的详细功能请查阅产品说明书和接线图。控制站中有电源机龙、卡件机龙、20 个插槽，各卡件功能如表 6-1 所示。

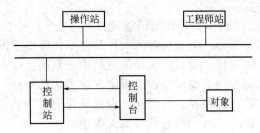

图 6-25　CS2000DCS 硬件组成

表 6-1　卡件功能

序号	卡件名称	规格功能说明
1	XP243	主控制卡
2	XP243	主控制卡
3	XP233	数据转发卡
4	XP233	数据转发卡
0	XP313	6 路电流信号输入卡
1	XP313	6 路电流信号输入卡
2	XP313	6 路电流信号输入卡
3	XP316	4 路热电阻信号输入卡
4	XP316	4 路热电阻信号输入卡
5	XP316	4 路热电阻信号输入卡
6	XP316	4 路热电阻信号输入卡
7	XP316	4 路热电阻信号输入卡
8	XP316	4 路热电阻信号输入卡
9	XP316	4 路热电阻信号输入卡
10	XP316	4 路热电阻信号输入卡
11	XP316	4 路热电阻信号输入卡
12	XP322	4 路模拟信号输出卡
13	XP322	4 路模拟信号输出卡
14	XP363	8 路触点型开入卡
15	XP362	8 路晶体管接点开出卡空卡
16	XP000	空卡

三、【组态】

1. 用户授权管理

① 双击"我的电脑"D 盘上新建一个文件夹，名字为 D：\ "精馏塔系统"，操作画面如图 6-26 所示。

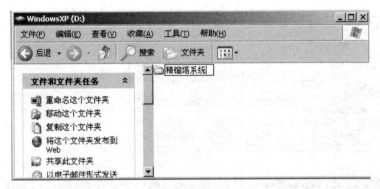

图 6-26　建立文件夹

② 单击"开始"——"程序"——ADVANTROL-PRO2.50.04 学习版——"用户受权管理"，出现登录窗口，输入用户名：SUPER _ PRIVILEGE _ 001，密码：SUPER _ PASSWORD _ 001，登录管理窗口。操作画面如图 6-27 所示。

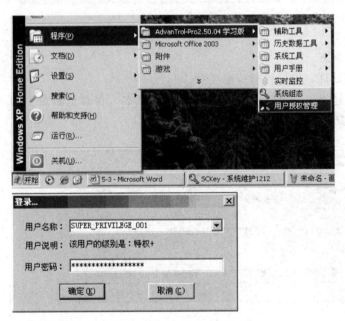

图 6-27　登录画面

③ 分别增加用户，按下表要求增加用户和权限，操作画面如图 6-28 所示。

权　限	用户名	用户密码	相应权限
特权	系统维护	SUPCO NDCS	PID 参数设置、报表打印、报表在线修改、报警查询、报警声音修改、报警使能、查看操作记录、查看故障诊断信息、查找位号、调节器正反作用设置、屏幕拷贝打印、手工置值、退出系统、系统热键屏蔽设置、修改趋势画面、重载组态、主操作站设置
工程师	工程师	1111	PID 参数设置、报表打印、报表在线修改、报警查询、报警声音修改、报警使能、查看操作记录、查看故障诊断信息、查找位号、调节器正反作用设置、屏幕拷贝打印、手工置值、退出系统、系统热键屏蔽设置、修改趋势画面、重载组态、主操作站设置
操作员	操作员甲	1111	重载组态、报表打印、查看故障诊断信息、屏幕拷贝打印、查看操作记录、修改趋势画面、报警查询
操作员	操作员乙	1111	重载组态、报表打印、查看故障诊断信息、屏幕拷贝打印、查看操作记录、修改趋势画面、报警查询

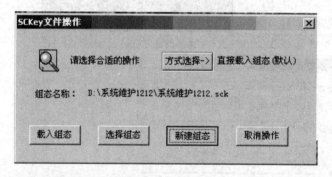

图 6-28　用户授权画面

2. 新建项目组态

① 打开组态软件，以工程师等级登录。

② 选择"新建组态"，按提示以"精馏塔"文件名，保存至 D 盘上的"精馏塔系统"文件夹，出现组态窗口。操作画面如图 6-29 所示。

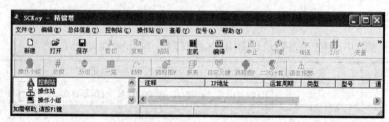

图 6-29　新建组态画面

3. 项目组态

① 单击"总体信息"——"主机设置"菜单，出现对话框，选"主控制卡"选项，将主控制卡注释为"分馏塔机组"，增加 2 个主控卡，型号为 XP-243，设置为冗余。操作画面如图 6-30 所示。

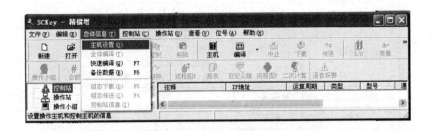

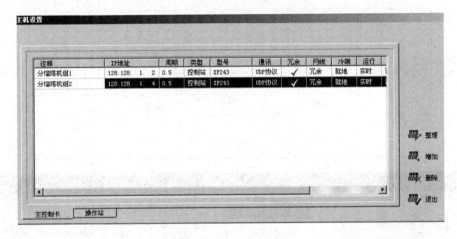

图 6-30　主机设置画面

② 设置一个工程师站，IP 地址为：128.128.1.130 两个操作员站，IP 地址为：128.128.1.131，与 128.128.1.132，单击"整理"即保存。操作画面如图 6-31 所示。

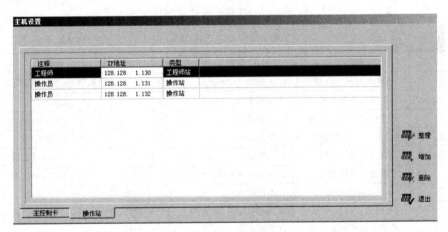

图 6-31　工作站设置画面

③ 单击"操作小组"出现对话框——增加操作小组三个如表所示，并创建数据分区，此处的数据变量设置要在 I/O 卡点定义完成之后才能添加，操作画面如图 6-32 所示。

④ 单击"控制站"，选择"I/O 组态"，设置数据转发卡 2 个，型号 XP-233，冗余设置；选择"I/O 卡件"，其中 I/O 点要按控制站中卡件的位置及工艺的要求分配卡件功能，如表 6-2 所示。

操作小组名称	切换等级	光字牌名称及对应分区
操作员甲	操作员	温度:对应温度数据分区 压力:对应压力数据分区 流量:对应流量数据分区 液位:对应液位数据分区
操作员乙	操作员	
工程师	工程师	

数据分组	数据分区	位　　号
低沸点塔	温度	TI201、TI202、TI203、TI204、TI215、TI216、TI217
	压力	PI201、PI202、PI203
	流量	FI201、FI202、FI203、FI204
	液位	LI201、LI202
高沸点塔		
工程师		

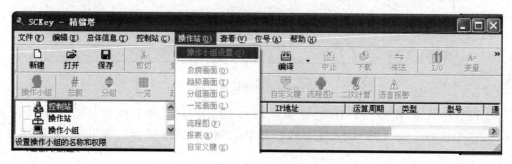

图 6-32　操作小组设置画面

表 6-2　卡件功能分配

IP	位号	描述	I/O 类型	量程	单位	报警	卡件
00-00	FI-201	低沸点塔进料流量	AI 不配电 4~20mA	0~100	m³/h	跟踪值 50,高偏 10 报警	XP313
00-01	FI-202	低沸点塔冷却水流量	AI 不配电 4~20mA	0~100	m³/h	高报:70	同上
00-02	FI-203	低沸点塔+蒸汽流量	AI 不配电 4~20mA	0~100	m³/h	上升速度 10%/秒报警	同上
00-03	FI-204	低沸点塔回流流量	AI 不配电 4~20mA	0~100	m³/h	70% 高报	同上
00-04	LI-201	低沸点塔塔釜液位	AI 不配电 4~20mA	0~100	%	90% 高报,30% 低报	同上
00-05	LI-202	塔顶冷凝罐液位	AI 不配电 4~20mA	0~100	%	80% 高报,30% 低报	同上
01-00	PI-201	低沸点塔塔顶压力	AI 不配电 4~20mA	0~1	MPa	90% 高报	XP313
01-01	PI-202	低沸点塔塔釜压力	AI 不配电 4~20mA	0~16	MPa	70% 高报	同上
01-02	PI-203	低沸点塔回流罐压力	AI 不配电 4~20mA	0~16	MPa	70% 高报	同上
01-03	FI-301	高沸点塔进料流量	AI 不配电 4~20mA	0~100	m³/h	跟踪值 50,高偏 10 报警	同上
01-04	FI-302	高沸点塔冷却水流量	AI 不配电 4~20mA	0~600	m³/h	高报:70	同上
01-05	FI-303	高沸点塔蒸汽流量	AI 不配电 4~20mA	0~400	m³/h	上升速度 10%/秒报警	同上
02-00	FI-304	高沸点塔回流流量	AI 不配电 4~20mA	0~400	m³/h	70% 高报	XP313
02-01	LI-301	高沸点塔塔釜液位	AI 不配电 4~20mA	0~100	%	90% 高报,30% 低报	同上
02-02	LI-302	高塔塔顶冷凝罐液位	AI 不配电 4~20mA	0~100	%	80% 高报,30% 低报	同上
02-03	PI-301	高沸点塔塔顶压力	AI 不配电 4~20mA	0~1	kPa	90% 高报	同上

IP	位号	描述	I/O类型	量程	单位	报警	卡件
02-04	PI-302	高沸点塔塔釜压力	AI不配电4～20mA	0～16	kPa	70%高报	同上
02-05	PI-303	高沸点塔回流罐压力	AI不配电4～20mA	0～16	kPa	70%高报	同上
03-00	TI-201	低沸点塔塔釜温度	Pt100型RTD	0～100	℃	90%高报,10%低报	XP316
03-01	TI-202	低沸点塔塔顶温度	Pt100型RTD	0～200	℃	10%低报	同上
03-02	TI-203	第三块塔板温度	Pt100型RTD	0～100	℃	上升速度10%/秒报警	同上
03-03	TI-204	第四块塔板温度	Pt100型RTD	0～100	℃	上升速度10%/秒报警	同上
04-00	TI-205	第五块塔板温度	Pt100型RTD	0～100	℃	10%低报	XP316
04-01	TI-206	第六块塔板温度	Pt100型RTD	0～100	℃	10%低报	同上
04-02	TI-207	第七块塔板温度	Pt100型RTD	0～100	℃	10%低报	同上
04-03	TI-208	第八块塔板温度	Pt100型RTD	0～100	℃	10%低报	同上
05-00	TI-209	第九块塔板温度	Pt100型RTD	0～100	℃	10%低报	XP316
05-01	TI-210	第十块塔板温度	Pt100型RTD	0～100	℃	10%低报	同上
05-02	TI-211	第十一块塔板温度	Pt100型RTD	0～100	℃	10%低报	同上
05-03	TI-213	第十三块塔板温度	Pt100型RTD	0～100	℃	10%低报	同上
06-00	TI-214	第十四块塔板温度	Pt100型RTD	0～100	℃	10%低报	XP316
06-01	TI-215	冷却水入口温度	Pt100型RTD	0～100	℃	70%高报	同上
06-02	TI-216	冷却水出口温度	Pt100型RTD	0～100	℃	80%高报	同上
06-03	TI-217	低沸点塔进料温度	Pt100型RTD	0～100	℃	90%高高报	同上
07-00	TI-301	高沸点塔塔釜温度	Pt100型RTD	0～100	℃	90%高报,10%低报	XP316
07-01	TI-302	高沸点塔提馏段温度	Pt100型RTD	0～100	℃	90%高报,10%低报	同上
07-02	TI-303	高塔第三块塔板温度	Pt100型RTD	0～100	℃	上升速度10%/秒报警	同上
07-03	TI-304	高塔第四块塔板温度	Pt100型RTD	0～100	℃	上升速度10%/秒报警	同上
08-00	TI-305	高塔第五块塔板温度	Pt100型RTD	0～100	℃	10%低报	XP316
08-01	TI-306	高塔第六块塔板温度	Pt100型RTD	0～100	℃	10%低报	同上
08-02	TI-307	高塔第七块塔板温度	Pt100型RTD	0～100	℃	10%低报	同上
08-03	TI-308	高塔第八块塔板温度	Pt100型RTD	0～100	℃	10%低报	同上
09-00	TI-309	高塔第九块塔板温度	Pt100型RTD	0～100	℃	10%低报	XP316
09-01	TI-310	高塔第十块塔板温度	Pt100型RTD	0～100	℃	10%低报	同上
09-02	TI-311	高塔第十一块塔板温度	Pt100型RTD	0～100	℃	10%低报	同上
09-03	TI-312	高塔第十二块塔板温度		0～100	℃	10%低报	同上
10-00	TI-313	高塔第十三块塔板温度	Pt100型RTD	0～100	℃	10%低报	XP316
10-01	TI-314	高塔第十四块塔板温度	Pt100型RTD	0～100	℃	10%低报	同上
10-02	TI-315	高塔冷却水入口温度	Pt100型RTD	0～100	℃	70%高报	同上
10-03	TI-316	高塔冷却水出口温度	Pt100型RTD	0～100	℃	80%高报	同上
11-00	TI-317	高沸点塔进料温度	Pt100型RTD	0～100	℃	90%高高报	XP316
12-00	LV-201	低沸点塔塔釜液位调节	Ⅲ型;正输出AO				XP322
12-01	PV-201	低沸点塔塔顶压力调节	Ⅲ型;正输出AO				同上
12-02	TV-201	低沸点塔冷凝温度调节	Ⅲ型;正输出AO				同上
12-03	LV-301	高沸点塔塔釜调节	Ⅲ型;正输出AO				同上
13-00	PV-301	高沸点塔塔顶压力调节	Ⅲ型;正输出AO				XP322
13-01	TV-301	高沸点塔冷凝温度调节	Ⅲ型;正输出AO				同上
13-02	FV-303	高沸点塔蒸汽流量调节	Ⅲ型;正输出AO				同上

IP	位号	描述	I/O 类型	量程	单位	报警	卡件
14-00	KI-201	泵开关指示	NC；触点型 DI	开	关		XP363
14-01	KI-202	泵开关指示	NC；触点型 DI	开	关		同上
14-02	KI-203	阀开关指示	NC；触点型 DI	开	关		同上
14-03	KI-301	高沸点塔泵开关指示	NC；触点型 DI	开	关		同上
14-04	KI-302	高沸点塔泵开关指示	NC；触点型 DI	开	关		同上
15-00	KO-201	泵开关操作	NC；触点型 DO	开	关		XP362
15-01	KO-202	泵开关操作	NC；触点型 DO	开	关		同上
15-02	KO-203	阀开关操作	NC；触点型 DO	开	关		同上
15-03	KO-301	高沸点塔泵开关操作	NC；触点型 DO	开	关		同上
15-04	KO-302	高沸点塔泵开关操作	NC；触点型 DO	开	关		同上

⑤ 设置控制方案：单击"控制站"——选择"常规控制方案"，出现对话框，按照表 6-3 的回路定义，操作画面如图 6-33 所示。

表 6-3　回路定义

序　号	控制方案注释,回路注释		回路位号	控制方案	PV	MV
0	低沸点塔液位控制		LRC-201	单回路	LI-201	LV-201
1	高沸点塔温度控制	提馏段蒸汽流量控制	FRC-303	串级内环	FI-303	FV-303
		提馏段温度控制	TICA-302	串级外环	TI-302	

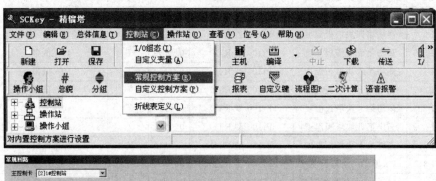

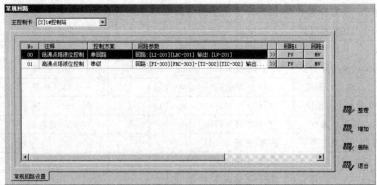

图 6-33　控制方案设置画面

⑥ 总貌画面设置；单击"操作站"——选择"总貌"，出现对话框，按表 6-4 的要求设置总貌画面，操作画面如图 6-34 所示。

表 6-4　总貌画面定义

页　码	页标题	内　容
1	索引画面	索引：操作员甲小组所有流程图、所有分组画面、所有趋势画面、所有一览画面
2	低沸点塔参数	所有低沸点塔相关 I/O 数据实时状态

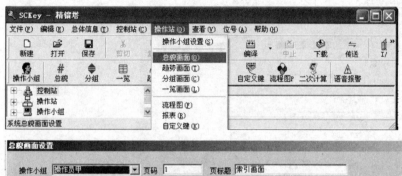

图 6-34　总貌画面设置

⑦ 分组画面设置：单击"操作站"——选择"分组画面"，出现对话框分别设置各自的数据小组，按照分馏塔操作员、预冷机操作员两个岗位的观察变量分组。要求显示所有 I/O 点，注意要在操作窗口选择已经定义过的 I/O 点，不要二次输入，否则会犯不一致性的错误。按表 6-5 要求设置分组画面，操作画面如图 6-35 所示。

⑧ 数据一览画面设置，单击"操作站"——选择"一览画面设置"按表 6-6 要求置温度信号一览表，操作画面如图 6-36 所示。

表 6-5　分组画面定义

页　码	页标题	内　容
1	常规回路	LRC201、FRC303、TICA302
2	开关量	KI301、KI302、KO301、KO302

图 6-35 分组画面设置

表 6-6 一览画面定义

页 码	页标题	内 容
1	低沸点塔压力	PI201、PI202、PI203
2	高沸点塔压力	PI301、PI302、PI303

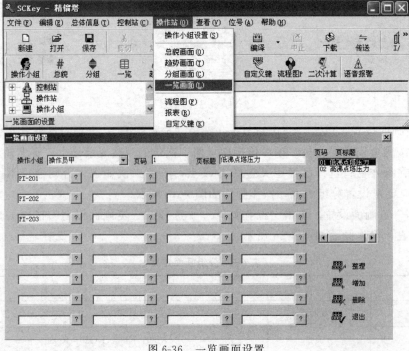

图 6-36 一览画面设置

⑨ 趋势画面设置：单击"操作站"——选择"趋势画面"，出现"趋势组态设置"对话框，新"增加一页"，按表 6-7 要求设置，操作如图 6-37 所示。

表 6-7　趋势画面定义

页　　码	页标题	内　　容
1	温度	TI201、TI202、TI203、TI204
2	流量	FI201、FI202、FI203、FI204

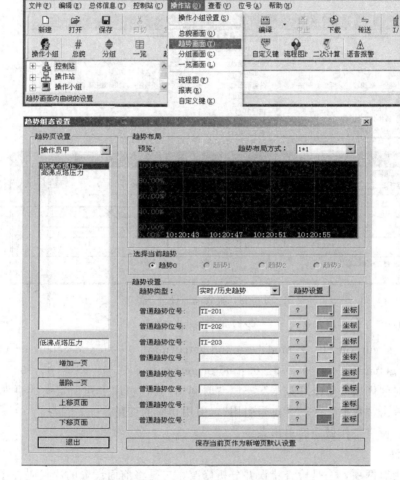

图 6-37　趋势画面设置

⑩ 流程图名称：单击"操作站"——选择"流程图"，出现"操作站设置"对话框，——"增加"——输入文件名称，——单击"编辑"——出现流程图编辑窗口，选择相应的工具，完成流程图的绘制，美化并保存到指定的文件夹，即：D 盘上"分馏塔系统"文件夹下的"flow"文件夹中。关闭窗口。

⑪ 报表：单击"操作站"——选择"报表"，出现"操作站设置"——"报表"，——增加，输入报表名称，报表建立方法与 EXCEL 同，但是要设置事件引用（要求 8 小时一班，整点记录所有的温度信号），操作画面如图 6-38 所示。

班报表											
	班___组 组长___记录员___ 年___月___日										
时间											
内容	描述				数据						
FI201	＃＃＃＃										
FI202	＃＃＃＃										
FI203	＃＃＃＃										
FI204	＃＃＃＃										

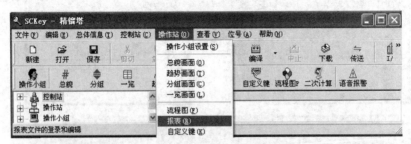

图 6-38　报表画面设置

单击"数据"——"事件定义"—定义事件如下：

event［1］getcurhour（　）mod 1＝0 and getcurmin（）＝0 and getcursec（）＝0

event［2］getcurtime（　）＝8：00：00 or getcurtime（　）＝16：00：00

选定表中时间区域，单击"数据"——"时间引用"，引用上述所定义的事件。选定变量引用区域，单击"数据"——"位号引用"，引用相应的变量。

填充数据，所有工作做完后退出系统。

4. 项目编译

编译的作用有两项，一是检查错误并分析修改，二是将前面设置的原代码程序转换成目标代码程序以便计算机系统执行。

重新进入系统组态软件，以"工程师"的身份进入，选择上述建立的"精馏塔系统"可运行文件，单击"载入组态"——"确定"，出现运行窗口，单击"下载"，单击"编译"——"全编译"，如果有问题会在下方的显示窗口提示，认证分析，返回到组态时相应的步骤中去修改，然后重新编译，一直到编译通过为止。如图 6-39 所示。

5. 实时监控

打开"实施监控"软件，选择上述编译好了的"分馏塔系统"文件，注意要选择"仿真运行"，这时的对象是虚拟的，数据库系统有虚拟数据可供运行使用，分别观察以下画面是否正常。

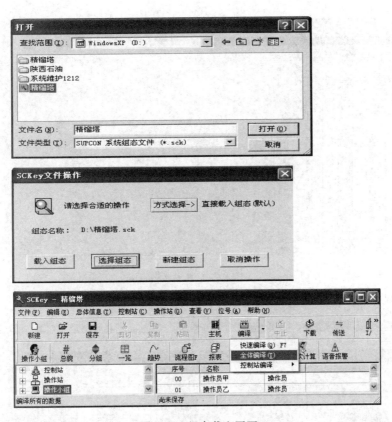

图 6-39　组态载入画面

① 正确显示总貌画面，如图 6-40 所示。

图 6-40　总貌画面

② 正确显示分组，如图 6-41 所示。

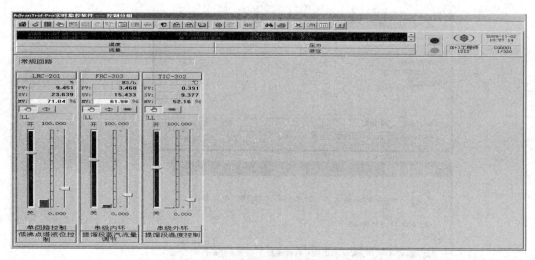

图 6-41　分组画面

③ 正确显示数据一览画面，如图 6-42 所示。

图 6-42　一览画面

④ 正确显示趋势画面，如图 6-43 所示。

⑤ 正确显示流程图画面，如图 6-44 所示。

⑥ 正确显示报表画面，如图 6-45 所示。

⑦ 正确显示报警画面，如图 6-46 所示。

如果哪里有问题，请重新返回到建立组态时的窗口去修改，修改后编译，再重新运行，直到成功为止。

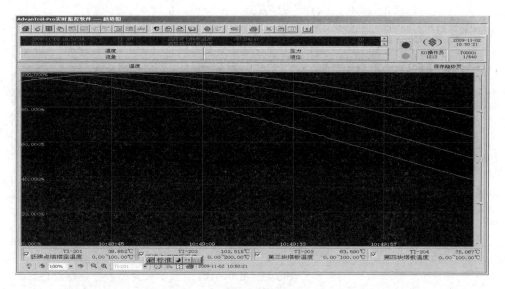

图 6-43　趋势画面

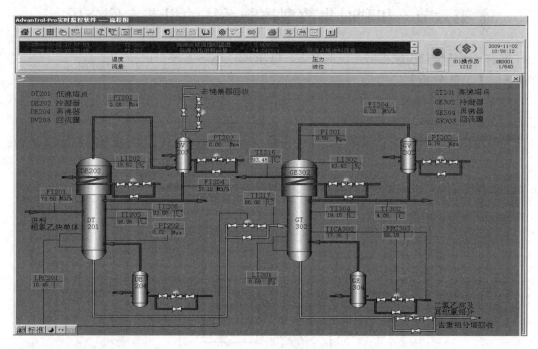

图 6-44　流程图画面

班报表									
		__班__组　　组长____记录员__　　　__年__月__日								
	时间	=Timer1[0]	=Timer1[1]	=Timer1[2]	=Timer1[3]	=Timer1[4]	=Timer1[5]	=Timer1[6]	=Timer1[7]
内容	描述	数据							
FI-201	低沸点塔进料流量	={FI-201}[0]	={FI-201}[1]	={FI-201}[2]	={FI-201}[3]	={FI-201}[4]	={FI-201}[5]	={FI-201}[6]	={FI-201}[7]
FI-202	低沸点塔冷却水流量	={FI-202}[0]	={FI-202}[1]	={FI-202}[2]	={FI-202}[3]	={FI-202}[4]	={FI-202}[5]	={FI-202}[6]	={FI-202}[7]
FI-203	低沸点塔蒸汽流量	={FI-203}[0]	={FI-203}[1]	={FI-203}[2]	={FI-203}[3]	={FI-203}[4]	={FI-203}[5]	={FI-203}[6]	={FI-203}[7]
FI-204	低沸点塔回流流量	={FI-204}[0]	={FI-204}[1]	={FI-204}[2]	={FI-204}[3]	={FI-204}[4]	={FI-204}[5]	={FI-204}[6]	={FI-204}[7]

图 6-45　报表画面

图 6-46 报警画面

第六节 和利时集散型控制系统的组态案例分析

案例:水箱液位串级控制系统的组态,以和利时 DCS 系统为例。

一、【工艺分析】

建立如图 6-47 所示的水箱液位串级控制系统。要建立这样的水箱液位串级控制系统,需要一个输入测量信号,一个输出控制信号。因此需要一个模拟量输入模块 FM148A 和一个模拟量输出模块 FM151,采集上下水箱液位信号(LT1 和 LT2)控制电动控制阀的开度。

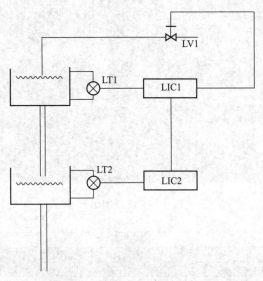

图 6-47 水箱液位串级控制系统示意图

输入 2 个:LT1—上水箱;LT2—下水箱

输出 1 个:LV1　　　AD

二、【硬件组成】

按照图 6-48 连接硬件,将过程连接电缆接到和利时 DCS 控制装置电缆接口。

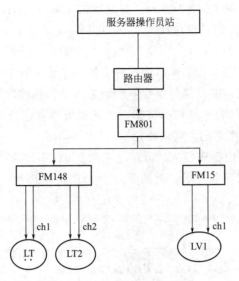

图 6-48　DCS 硬件组成示意图

三、【组态】

1. 项目建立

① 打开：开始→程序→macsv 组态软件→数据库总控。

② 选择工程/新建工程，新建工程，输入工程名字"液位串级控制"。

③ 点击"确定"，在空白处选择"液位串级控制"工程。

④ 选择"编辑＞域组号组态"，选择组号为 1，将刚创建的工程从"未分组的域"移到"该组所包含的域"里，点击"确定"。出现当前域号：0 等信息。

⑤ 选择菜单栏，编辑→编辑数据库，输入用户名和口令 bjhc/3dlcz. 进入数据库组态编辑窗口。

⑥ 选择系统→数据操作，出现对话框，点击"确定"。

⑦ 点击"AI 模拟量输入"，点击"全选 A"，点击"确定"，进入编辑数据界面。点击按钮进行添加通道。

⑧ 数据库编辑，设置设备号为 2，因有两个输入所以通道号为 1 和 2，量程上下限为 50～0，信号范围为 T0～5V，点名分别为 LT1 和 LT2，点说明为上下水箱液位 LT1，LT2. 添加完变量，选择更新数据。如图 6-49、图 6-50、图 6-51 所示。

⑨ 用同样方法定义模拟量输出 AO，如图 6-52、图 6-53 所示。

⑩ 单击数据库编译→基本编译，显示数据库编译成功，数据库组态完毕。

2. 设备组态步骤

① 打开"设备组态工具"，定义系统设备和 I/O 设备。

② 选择打开工程"液位串级控制"，点击确定。

③ 设置系统设备，选择菜单　栏编辑→系统设备。打开系统设备组态对话框，设置上层的以太网络，网段 A，B 分别为 128 和 129，点击"下一步"。

④ 出现对话框，选择：单击；点"下一步"，I/O 控制站数量为 1；控制站数量为 1，点击开始。出现 MACS 设备组态。

⑤ 设置 I/O 设备—现场控制站 DP：选择菜单栏编辑→I/O 设备。点击 DP 出现"添加

设备，分别选择 FM148A 和 FM151 加入。右键单击 FM151 选择设备属性，将设备地址改为 4，同样方法把 FM148A 设备地址改为 2. 单击下装按键，显示编译成功，保存。

3. 服务器算法组态步骤

① 打开服务器算法组态，在菜单栏中选择文件→新建工程，选择刚才的工程。

② 选择文件→新建站，在新建的工程下新建为服务器和控制站 10，保存。

③ 选中"服务器"，点击工具栏中按钮，新建服务器算法方案，选择"FM"类型方案建立服务器算法方案。保存方案，默认路径。

④ 在"P1-1"右侧空白框中键入"getsysper（_FUHE00）"，添加完毕，保存。

⑤ 点击"编译"中的当前方案，此时系统会出现错误提示"FUHE00"数据库点类型为定义。

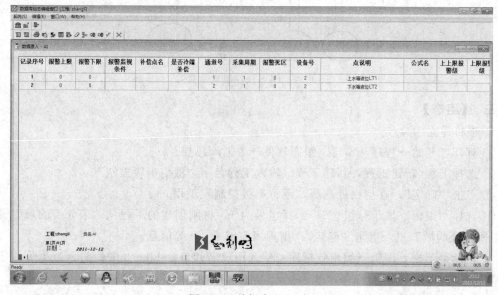

图 6-49　编辑窗口（一）

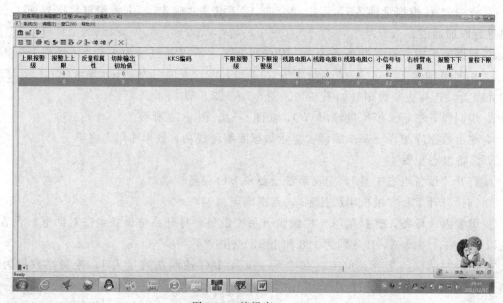

图 6-50　编辑窗口（二）

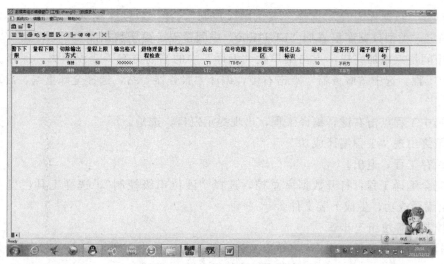

图 6-51　　编辑窗口（三）

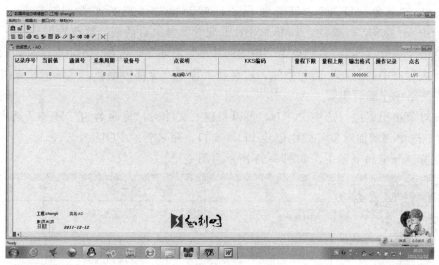

图 6-52　编辑窗口（四）

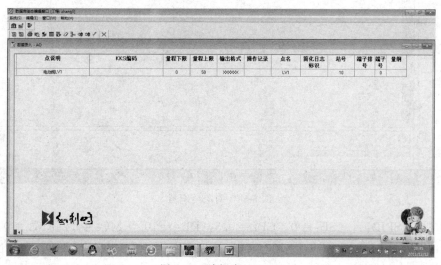

图 6-53　编辑窗口（五）

⑥ 打开"数据库总控"选择"液位串级控制"，在"数据库编辑"下的"AM"项名，全选后确定。类型数据库里添加"FUHE00"中间量点，更新数据库。

⑦ 中间量点添加完毕，点击菜单栏"编译"中的当前方案，错误消失，保存。在左边一栏选择工程。选中"服务器"点击右键，编译"服务器"站，选择全部重编，出现"站编译成功"。

⑧ 选中工程点击右键，编译工程，出现提示窗口，选是。

⑨ 最终出现"工程编译成功"。

⑩ 保存工程，退出。

⑪ 完全编译工程：打开数据库总控，选择"液位串级控制"，选择工具栏里"完全编译"直至编译成功，生成下装文件。

4. 控制器算法组态步骤

① 打开"控制器算法组态"，弹出工程选择窗口。选中工程，点击"选择"，弹出控制站选择窗口，选择"10 站"。控制器算法软件启动。

② 点击左下角"资源"，双击选择"目标设置"，"控制器类型"选择"Hollysys CoDeSys SP for QNX"，确认。双击"MACS 配置"弹出对话框，修改数据。

③ 双击"库管理器"，右键点击"FCSSysPer"添加库，选择"hsac"文件，打开。

④ 将主程序中"SOE"语句删除，选择"工程"→全部再编译，系统无错误提示。

5. 控制器程序编写步骤

① 在对象组织器中，选中 POUs，可以新建一文件夹，重命名为 THJ-3，选中文件夹，点击右键，选中"增加对象"弹出创建 POU 窗口，命名新的 POU 为 SY01。

② 在资源→全局变量中，如图 6-54 所示声明变量。

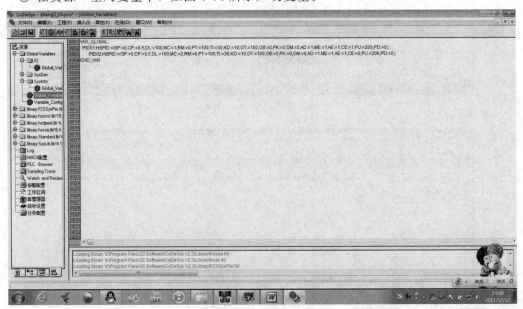

图 6-54　对象组织器

PID01：HSPID：＝（SP：＝0，CP：＝0.5，DL：＝100，MC：＝1，RM：＝0，PT：＝100，TI：＝30，KD：＝10，OT：＝100，OB：＝0，PK：＝0，OM：＝0，AD：＝1，ME：＝1，AE：＝1，CE：＝1，PU：＝200，PD：＝0）；

PID02：HSPID：＝（SP：＝0，CP：＝0.5，DL：＝100，MC：＝2，RM：＝0，PT：＝100，TI：＝30，KD：＝10，OT：＝100，OB：＝0，PK：＝0，OM：＝0，AD：＝1，ME：＝1，AE：＝1，CE：＝0，PU：＝200，PD：＝0）；

③ 在主程序中编写程序，如图6-55所示。

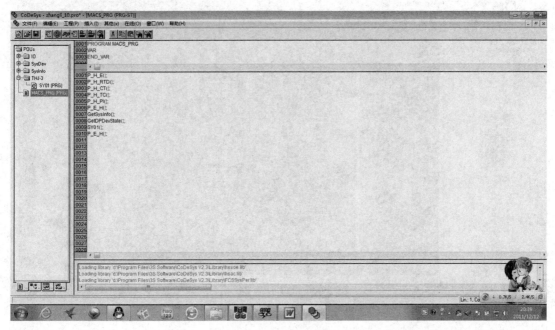

图6-55　主程序

④ 编写子程序：首先在工具栏里选择增加块。增加输入输出端子，如图6-56所示。

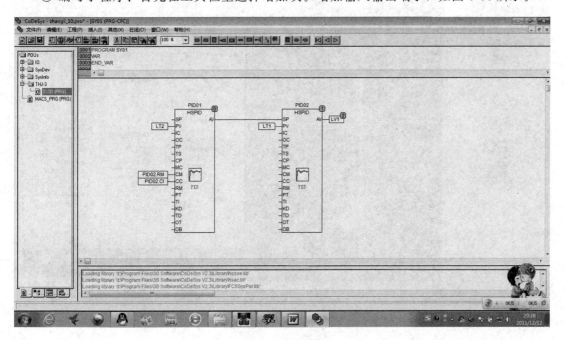

图6-56　子程序

编写好后选择工程→全部再编译，检查是否有误，保存。

6. 图形组态步骤

① 打开图形组态工具，选择工程，新建一画面。根据实际需要组态画面内容，如图 6-57 所示。

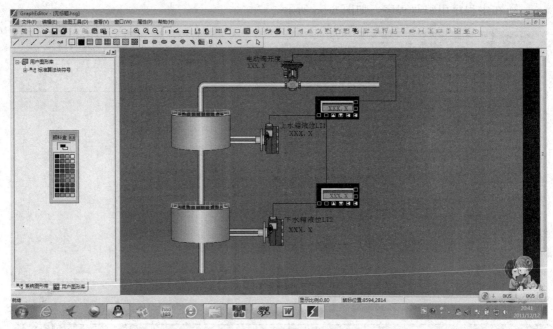

图 6-57 图形组态工具

② 选择具有动态功能部分和变量连接起来，如图 6-58 所示。

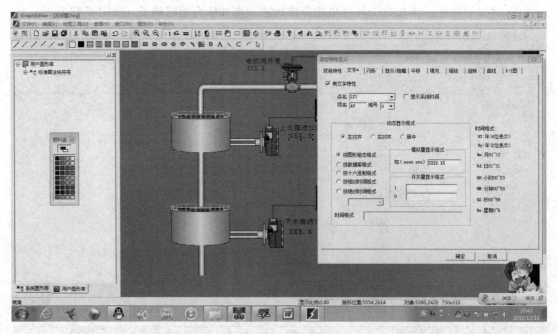

图 6-58 图形组态工具

7. 根据 DCS 操作步骤，运行调试

① 打开数据空总控组态，选择→编辑→域组号组态→工程。选择工具栏中"完全编

译"，关闭数据库组态。打开控制算法组态，选择"工程→全部在清空"，点击在线登录。如图 6-59 所示。

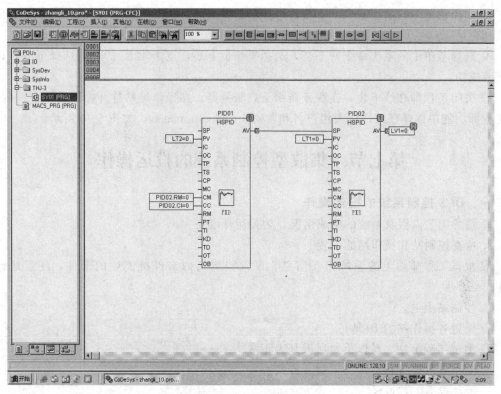

图 6-59　总控组态

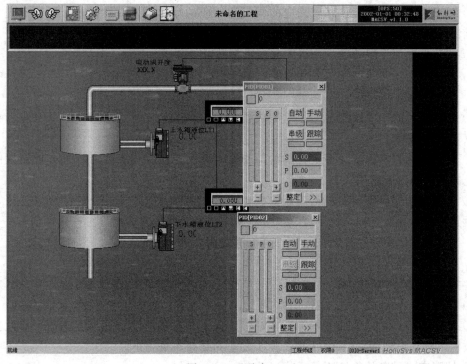

图 6-60　登录窗口

② 在服务器端启动服务器。在操作员站打开工程师在线下装，输入用户名和密码 hzdcs/hzdcs。点击工具栏中 P，选择要做的实训工程。

③ 选择菜单中的系统命令→下装，选择服务器下装，双击 128.0.0.1，下一步，直到下装成功。

④ 选择菜单中的系统命令→下装，选择操作员下装，点击 128.0.0.50 选择下一步，直到下装成功。

⑤ 关闭工程师在线下装，在服务器端重启服务器。在操作员站打开操作员站在线软件，在工程师功能中选择登录，输入用户名和密码 superman/macsv，如图 6-60 所示。

第七节　集散型控制系统的投运操作

一、DCS 控制系统的投运操作

1. 熟悉工艺流程及系统的构成情况，为投运作准备

2. 检查控制站和操作站的设置

① 根据工程师站上的系统组态信息，设置控制站内卡件机笼中的卡件，注意地址的顺序。

② 控制站上电。

③ 设置各操作站的 IP 地址。

④ 测试工程师站、操作员站通讯是否正常。

⑤ 对组态软件进行编译、下载、传送。

3. 手动投运工艺过程

① 控制台上电。

② 根据工艺要求，逐步开启相应的阀门和相应的输送设备，使工艺介质流动起来，检查有无泄露和堵塞现象。

③ 在监控画面设置参数，使得工艺变量上升至工艺要求的值；

④ 若进行上述两步操作时遇到故障，则进行故障排除操作并记录。

4. 仪表投运

① 在监视画面中观察变量的显示是否正常，如果哪个变量不正常，检查对应的检测和变送仪表，并排除故障。

② 打开控制阀画面，手动设置阀的操作值。与此同时，现场配合，打开控制阀的上下游截止阀，关闭其旁路阀。

③ 打开控制器操作画面，正确设置控制器的"正"、"反"作用。在手动状态下，按经验值设置控制器参数，即：比例度、积分时间和微分时间。人为的设置让设定值有一个阶跃变化，注意变化范围要在工艺变量的许可范围之内。准备好后，将"手动"切换到"自动"状态。

5. 排除故障及参数整定

① 以上操作中如故遇到故障，要认真记录故障现象，分析故障原因，排除之。

② 控制器投运到自动状态正常后，观察分析过渡过程曲线，如果不满意，修改控制器的参数值，直到得到满意的 4：1 到 10：1 之间的衰减曲线为止。

③ 填写完成设备故障检测及运行记录表。

④ 使用的工具归位整理放置整齐。

6. 系统停运及整理现场

① 停运工艺流程，关闭相应的阀门和输送设备。

② 控制台停运。

③ 现场控制站停运。

④ 工艺现场相应的排放处理。

二、投运操作记录表格

以中控的 CS2000 为例，投运记录表格如下。

<table>
<tr><th colspan="3">项目故障检测及运行记录表</th></tr>
<tr><th>步骤</th><th>说明</th><th>备注</th></tr>
<tr>
<td>1.
设备确认</td>
<td>CS2000 对象、CS2000 控制平台、现场控制站
工程师站 PC 机一台　　　操作员站 PC 机一台
XP243、XP233　　　各 2 块
XP322、XP314　　　各 3 块
XP313、XP316　　　各 2 块
XP335　　　1 块
XP000　　　5 块</td>
<td></td>
</tr>
<tr>
<td>2.
工具确认</td>
<td>

相关工具列表

序号	工具名称	数量	单位	备注
1	6 寸活扳手	1	把	
2	10 寸活扳手	1	把	
3	万用表	1	套	
4	电烙铁\焊枪\焊锡	1	套	
5	电笔	1	个	
6	电工胶布	1	卷	
7	美工刀	1	把	
8	小钳子	2	把	
9	镊子	1	把	
10	十字改锥	2	把	
11	一字改锥	2	把	
12	剥线钳	1	把	
13	电动调节阀配套改锥	1	把	

</td>
<td>操作员签字：
_____
_____
_____</td>
</tr>
<tr>
<td>3.
卡件机笼操作记录</td>
<td colspan="2">

　　根据组态中 I/O 卡件配置要求，将卡件正确配置并插放到卡件机笼中，并将卡件名称及冗余情况填写到相应表格中。

--------- —	0 0	0 1	0 2	0 3	0 4	0 5	0 6	0 7	0 8	0 9	1 0	1 1	1 2	1 3	1 4	1 5

</td>
</tr>
</table>

项目故障检测及运行记录表

步骤	说明	备注
4. 网络 设置	工程师站、操作员站、控制站网络地址： 工程师站 IP：＿＿＿＿＿＿＿＿、＿＿＿＿＿＿＿＿ 操作员站 IP：＿＿＿＿＿＿＿＿、＿＿＿＿＿＿＿＿ 控制站 IP：　＿＿＿＿＿＿＿＿、＿＿＿＿＿＿＿＿ ＿＿＿＿＿＿＿＿、＿＿＿＿＿＿＿＿	
5. 卡件 故障 排除	控制柜上电后，将编译后的组态下载到控制站中，根据运行调试中的故障排除可能存在的卡件故障，并记录；若认为无卡件故障则在现象中填写"无"。 表：序号 / 故障现象 / 分析原因及处理方法	
6. 现场 故障 排除 记录	若控制系统运行中遇到故障，记录故障现象，分析原因，合理使用工具排除故障，在下表中做相应记录。 表：序号 / 故障现象 / 故障原因 / 排除方法 …	
7. 参数 整定 记录	PID 参数整定记录： 产生 4∶1 衰减曲线后记录相关参数： $P=$＿＿＿＿＿＿＿＿ $I=$＿＿＿＿＿＿＿＿ $D=$＿＿＿＿＿＿＿＿ 最大超调 $\sigma=$＿＿＿＿＿＿＿＿ 表：波峰/波谷值 / B_1 / B_2 示值/cm 设定值/cm 偏差/cm B_1、B_2 出现时间 衰减比（n∶1）	
8. 打印 衰减 曲线	保存趋势图画面，打印衰减曲线并附于记录表最后一页（纸型要求：A4）	
9. 提交 表单	操作员确认提交并签字：＿＿＿＿＿＿＿＿＿＿ 记录时间： ＿＿＿时＿＿＿分——＿＿＿时＿＿＿分	

第八节　现场总线控制系统

现场总线技术是自动化领域近年来发展起来的新技术分支，它的出现标志着工业控制领域开始了一个新的时代，由现场总线为通信介质的现场总线控制系统必将逐步取代传统的独立控制系统，成为 21 世纪自动控制系统的主流发展方向。

一、现场总线的概念

按照 IEC 和现场总线基金会的定义，现场总线是连接智能现场设备和自动化系统的数字式、双向传输、多分支结构的通信网络。主要解决工业现场的智能化仪器仪表、控制器、执行机构等现场设备间的数字通信以及这些现场控制设备和高级控制系统之间的信息传递问题。有通信就必然有协议，从这种意义上讲现场总线实质上是一个定义了硬件接口和通信协议的标准。使自控设备与系统步入了信息网络的行列，为其应用开拓了更为广阔的领域；一对双绞线上可挂接多个控制设备，便于节省安装费用；节省维护开销；提高了系统的可靠性；为用户提供了更为灵活的系统集成主动权。

现场总线不仅是当今 3C 技术发展的结合点，也是过程控制技术、自动化仪表技术、计算机网络技术发展的交汇点，是信息技术、网络技术延伸到现场的必然结果。

现场总线不单是通信技术，也不仅是用数字仪表代替模拟仪表，关键是用新一代的现场总线控制系统逐步取代传统的独立控制系统或集散控制系统，实现智能仪表、通信网络及控制系统的集成。现场总线是将自动化最底层的现场控制器和现场智能仪表设备互联的实时控制通信网络。它遵循 ISO/OSI 开放系统互联参考模型的全部或部分通信协议。

从现场总线技术本身来分析，现场总线技术的发展有两个明显的发展趋势：一是寻求统一的现场总线国际标准；二是 Industrial Ethernet 走向工业控制网络。统一、开放的 TCP/IP Ethernet 是 20 多年来发展最成功的网络技术，过去一直认为，Ethernet 是为 IT 领域应用而开发的，它与工业网络在实时性、环境适应性、总线馈电等许多方面的要求存在差距，在工业自动化领域只能得到有限应用。事实上，这些问题正在迅速得到解决，国内对 EPA 技术（Ethernet for Process Automation）也取得了很大的进展。随着 FF HSE 的成功开发以及 PROFI net 的推广应用，可以预见 Ethernet 技术将会十分迅速地进入工业控制系统的各级网络。

二、现场总线的实质和优点

不同的机构和不同的人可能对现场总线有着不同的定义，不过通常情况下，大家公认现场总线的本质体现在以下六个方面。

（1）现场通信网络　用于过程自动化和制造自动化的现场设备或现场仪表互联的现场通信网络。

（2）现场设备互联　依据实际需要使用不同的传输介质把不同的现场设备或者现场仪表相互关联。

（3）互操作性　用户可以根据自身的需求选择不同厂家或不同型号的产品构成所需的控制回路，从而可以自由地集成 FCS。

（4）分散功能块　FCS 废弃了 DCS 的输入/输出单元和控制站，把 DCS 控制站的功能块分散地分配给现场仪表，从而构成虚拟控制站，彻底地实现了分散控制。

（5）通信线供电　通信线供电方式允许现场仪表直接从通信线上摄取能量，这种方式提供用于本质安全环境的低功耗现场仪表，与其配套的还有安全栅。

（6）开放式互联网络　现场总线为开放式互联网络，既可以与同层网络互联，也可与不同层网络互联，还可以实现网络数据库的共享。

从以上内容可以看到，现场总线体现了分布、开放、互联、高可靠性的特点，而这些正是 DCS 系统的缺点。DCS 通常是一对一单独传送信号，其所采用的模拟信号精度低，易受干扰，位于操作室的操作员对模拟仪表往往难以调整参数和预测故障，处于"失控"状态，很多的仪表厂商自定标准，互换性差，仪表的功能也较单一，难以满足现代的要求，而且几乎所有的控制功能都位于控制站中。FCS 则采取一对多双向传输信号，采用的数字信号精度高、可靠性强，设备也始终处于操作员的远程监控和可控状态，用户可以自由按需选择不同品牌种类的设备互联，智能仪表具有通信、控制和运算等丰富的功能，而且控制功能分散到各个智能仪表中去。由此可以看到 FCS 相对于 DCS 的巨大进步。

也正是由于 FCS 的以上特点使得其在设计、安装、投运到正常生产都具有很大的优越性：首先由于分散在前端的智能设备能执行较为复杂的任务，不再需要单独的控制器、计算单元等，节省了硬件投资和使用面积；FCS 的接线较为简单，而且一条传输线可以挂接多种设备，大大节约了安装费用；由于现场控制设备往往具有自诊断功能，并能将故障信息发送至控制室，减轻了维护工作；同时，由于用户拥有高度的系统集成自主权，可以通过比较灵活选择合适的厂家产品；整体系统的可靠性和准确性也大为提高。这一切都帮助用户实现了减低安装、使用、维护的成本，最终达到增加利润的目的。

三、现场总线控制系统的结构

现场总线是一种串行的数字数据通讯链路，它沟通了生产过程领域的基本控制设备（即现场级设备）之间以及更高层次自动控制领域的自动化控制设备（即车间级设备）之间的联系。如图 6-61 所示。

图 6-62 是一个简单的现场总线控制系统的实例。该系统主要包括一些实际应用的设备，如 PLC、扫描器、电源、输入输出站、终端电阻等。其他系统也可以包括变频器、人机界面等。

① 主控器（Host）可以是 PLC 或 PC，通过总线接口对整个系统进行管理和控制。

② 总线接口，有时可以称为扫描器，可以是分别的卡件，也可以集成在 PLC 中。总线接口作为网络管理器和作为主控器到总线的网关，管理来自总线节点的信息报告，并且转换为主控器能够读懂的某种数据格式传送到主控器。总线接口的缺省地址通常设为"0"

③ 电源，是网络上每个节点传输和接收信息所必需的。通常输入通道与内部芯片所用电源为同一个电源，习惯称为总线电源。而输出通道使用独立的电源，称为辅助电源。

④ 输入输出节点，在该实例中第一个节点是 8 通道的输入节点。虽然输入有许多不同的类型，在应用中最常用的是 24V 直流的 2 线、3 线传感器或机械触点。该节点具有 IP67 的防护等级，有防水、防尘、抗振动等特性，适合于直接安装在现场。另一个节点是端子式节点，独立的输入/输出端子块安装在 DIN 导轨上，并连接着一个总线耦合器。该总线直流耦合器是连接总线的网关。这种类型的节点是开放式的结构，其防护等级为 IP20，它必须安装在机箱中。端子式输入/输出系统包含有许多种开关量与模拟量输入/输出模块，以及串行通讯、高速计数与监控模块。端子式输入/输出系统可以独立使用也可以结合使用。

⑤ 节点地址 3，是一个输出站。连接一个辅助电源，该电源用于驱动电磁阀和其他的电

器设备。通过将辅助电器与总线电源分开可以极大地降低在总线信号中的噪音。另外大部分总线节点可以诊断出电器设备中的短路状态并且报告给主控器，即使发生短路也不会影响整个系统的通讯。

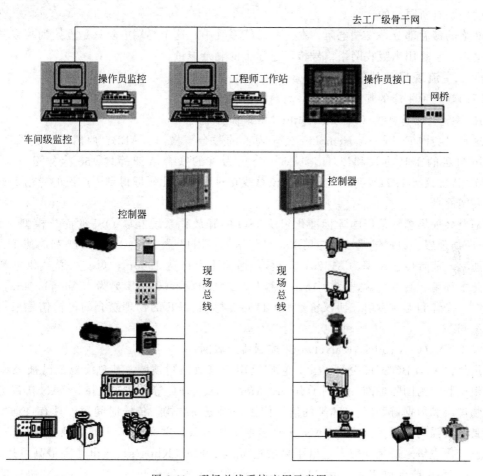

图 6-61　现场总线系统应用示意图

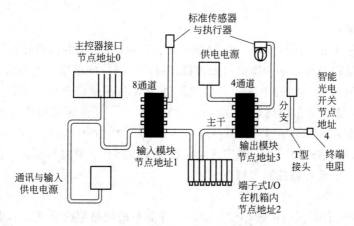

图 6-62　现场总线控制系统结构图

⑥ 节点地址 4，连接的是一个带有总线通讯接口的智能型光电传感器。这说明，普通传感器等现场装置可以通过输入输出模块连接到现场总线系统工程中，也可以单独装入总线通

讯接口，连接到总线系统中。

⑦ 总线电缆和终端电阻。总线电缆一般分为主干缆和分支电缆。各种总线协议对于总线电缆的长度都有所规定，不同的通讯波特率，对应不同的总线电缆长度。同时，分支电缆的长度也是有所限制的。

网络的最后部分是终端电阻。在一些总线系统中。这个终端电阻只是连接到两数据线的简单电阻。它是用来吸收网络信号传输过程中的剩余能量。

四、主流现场总线简介

下面就几种主流的现场总线做一简单介绍。

1. 基金会现场总线（FoundationFieldbus 简称 FF）

这是以美国 Fisher-Rousemount 公司为首的联合了横河、ABB、西门子、英维斯等 80 家公司制定的 ISP 协议和以 Honeywell 公司为首的联合欧洲等地 150 余家公司制定的 WorldFIP 协议于 1994 年 9 月合并的。该总线在过程自动化领域得到了广泛的应用，具有良好的发展前景。

基金会现场总线采用国际标准化组织 ISO 的开放化系统互联 OSI 的简化模型（1，2，7层），即物理层、数据链路层、应用层，另外增加了用户层。FF 分低速 H1 和高速 H2 两种通信速率，前者传输速率为 31.25Kbit/秒，通信距离可达 1900m，可支持总线供电和本质安全防爆环境。后者传输速率为 1Mbit/秒和 2.5Mbit/秒，通信距离为 750m 和 500m，支持双绞线、光缆和无线发射，协议符号 IEC1158-2 标准。FF 的物理媒介的传输信号采用曼彻斯特编码。

2. CAN（ControllerAreaNetwork 控制器局域网）

最早由德国 BOSCH 公司推出，它广泛用于离散控制领域，其总线规范已被 ISO 国际标准组织制定为国际标准，得到了 Intel、Motorola、NEC 等公司的支持。CAN 协议分为二层：物理层和数据链路层。CAN 的信号传输采用短帧结构，传输时间短，具有自动关闭功能，具有较强的抗干扰能力。CAN 支持多主工作方式，并采用了非破坏性总线仲裁技术，通过设置优先级来避免冲突，通讯距离最远可达 10kM/5Kbps/s，通讯速率最高可达 40M/1Mbp/s，网络节点数实际可达 110 个。目前已有多家公司开发了符合 CAN 协议的通信芯片。

3. Lonworks

它由美国 Echelon 公司推出，并由 Motorola、Toshiba 公司共同倡导。它采用 ISO/OSI 模型的全部 7 层通讯协议，采用面向对象的设计方法，通过网络变量把网络通信设计简化为参数设置。支持双绞线、同轴电缆、光缆和红外线等多种通信介质，通讯速率从 300bit/s 至 1.5M/s 不等，直接通信距离可达 2700m（78Kbit/s），被誉为通用控制网络。Lonworks 技术采用的 LonTalk 协议被封装到 Neuron（神经元）的芯片中，并得以实现。采用 Lonworks 技术和神经元芯片的产品，被广泛应用在楼宇自动化、家庭自动化、保安系统、办公设备、交通运输、工业过程控制等行业。

4. DeviceNet

DeviceNet 是一种低成本的通信连接也是一种简单的网络解决方案，有着开放的网络标准。DeviceNet 具有的直接互联性不仅改善了设备间的通信而且提供了相当重要的设备级阵地功能。DebiceNet 基于 CAN 技术，传输率为 125Kbit/s 至 500Kbit/s，每个网络的最大节点为 64 个，其通信模式为：生产者/客户（Producer/Consumer），采用多信道广播信息发送方式。位于 DeviceNet 网络上的设备可以自由连接或断开，不影响网上的其他设备，而且其设备的安装布线成本也较低。DeviceNet 总线的组织结构是 Open DeviceNet Vendor Association（开放式设备网络供应商协会，简称"ODVA"）。

5. PROFIBUS

PROFIBUS 是德国标准（DIN19245）和欧洲标准（EN50170）的现场总线标准。由 PROFIBUS-DP、PROFIBUS-FMS、PROFIBUS-PA 系列组成。DP 用于分散外设间高速数据传输，适用于加工自动化领域。FMS 适用于纺织、楼宇自动化、可编程控制器、低压开关等。PA 用于过程自动化的总线类型，服从 IEC1158—2 标准。PROFIBUS 支持主-从系统、纯主站系统、多主多从混合系统等几种传输方式。PROFIBUS 的传输速率为 9.6Kbit/s 至 12Mbit/s，最大传输距离在 9.6Kbit/s 下为 1200m，在 12Mbit/s 小为 200m，可采用中继器延长至 10km，传输介质为双绞线或者光缆，最多可挂接 127 个站点。

6. HART

HART 是 Highway Addressable Remote Transducer 的缩写，最早由 Rosemount 公司开发。其特点是在现有模拟信号传输线上实现数字信号通信，属于模拟系统向数字系统转变的过渡产品。其通信模型采用物理层、数据链路层和应用层三层，支持点对点主从应答方式和多点广播方式。由于它采用模拟数字信号混合，难以开发通用的通信接口芯片。HART 能利用总线供电，可满足本质安全防爆的要求，并可用于由手持编程器与管理系统主机作为主设备的双主设备系统。

7. CC-Link

CC-Link 是 Control&Communication Link（控制与通信链路系统）的缩写，在 1996 年 11 月，由三菱电机为主导的多家公司推出，其增长势头迅猛，在亚洲占有较大份额。在其系统中，可以将控制和信息数据同时以 10Mbit/s 高速传送至现场网络，具有性能卓越、使用简单、应用广泛、节省成本等优点。其不仅解决了工业现场配线复杂的问题，同时具有优异的抗噪性能和兼容性。CC-Link 是一个以设备层为主的网络，同时也可覆盖较高层次的控制层和较低层次的传感层。2005 年 7 月 CC-Link 被中国国家标准委员会批准为中国国家标准指导性技术文件。

8. WorldFIP

WorkdFIP 的北美部分与 ISP 合并为 FF 以后，WorldFIP 的欧洲部分仍保持独立，总部设在法国。其在欧洲市场占有重要地位，特别是在法国占有率大约为 60%。WorldFIP 的特点是具有单一的总线结构来适用不同的应用领域的需求，而且没有任何网关或网桥，用软件的办法来解决高速和低速的衔接。WorldFIP 与 FFHSE 可以实现"透明连接"，并对 FF 的 H1 进行了技术拓展，如速率等。在与 IEC61158 第一类型的连接方面，WorldFIP 做得最好，走在世界前列。

9. INTERBUS

INTERBUS 是德国 Phoenix 公司推出的较早的现场总线，2000 年 2 月成为国际标准 IEC61158。INTERBUS 采用国际标准化组织 ISO 的开放化系统互联 OSI 的简化模型（1，2，7 层），即物理层、数据链路层、应用层，具有强大的可靠性、可诊断性和易维护性。其采用集总帧型的数据环通信，具有低速度、高效率的特点，并严格保证了数据传输的同步性和周期性；该总线的实时性、抗干扰性和可维护性也非常出色。INTERBUS 广泛地应用到汽车、烟草、仓储、造纸、包装、食品等工业，成为国际现场总线的领先者。

此外较有影响的现场总线还有丹麦公司 Process-Data A/S 提出的 P-Net，该总线主要应用于农业、林业、水利、食品等行业；SwiftNet 现场总线主要使用在航空航天等领域，还有一些其他的现场总线这里就不再赘述了。

五、Profibus 的应用案例

PROFIBUS 现场总线是世界上应用最广泛的现场总线技术，主要包括最高波特率可达 12M 的高速总线 PROFIBUS-DP（H2）和用于过程控制的本安型低速总线 PROFIBUS-PA（H1），DP 和 PA 的完美结合使得 PROFIBUS 现场总线在结构和性能上优越于其他现场总线。

支持 PROFIBUS 的自控厂商已多达 250 家，产品 2000 多种，应用项目 20 万个，安装的节点达 250 多万个，设备总价值 50 亿美元。

如图 6-63 所示，使用高速总线 PROFIBUS-DP，直接把带有接口的变送器、执行器、传动装置和其他现场仪表及设备直接连接到上级的控制器；使用本安型低速总线 PROFIBUS-PA，把测量变送器、阀门、执行机构连接到 PROFIBUS 的链接设备；使用 AS-I 总线连接开关量的设备到 PROFIBUS 的链接设备；完美实现了现场设备与上级计算机之间的通讯，大量节省了电缆的费用，也相应节省了施工调试以及系统投运后的维护时间和费用。

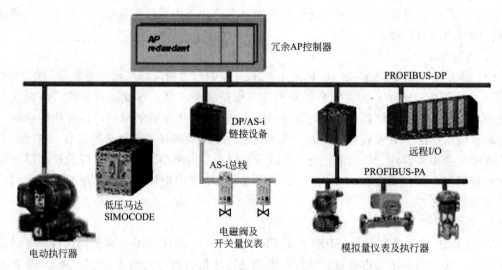

图 6-63　PROFIBUS 现场总线应用案例

习　题

一、填空题

1. 由被控对象和（　　）的自动控制系统称为计算机控制系统。
2. 用于工业控制用的计算机称为（　　）简称控制机。
3. DDC 技术就是在控制系统中，用（　　）代替多个常规控制器工作。
4. 集中分散型控制系统又称为（　　），简称（　　）。
5. 集散型控制系统由（　　）和（　　）两大部分构成。
6. 组态就是按照软件提供的工具和方法及（　　），对 DCS 系统进行（　　）和（　　）。
7. 现场总线控制系统简称（　　），是指一开放式、国际标准化、数字化、相互交换操作的（　　），连接智能仪表和控制系统间的通信网络。

8. HART 总线系统它可以将模拟信号调制成（　　　　），并利用数字调频信号进行传输。

9. PROFIBUS 现场总线主要包括最高波特率可达 12M 的高速总线 PROFIBUS-DP（H2）和用于（　　　　）低速总线 PROFIBUS-PA（H1）。

10. FF 总线系统除了定义 ISO 的第一、第二、第七层外，还定义了新的一层_____用（　　　　）。

二、选择题

1. DDC 比起模拟仪表控制的主要优点在于很容易在计算机中（　　　）和其他复杂的运算规律。

　　A. 采集多个生产过程被控变量　　　　　　B. 实现 D/A 转换

　　C. 实现 A/D 转换　　　　　　　　　　　　D. 实现 PID

2. 集中型计算机控制系统将大量功能集于一身，把（　　　）集中了。

　　A. 显示　　　　　　B. 危险　　　　　　C. 采样　　　　　　D. 数据处理

3. 集散型控制系统的特点有（　　　）。

　　A. 自主性　　　　　B. 协调性　　　　　　C. 在线性　　　　　D. 危险性

4. 现场总线系统的优点有（　　　）。

　　A. 所有设备通过一对传输线互联

　　B. 高度集成化

　　C. 灵活性及自制性，使系统功能更加分散

　　D. 全数字化的现场通信网络

5. PROFIBUS 现场总线中的高速总线 PROFIBUS-DP，直接把带有接口的（　　　）和其他（　　　）及设备直接连接到上级的控制器。

　　A. 变送器　　　　　B. 执行器　　　　　　C. 传动装置　　　　D. 现场仪表

三、名词解释

DDC 控制系统　　　集中型控制系统　　　集散型控制系统

四、简答题

1. 集散型控制系统有哪几种构成形式？

2. CRT 操作站有哪些显示功能？

3. 简述 DCS 的组态步骤。

4. 简述 DCS 系统的投运步骤。

5. 简述主流的几种现场总线系统的主要优点。

附　　录

附录一　常用弹簧管压力表规格

弹簧管压力表规格

型　号	测量上限值(分度范围)/MPa		精度等级
Y-60	低压:0～0.1,0.16,0.25,0.4,0.6,1,2.5,4,6		1.5
Y-60Z			
Y-60ZL	中压:0～10,16,25,40		2.5
Y-100			
Y-100Z	低压:0～0.6,0.1,0.16,0.25,0.4,0.6,1,2.5,4,6		
Y-100T	中压:0～10,16,25,40,60		1.5,2.5
Y-100ZL			
Y-150	低压:0～0.6,0.1,0.16,0.25,0.4,0.6,1,2.5,4,6		
Y-150Z	中压:0～10,16,25,40,60		
Y-150T			1.5,2.5
Y-150ZT	高压:(Y-150),0～100,0～160,0～250		
Y-200	低压:0～0.6,0.1,0.16,0.25,0.4,0.6,1,2.5,4,6		
Y-200Z	中压:0～10,16,25,40,60		1.5,2.5
Y-200ZT	高压:(Y-200),0～100,0～160,0～250		
Y-250	低压:0～0.6,0.1,0.16,0.25,0.4,0.6,1,2.5,4,6		
	中压:0～10,16,25,40,60		1.5
Y-25027	高压:(Y-150),0～100,0～160,0～250		
	超高压:(Y-250),0～400,0～600,0～1000		

附录二　标准化热电偶电势-温度对照简表

一、铂铑$_{10}$-铂热电偶分度表

分度号 S（参比端温度 0℃）　　　　　　　　　　　　　　　　　　　　μV

$t/℃$	0	10	20	30	40	50	60	70	80	90
0	0	55	113	173	235	299	365	432	502	573
100	645	719	795	872	950	1029	1109	1190	1273	1356
200	1440	1525	1611	1698	1785	1873	1962	2051	2141	2232
300	2323	2414	2506	2599	2692	2786	2880	2974	3069	3164
400	3260	3356	3452	3549	3645	3743	3840	3938	4036	4135
500	4234	4333	4432	4532	4632	4732	4832	4933	5034	5136
600	5237	5339	5442	5544	5648	5751	5855	5960	6064	6169
700	6274	6380	6486	6592	6699	6805	6913	7020	7128	7236
800	7345	7454	7563	7672	7782	7892	8003	8114	8225	8336

$t/℃$	0	10	20	30	40	50	60	70	80	90
900	8448	8560	8673	8786	8899	9012	9126	9240	9355	9470
1000	9585	9700	9816	9932	10048	10165	10282	10400	10517	10635
1100	10754	10872	10991	11110	11229	11348	11467	11587	11707	11827
1200	11947	12067	12188	12308	12429	12550	12671	12792	12913	13034
1300	13155	13276	13397	13519	13640	13761	13883	14004	14125	14247
1400	14368	14489	14610	14731	14852	14973	15094	15215	15336	15456
1500	15576	15697	15817	15937	16057	16176	16296	16415	16534	16653
1600	16771	16890	17008	17125	17245	17360	17477	17594	17711	17826
1700	17924	18056	18170	18282	18394	18504	18612			

二、镍铬-镍硅热电偶分度表

分度号 K（参比端温度为 0℃） μV

$t/℃$	0	10	20	30	40	50	60	70	80	90
0	0	397	798	1203	1611	2022	2436	2850	3266	3681
100	4095	4508	4919	5327	5733	6137	6539	6939	7338	7737
200	8137	8537	8938	9341	9745	10151	10560	10960	11381	11793
300	12207	12623	13039	13456	13874	14292	14712	15132	15552	15974
400	16395	16818	17241	17665	18088	18513	18938	19363	19788	20214
500	20640	21066	21493	21919	22346	22772	23198	23624	24050	24476
600	24902	25327	25751	26176	26599	27022	27445	27867	28288	28709
700	29128	29547	29965	30383	30799	31214	31629	32042	32455	32866
800	33277	33686	33095	34502	34909	35314	35718	36121	36524	36925
900	37325	37724	38122	38519	38915	39310	39703	40096	40488	40879
1000	41269	41657	42045	42432	42817	43202	43585	43968	44349	44729
1100	45108	45486	45863	46238	46612	46985	47356	47726	48095	48462
1200	48828	49192	49555	49916	50276	50633	50633	51344	51697	52049
1300	52398	52744	53093	53439	53782	54125	54466	54807		

附录三 热电阻欧姆-温度对照简表

一、铂热电阻（Pt50）分度表

$R_0 = 50.00\Omega$ 分度号 Pt50

$A = 3.96847 \times 10^{-3} e/C$；$B = -5.847 \times 10^{-7} e/C^2$；$C = -4.22 \times 10^{-12} e/C^4$

温度 $t/℃$	0	10	20	30	40	50	60	70	80	90
	热　电　阻　值　$/\Omega$									
−100	29.82	27.76	25.69	23.61	25.51	19.64	17.28	15.14	12.99	10.82
−0	50.00	48.01	46.02	44.02	42.01	40.00	37.98	35.95	33.92	31.87
+0	50.00	51.98	53.96	55.93	57.89	59.85	61.80	63.75	65.69	67.62

温度 $t/℃$	0	10	20	30	40	50	60	70	80	90
	热　电　阻　值　　/Ω									
100	69.55	71.48	73.39	75.30	77.20	79.10	86.00	87.89	84.77	86.64
200	88.51	90.38	92.24	94.09	95.94	97.78	99.61	101.44	103.26	105.08
300	106.89	108.70	110.50	112.29	114.08	115.86	117.64	119.41	121.18	122.94
400	124.69	126.44	128.18	129.91	131.64	133.37	135.09	136.80	138.50	140.20
500	141.90	143.59	145.27	146.95	148.62	150.29	151.95	153.60	155.25	156.89
600	158.53	160.16	161.78	163.40	165.01	166.62				

二、铂热电阻（Pt100）分度表

$R_0 = 100.00Ω$　　　分度号 Pt100

温度 $t/℃$	0	10	20	30	40	50	60	70	80	90
	热　电　阻　值　　/Ω									
-100	60.25	56.19	52.11	48.00	43.87	39.71	35.53	31.32	27.08	22.80
-0	100.00	96.09	92.16	88.22	84.27	80.31	76.33	72.33	68.33	64.30
+0	100.00	103.90	107.79	111.67	115.54	119.40	123.24	127.07	130.89	134.70
100	138.50	142.29	146.06	149.82	153.58	157.31	161.04	164.76	168.46	172.16
200	175.84	179.51	183.17	186.82	190.45	194.07	197.69	201.29	204.88	208.45
300	212.02	215.57	219.12	222.65	226.17	229.67	233.17	236.65	240.13	243.59
400	247.04	250.48	253.90	257.32	260.72	264.11	267.49	270.86	274.22	277.56
500	280.90	284.22	287.53	290.83	294.11	297.39	300.65	303.91	307.15	310.38
600	313.59	316.80	319.99	323.18	326.35	329.51	332.66	335.79	338.92	342.03

三、铜热电阻（Cu100）分度表

$R_0 = 100.00Ω$　　　分度号 Cu100

温度 $t/℃$	0	10	20	30	40	50	60	70	80	90
	热　电　阻　值　　/Ω									
-0	100.00	95.70	91.40	87.10	82.80	78.49				
0	100.00	104.28	108.56	112.84	117.12	121.40	125.68	129.98	134.24	138.52
100	142.80	147.08	151.36	155.66	159.96	164.27				

四、铜热电阻（Cu50）分度表

$R_0 = 50.00Ω$　　　分度号 Cu50

温度 $t/℃$	0	10	20	30	40	50	60	70	80	90
	热　电　阻　值　　/Ω									
-0	50.00	47.85	45.70	43.55	41.40	39.24				
0	50.00	52.14	54.28	56.42	58.56	60.70	62.84	64.98	67.12	69.26
100	71.40	73.54	75.68	77.83	79.98	82.13	62.84	64.98	67.12	69.26

附录四 常用图形符号

常用图形符号表

内　　容	图形符号	内　　容	图形符号
测量点		活塞执行机构	
孔板		带气动阀门定位器的气动薄膜执行机构	
文丘里管及喷嘴		带能源转换的阀门定位器的气动薄膜执行机构	
嵌在管道中的仪表		球型阀、闸阀等直通阀	
通用的仪表信号线	（细实线）	带弹簧的气动薄膜执行机构	
就地仪表盘面安装仪表		无弹簧的气动薄膜执行机构	
就地仪表盘后安装仪表		电动机执行机构	
处理两个变量的复式仪表		电磁执行机构	
通用执行机构		角型阀	
就地安装仪表		三通阀	
集中仪表盘面安装仪表		蝶阀、挡板阀或百叶窗	
集中仪表盘后安装仪表		未分类的特殊阀门	

参 考 文 献

[1] 杜效荣. 化工仪表及自动化. 北京：化学工业出版社，2005.

[2] 刘巨良. 过程控制仪表. 北京：化学工业出版社，2008.

[3] 厉玉鸣. 化工仪表及自动化. 北京：化学工业出版社，2008.

[4] 钟汉武. 化工仪表及自动化实验. 北京：化学工业出版社，1999.

[5] 徐爱均. 智能化测量控制仪表原理与设计. 北京：北京航空航天大学出版社，1996.

[6] 范玉久. 化工测量及仪表. 北京：化学工业出版社，2002.

[7] 解西刚. 过程检测仪表. 北京：化学工业出版社，2008.

[8] 开俊. 工业电器及自动化. 北京：化学工业出版社，2006.